动画与数字媒体专业系列教材

3ds Max 2023
标准教程

黄心渊　主编

赵云帆　曲怡晓　胡泽苗　编著

清华大学出版社
北 京

内 容 简 介

本书是 3ds Max 2023 的标准教程。全书共 13 章，分为 6 部分。第一部分为第 1 章～第 3 章，主要介绍 3ds Max 2023 的基本操作，详细地介绍了 3ds Max 2023 的界面布局及主要功能，如何使用文件和对象以及如何进行基本的变换。第二部分为第 4 章～第 6 章，主要介绍建模的相关内容，详细地阐述如何创建二维图形、使用修改器和复合对象以及三维建模技术。第三部分为第 7 章和第 8 章，主要介绍动画的相关内容，阐述关键帧动画技术、动画控制器和摄像机使用的相关内容。第四部分为第 9 章和第 10 章，主要介绍材质的相关内容，详细地介绍 3ds Max 2023 的材质编辑器和使用原理。第五部分为第 11 章和第 12 章，详细地介绍各种类型的灯光和渲染。第六部分为第 13 章，通过两个综合实例进一步展示在 3ds Max 中具体的动画设计过程。

本书由多年从事计算机动画教学的资深教师编写，增加了浮动视口等 3ds Max 2023 的新功能，内容翔实、全面，图文并茂，可作为高等学校及各培训机构的计算机动画教材，也可作为计算机动画爱好者的自学教材。

本书的网络资源提供了全部实例需要的场景文件和贴图，供读者参考。

图书在版编目 (CIP) 数据

3ds Max 2023 标准教程 / 黄心渊主编；赵云帆，曲怡晓，胡泽苗编著 . -- 北京：清华大学出版社，2024. 12. -- (动画与数字媒体专业系列教材). -- ISBN 978-7-302-67728-4

Ⅰ. TP391.414

中国国家版本馆 CIP 数据核字第 2024BW6608 号

责任编辑：谢　琛　薛　阳
封面设计：徐若昭
版式设计：方加青
责任校对：申晓焕
责任印制：刘海龙

出版发行：清华大学出版社
　　　　　网　　　址：https://www.tup.com.cn，https://www.wqxuetang.com
　　　　　地　　　址：北京清华大学学研大厦 A 座　　　　　　邮　　　编：100084
　　　　　社 总 机：010-83470000　　　　　　　　　　　邮　　　购：010-62786544
　　　　　投稿与读者服务：010-62776969，c-service@tup.tsinghua.edu.cn
　　　　　质 量 反 馈：010-62772015，zhiliang@tup.tsinghua.edu.cn
印 装 者：三河市铭诚印务有限公司
经　　销：全国新华书店
开　　本：185mm×260mm　　　印　　张：22.25　　　字　　数：693 千字
版　　次：2024 年 12 月第 1 版　　　印　　次：2024 年 12 月第 1 次印刷
定　　价：89.80 元

产品编号：104844-01

媒介与社会一体同构是眼下正在发生的时代进程，技术融合、人人融合、媒介与社会融合是这段进程中的新代名词。过往，媒介即讯息，媒介即载体。现今，媒介与社会一体同构，定义新的技术逻辑，确立新的价值基点，构建新的数字生态环境，也自然推动新的数字艺术与数字产业进化。

2016 年，数字创意产业已经与新一代信息技术、高端制造、生物、绿色低碳一起，并列为国民经济的五大新领域，被纳入《"十三五"国家战略性新兴产业发展规划》中。2021 年，《中华人民共和国国民经济和社会发展第十四个五年规划和 2035 年远景目标纲要》（简称《纲要》）用一整篇、四个章节、两个专栏的篇幅，围绕"数字经济重点产业""数字化应用场景"等内容，对我国今后 15 年的数字化发展进行了总体阐述，提出以数字化转型驱动生产方式、生活方式和治理方式的多维变革，来迎接数字时代的全面到来。此外，《纲要》中列举了数项与"数字艺术"相关的重点产业，并规划了"智能交通""智能制造""智慧教育""智慧医疗""智慧文旅""智慧家居"等与"数字艺术"相关的应用场景，这些具体内容的展望为"数字艺术"的教学、研究和实践应用提供了广袤的发展空间。

20 世纪 50 年代，英国学者 C. P. 斯诺注意到，科技与人文正被割裂为两种文化系统，科技和人文知识分子正在分化为两个言语不通、社会关怀和价值判断迥异的群体。于是，他提出了学术界著名的"两种文化"理论，即"科学文化"（Scientific Culture）和"人文文化"（Literary Culture）。斯诺希望通过科学和人文两个阵营之间的相互沟通，促成科技与人文的融合。半个多世纪后，我国许多领域至今还存在着"两种文化"相隔的局面。造成这种隔阂的深层原因或许有两点：一是缺乏中华优秀文化，特别是中国传统哲学思想的引导；二是盲目崇拜西方近代以来的思想和学说，片面追求西方"原子论——公理论"学术思想，致使"科学主义——技术理性"和"唯人主义"理念盛行。"科学主义——技术理性"主张实施力量化、控制化和预测化，服从于人类的"权力意志"。它使人们相信科学技术具有无限发展的可能性，可以解决一切人类遇到的发展问题，从而忽视了技术可能带来的负面影响。而"唯人主义"表面上将人置于某种"中心"的地位，依照人的要求来安排世界，最大限度地实现了人的自由。但事实上，恰恰是在人们强调人的自我塑造具有无限的可能性时，人割裂了自身与自然的相互依存关系，把自己凌驾于自然之上，这必然损害人与自然之间的和谐，并最终反过来损害人的自由发展。

当今世界，随着互联网、人工智能、大数据、新能源、新材料等技术在社会多个层面的广泛渗透，专业之间、学科之间的边界正在打破，科学、艺术与人文之间不断呈现出集成创新、融合发展的交叉化发展态势。自然科学与人文学科正走向统合，以人文精神引导科技创新，用自然科学方法解决人文社科的重大问题将成为常态。伴随着这一深刻变化，高等教育学科生态体系也迎来了深刻变革，"交叉学科"所带动的多学科集成创新正在引领新文科建设，引领数字艺术不断进行自身改革。

动画、数字媒体是体现科学与艺术深度融合特色的交叉学科专业群，主要跨越艺术学、工学、文学、交叉学科等学科门类，涉及的主干学科有戏剧与影视（1354）、美术与书法（1356）、设计（1357）、设计学（1403）、计算机科学与技术（0812）、软件工程（0835），并且同艺术学（1301）、音乐（1352）、舞蹈（1353）、信息与通信工程（0810）、新闻传播学（0503）等学科密切相关。它们以动画，漫画，数字内容创作、生产、传播、运营及相关支撑技术研发与应用为主要研究对象，不仅在推动技术与艺术融合、人机交互、现实与虚拟融合等方面具有重要作用，更在讲好中国故事、传播中国文化、构建人类命运共同体等方面扮演重要角色。

在新文科建设赋能学科融合的背景下，教育部高等学校动画、数字媒体专业教学指导委员会本着"人文为体、科技为用、艺术为法"的理念，积极探索人文与科技的交叉融合。让"人文"部分涵盖文明通识、中华文化与人文精神等；"科技"部分涵盖三维动画、人机交互、虚拟仿真、大数据等；"艺术"部分涵盖美学、视觉传达、交互设计与影像表达等。为了应对时代和媒介进化的挑战，教学指导委员会组织全国本专业领域的骨干教师编写了这套"动画与数字媒体专业系列教材"，希望结合《动画、数字媒体艺术、数字媒体技术专业教学质量国家标准》推动课程建设和专业建设，为这个专业群打造符合这个时代的高等教育"数字基座"，进一步深入推动动画和数字媒体专业教育的教学改革。

教育部高等学校动画、数字媒体专业教学指导委员会主任委员
中国传媒大学党委书记
廖祥忠
2024 年 1 月

前　言

在数字化时代的浪潮中，三维建模与动画设计已成为创意产业不可或缺的一部分，3ds Max 2023 作为 Autodesk 公司推出的一款专业级三维建模软件，不仅继承了之前版本的优秀特性，还在多个方面进行了显著的改进和升级。

本书在《3ds Max 2016 标准教程》的基础上，结合 3ds Max 2023 软件的新特性，讲解新功能，应用新实例，使内容更加符合新时代高等教育的需要。本书是高等学校艺术设计、数字媒体、动画、计算机科学与技术、工业设计、建筑学等专业的适用教材，可作为高等学校及培训机构的计算机动画教材，也可以作为计算机动画爱好者的自学教材。本书由多年从事计算机动画教学的资深教师编写而成。

本书详细讲解了 3ds Max 2023 的各种基本操作及新特性，内容全面，结构清晰，知识点覆盖面广泛。本书重视实例的分析和制作，结合实例讲解动画的特点及应用。全书共 13 章。第 1 章介绍 3ds Max 2023 软件的界面布局、系统设置及基本操作。第 2 章介绍如何恰当地管理场景中的对象，以及如何保存使用文件等基础操作。第 3 章介绍如何使用工具变换对象。第 4 章介绍如何创建、编辑二维图形。第 5 章介绍修改器和复合对象的操作。第 6 章介绍如何使用多边形建模的方法创建模型。第 7 章介绍 3ds Max 2023 的基本动画技术、轨迹视图及简单的绑骨动画应用。第 8 章介绍摄影机的使用。第 9 章介绍材质编辑器的布局、修改和应用。第 10 章介绍各种材质和贴图的用法。第 11 章介绍不同类型的灯光、布光知识、各种灯光参数调节及高级灯光的应用。第 12 章介绍渲染的基本操作以及 3ds Max 2023 自带渲染器的特性及使用方法。第 13 章是综合练习，通过两个综合实例介绍场景漫游中摄影和动画的制作方法，以及常见片头动画的一般制作方法。

在编写过程中，作者力求保持内容的准确性和实用性，也注重全书的可读性和易操作性。本书讲解大量典型实例的操作，从理论到实践，从概念到应用，可使学生加深对理论的理解，并创造性地进行动画设计，掌握各种动画元素的制作技巧和实现方法，提高专业水平的应用类动画制作技能，为就业打好基础。

由于作者水平有限，书中难免有疏漏和不足之处，敬请广大读者批评指正。

作　者
2024 年 8 月

实例文件

目 录

第 3 章　对象的变换 / 51

第 4 章　二维图形建模 / 79

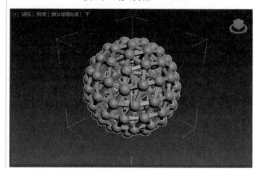

3ds Max 2023 标准教程

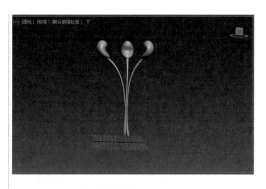

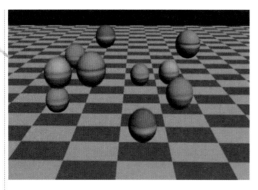

第 8 章　摄影机和动画控制器 / 202

第 9 章　材质编辑器 / 227

目
录

第13章 综合实例 / 325

第1章 ┃ 3ds Max 2023 的用户界面

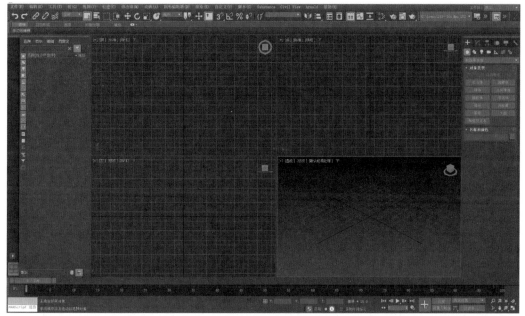

3ds Max 2023 是功能强大的面向对象的三维建模、动画和渲染的软件，它提供了易于操作的用户界面。本章将介绍 3ds Max 2023 用户界面的基本功能。

本章学习目标：

● 了解 3ds Max 2023 的用户界面。
● 学习调整视口。
● 使用命令面板。
● 定制用户界面。

1.1 用 户 界 面

启动 3ds Max 2023 后，显示的用户界面如图 1-1 所示。

1.1.1 界面的布局

1. 视口

3ds Max 用户界面的最大区域被分割成 4 个相等的矩形区域，称为视或者视图。视口是主要工作区域，启动 3ds Max 后默认的 4 个视口的标签是"顶"视口、"前"视口、"左"视口和"透视"视口。每个视口左上角有一个由 5 个标签组成的标签栏，用于控制视口显示，从左至右分别是"常规"视口标签、"观察点"视口标签、"标准"视口标签、"默认明暗处理"视口标签和"视口过滤器"单击或右击标签可打开相应菜单。

"常规"视口菜单用于设置总体视口的显示或激活，通过此菜单可以更改视口状态，其中包

括 x View 的选项；"观察点"视口菜单可以设置视口当前展示对象的方位，并且可以通过它切换到其他方位，还可以快捷访问"灯光""摄像机"等功能；"标准"视口菜单可以访问"视口配置"对话框，设置视口的显示性能；"默认明暗处理"视口菜单用于选择对象在视口中的显示方式；单击"视口"过滤器可以快速为该视口启用过滤，右击可以访问"设置"和"首选项"对话框。

每个视口都包含垂直和水平线，这些线组成了 3ds Max 的主栅格。主栅格包含黑色垂直线和黑色水平线，这两条线在三维空间的中心相交，交点的坐标是 $X=0$、$Y=0$ 和 $Z=0$。

"顶"视口、"前"视口和"左"视口显示的场景没有透视效果，这就意味着在这些视口中同一方向的栅格线总是平行的，不能相交，如图 1-1 所示。"透视"视口类似于人的眼睛直接观察或通过摄像机观察时看到的效果，视口中的栅格线是可以相交的。

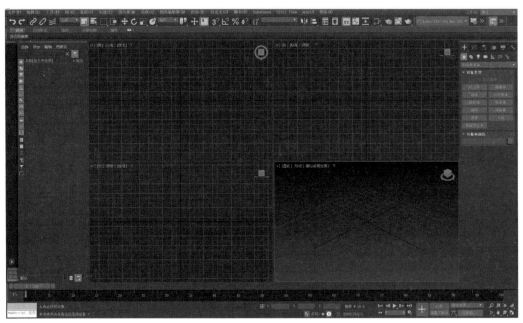

图　1-1

单击某一视口时，该视口出现黄色外框，代表当前选中的是该视口。

2. 菜单栏

用户界面的最上面是菜单栏，如图 1-1 所示。菜单栏包含许多常见的菜单，如"文件"和"编辑"等，以及 3ds Max 独有的一些菜单，如"修改器""动画""图形编辑器""渲染"等。在 3ds Max 2023 的菜单栏中还有 Substance、Civil View 和 Arnold 等，提供了更丰富的功能。

3. 主工具栏

菜单栏下面是主工具栏，如图 1-1 所示。主工具栏中包含一些使用频率较高的工具，如变换对象工具、选择对象工具和渲染工具等。

4. 命令面板

用户界面的右边是命令面板，如图 1-2（a）所示，它包含创建对象、处理几何体和创建动画需要的所有命令。每个面板都有自己的选项集，如"创建"命令面板包含创建各种不同对象（如标准几何体、组合对象和粒子系统等）的工具，而"修改"命令面板包含修改对象的特殊工具，如图 1-2（b）所示。

（a）　　　　　（b）

图　1-2

5. 视口导航控制按钮

用户界面的右下角包含视口的导航控制按钮，如图 1-3 所示。使用这个区域的按钮可以调整各种缩放选项，控制视口中的对象显示。

6. 时间控制按钮

视口导航控制按钮的左边是时间控制按钮，如图 1-4 所示，又称动画控制按钮。它们的功能和外形类似于媒体播放机的按键。在设置动画时，单击"设置关键点"按钮，它将变为红色，表明此时处于动画记录模式，在当前帧进行的任何修改操作将被记录成动画。本章后面的动画部分还将详细介绍这些控制按钮。

图 1-3　　　　　　　　　　　　　图 1-4

7. 状态栏和提示行

时间控制按钮的左边是状态栏和提示行，如图 1-5 所示。状态栏有许多帮助用户创建和处理对象的参数，本章后面还将详细介绍。

图 1-5

8. 场景资源管理器

视口的最左侧是场景资源管理器，如图 1-6 所示，可以通过此窗口对场景中对象进行管理，还可以通过左侧工具栏选择显示不同的对象，以便编辑及后续操作。

在了解了组成 3ds Max 用户界面的各个部分名称后，下面将通过在三维空间中创建并移动对象的实际操作，帮助读者熟悉 3ds Max 的用户界面。

1.1.2 熟悉 3ds Max 的用户界面

例 1-1：使用菜单栏和命令面板。

（1）在菜单栏中选择"文件"|"重置"命令。如果事先在场景中创建了对象或者进行过其他修改，那么将出现如图 1-7 所示的对话框，否则直接出现如图 1-8 所示的对话框。

（2）在图 1-7 所示的对话框中单击"不保存"按钮，出现图 1-8 所示的对话框。

（3）在图 1-8 所示的对话框中单击"是"按钮，屏幕将返回到 3ds Max 的默认界面。

（4）在命令面板中单击 **+** "创建"按钮。

注意：默认情况下，进入 3ds Max 后选择的是"创建"命令面板。

（5）在"创建"命令面板中单击"球体"按钮，如图 1-9 所示。

（6）在"顶"视口的中心单击并拖曳，创建一个与视口大小接近的球，如图 1-10 所示。球出现在 4 个视口中，由此引出"模型"的概念。

模型： 在 3ds Max 视口中创建的一个或者多个几何对象。

在"顶"视口、"前"视口和"左"视口中，模型用一系列线（一般称为线框）来表示。

图 1-6

图 1-7

图 1-8

图 1-9

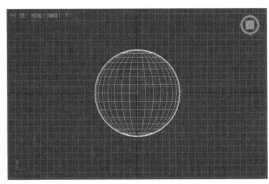

图 1-10

线框：用一系列线描述一个对象，没有明暗效果。

在"透视"视口中，球是按明暗方式显示，如图 1-11 所示。

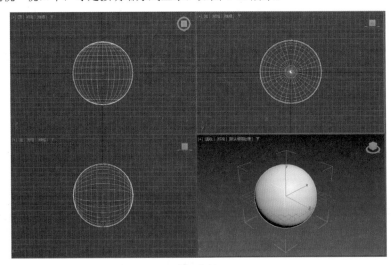

图 1-11

明暗：用彩色描述一个对象，使其看起来像一个实体。

（7）在视口导航控制按钮区域单击 "所有视图最大化显示选定对象"按钮，球充满 4 个视口，由此引出"范围"这一概念。

范围：场景中的对象在空间中可以延伸的程度。缩放到场景范围表示一直缩放直到整个场景在视口中可见为止。滚动鼠标滚轮可以对选中视口进行简单缩放。

注意：球的大小没有改变，它只是使物体尽可能充满视口。

技巧：可以按 F3 键或者是 F4 键切换实体、线框或者实体加线框的显示方式。如果按 F3 键和 F4 键没有反应，可以按 Fn+F3 快捷键或 Fn+F4 快捷键。

（8）单击主工具栏上的 ✛ "选择并移动"按钮。

（9）在"顶"视口单击并拖曳球，可以移动它。

（10）将文件保存为 ech01.max，以便后面使用。

现在已经建立了一个简单的场景。

场景：视口中的一个或者多个对象。对象不仅是几何体，还可以包括灯光和摄像机。作为场景一部分的任何对象都可以被设置动画。

1.2 视口大小、布局和显示方式
●●●●●●●●●

由于在 3ds Max 中大部分工作都是在视口中进行，因此一个容易使用的视口布局是非常重要的。一般默认的视口布局可以满足大部分需要，但是有时还需要对视口的布局、大小或者显示方式进行改动。这一节将讨论与视口相关的一些问题。

1.2.1 改变视口的大小

有多种方法可以改变视口的大小和显示方式，默认情况下，4 个视口的大小是相等的。可以改变某个视口的大小，但是无论如何缩放，所有视口使用的总空间保持不变。

例 1-2：使用移动光标的方法改变视口的大小。

（1）继续例 1-1 的练习，或者打开例 1-1 保存的文件，将光标移动到"透视"视口和"前"视口的中间分割线，如图 1-12 所示，这时出现一个双箭头光标。

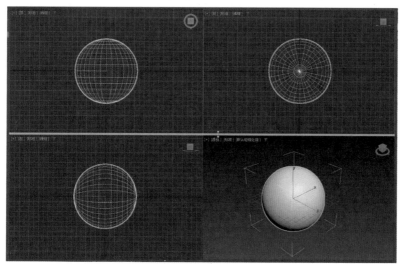

图 1-12

（2）单击分割线并向上拖曳光标，如图 1-13 所示。

（3）松开左键，视口大小改变，如图 1-14 所示。

技巧：可以通过移动视口的垂直或水平分割线来改变视口的大小。

（4）在缩放视口的地方右击，弹出一个快捷菜单，如图 1-15 所示。

（5）在弹出的快捷菜单上选择"重置布局"命令，视口恢复到原始大小。

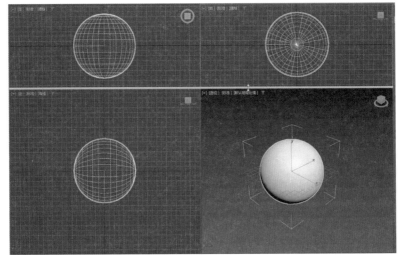

图　1-13

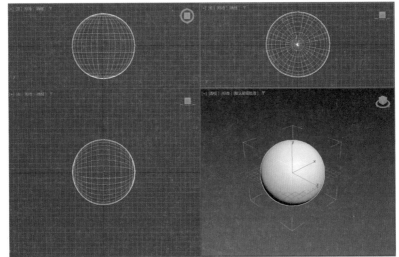

图　1-14

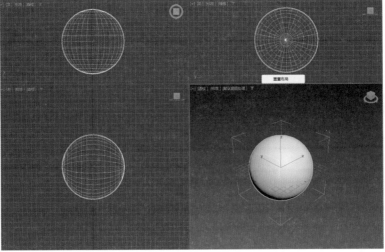

图　1-15

1.2.2 改变视口的布局

假设希望屏幕右侧有 3 个垂直排列的视口，剩余的区域被第 4 个大视口占据，仅通过移动视口分割线是无法实现的，可以通过改变视口的布局来实现。

例 1-3：改变视口的布局。

（1）在菜单栏中选择"视图"|"视口配置"命令，出现"视口配置"对话框。在"视口配置"对话框中单击"布局"标签，切换至"布局"选项卡，如图 1-16（a）所示，可以从对话框顶部选择 4 个视口的布局。

技巧：可以通过单击最左栏菜单上的小箭头快速访问标准视口布局，如图 1-16（b）所示。

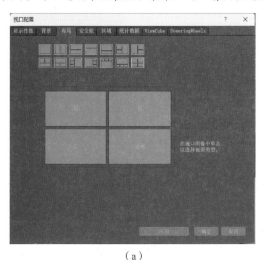

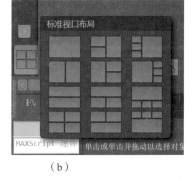

（a）　　　　　　　　　　　　　（b）

图　1-16

（2）在"布局"选项卡中选择第 2 行第 4 个布局，然后单击"确定"按钮。

（3）将光标移动到第 4 个视口和其他 3 个视口的分割线，用拖曳的方法改变视口的大小，如图 1-17 所示。

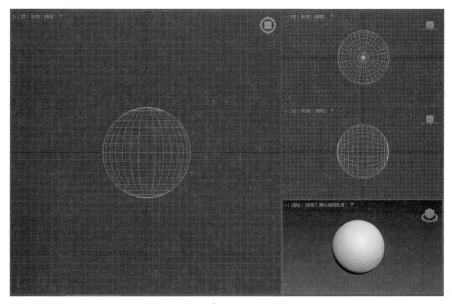

图　1-17

1.2.3 改变当前视口

1. 用视口标签菜单改变当前视口

每个视口的左上角都有一个标签栏。通过右击"观察点"视口标签在弹出的快捷菜单中选择相应的命令即可将当前视口改变成其他视口，如图 1-18 所示。

2. 使用快捷键改变当前视口

使用快捷键也可以改变当前视口。首先在要改变的视口上右击以激活视口，然后再按快捷键。在菜单栏上选择"自定义"|"热编辑器"命令，如图 1-19（a）所示，出现"热键编辑器"对话框，如图 1-19（b）所示，可以查看常用的快捷键。

常用快捷键如下。

● "顶"视口：T。
● "左"视口：L。
● "前"视口：F。
● "透视"视口：P。
● "摄影机"视口：C。

图　1-18

（a）

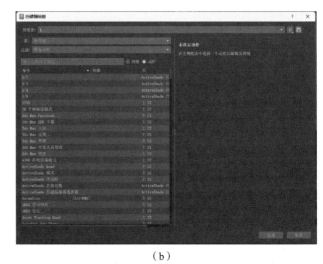

（b）

图　1-19

1.2.4 视口的明暗显示

视口菜单上的明暗显示选项是非常重要的，所定义的明暗显示选项将决定观察三维场景的方式。

默认情况下，"透视"视口的明暗选项为"默认明暗处理"，而"顶"视口、"前"视口和"左"视口的明暗选项设置为"线框"，这对节省系统资源非常重要，"线框"选项需要的系统资源比其他选项要少。右击视口左上角的视口标签，在弹出的快捷菜单中选择相应的命令即可更改明暗显示选项。

例 1-4：改变视口。

（1）启动 3ds Max 2023。在菜单栏中选择"应用程序"|"打开"命令，从本书网络资源中打开 Samples-01-01.max 文件。场景中显示了一个 3ds Max 制作的虫子，如图 1-20 所示。

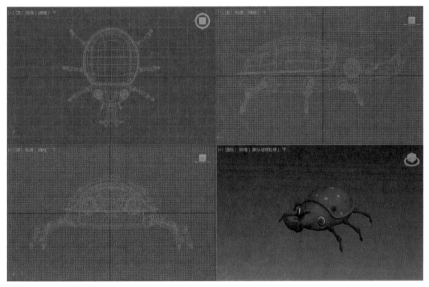

图　1-20

（2）单击"顶"视口。

（3）按 F 键，"顶"视口变成了"前"视口。

（4）在右下角的视口导航控制区域单击 ，"所有视图最大化显示选定对象"按钮。

（5）右击"左"视口的"线框"标签，在弹出的快捷菜单中选择"默认明暗处理"命令，这样就按明暗方式显示模型了，如图 1-21 所示。

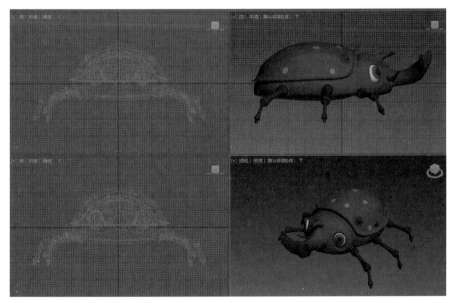

图　1-21

1.2.5　浮动视口

有时为了方便观察，需要一个额外的视口，这时可使用浮动视口。右击菜单栏空白处，弹出的快捷菜单如图 1-22 所示，选择浮动视口相关命令即可打开浮动视口。3ds Max 2023 最多可以打开 3 个浮动视口，浮动视口左上角具有和原视口相同的标签栏，如图 1-23 所示，也可以进行设置和调整。此外，每个浮动视口还可以随意放大和缩小，并且可以隐藏，单击右上角的"最小化"按钮后，它将最小化至左下角，需要时可以再单击打开。

图 1-22

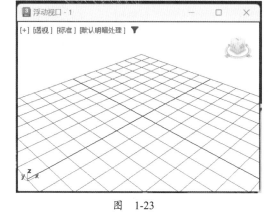

图 1-23

1.3 菜单栏的实际应用

3ds Max 菜单的用法与 Windows 操作系统中的办公软件类似。

例 1-5：菜单栏的使用。

（1）继续例 1-4 的练习，或者启动 3ds Max 2023，在菜单栏中选择"文件"|"打开"命令，从本书网络资源中打开 Samples-01-01.max 文件。

（2）在主工具栏中单击 🕂 "选择并移动"按钮，在"顶"视口中随意移动虫子头的任何部分。

（3）在菜单栏中选择"编辑"|"撤销移动"命令。

技巧：该命令的快捷键是 Ctrl+Z。

（4）在视口导航控制区域单击 🔧 "所有视图最大化显示选定对象"按钮。

（5）单击"透视"视口以选中它。

（6）在菜单栏中选择"视图"|"撤销视图更改"命令，"透视"视口恢复到单击 🔧 "所有视图最大化显示选定对象"按钮以前的样子。

技巧：该命令的快捷键是 Shift+Z。

（7）在菜单栏中选择"自定义"|"自定义用户界面"命令，出现"自定义用户界面"对话框。

（8）在"自定义用户界面"对话框中单击"颜色"标签，切换至"颜色"选项卡，如图 1-24 所示。

（9）在"元素"下拉式列表中选择"视口"选项，然后在下方的列表中选择"视口背景"选项。

（10）单击颜色样本，出现"颜色选择器"对话框，如图 1-25 所示。在"颜色选择器"对话框中，使用颜色滑动块可以选择任意颜色（图 1-25 中选择为蓝色）。

（11）在"颜色选择器"对话框中单击"确定"按钮。

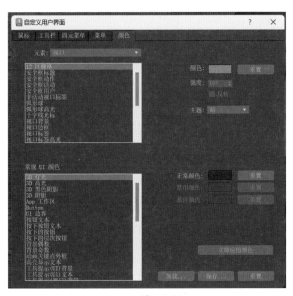

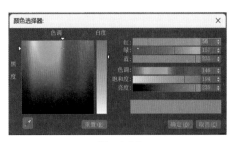

图　1-24　　　　　　　　　　　　　　　　　　　　　　　图　1-25

（12）在"自定义用户界面"对话框中单击"立即应用颜色"按钮，视口背景变成了蓝色。

（13）关闭"自定义用户界面"对话框。

（14）可以在菜单栏上选择"自定义"|"热键编辑器"命令，出现的"热键编辑器"对话框如图 1-26 所示。

图　1-26

（15）选中"热键"单选按钮，在搜索栏按 Ctrl+W 快捷键，即可看到所有快捷键为 Ctrl+W 的动作，选择任意动作可以将其移除或修改。

（16）选中"动作"单选按钮，也可以通过搜索动作来进行这一操作。

技巧：在"热键编辑器"对话框中的"热键集"下拉式列表中可以看到现有热键集。可以创建自己的热键集，也可以使用 3ds max 2023 自带的热键集。

1.4　标签面板和工具栏

启动 3ds Max 2023，其菜单栏下面有一个主工具栏。主工具栏中有许多重要的功能，如果找不到我们想要的功能，则需要调出标签面板，它使用非常友好的图标分类组织命令，可以帮助找到所需要的命令。

例 1-6：使用标签面板和工具栏。

（1）启动 3ds Max 2023。

（2）右击主工具栏的空白区域，弹出的快捷菜单如图 1-27 所示。

（3）从弹出的快捷菜单中选择"层"命令，"层"工具栏就以浮动形式显示在主工具栏的下面。

（4）在"层"工具栏的左侧竖虚线处右击，在弹出的快捷菜单上选择"停靠"命令，如图 1-28 所示，然后选择停靠方式，就可以将工具栏置于视图的顶部、底部、左部和右部。

（5）在菜单栏上选择"自定义"|"还原为启动布局"命令，如图 1-29 所示。

（6）在弹出的对话框中单击"是"按钮，界面恢复到默认状态。

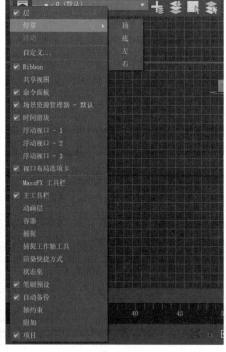

图　1-27　　　　　　　　　　图　1-28　　　　　　　　　　图　1-29

1.5　命　令　面　板

命令面板包含创建和编辑对象的所有命令，使用选项卡和菜单栏也可以访问命令面板的大部分命令。命令面板包含"创建""修改""层次""运动""显示""实用程序"6 个面板。

单击命令面板某一命令对应的按钮后，命令面板就显示该命令的参数和选项。例如，当单击"球体"按钮创建球时，"半径""分段""半球"等参数就显示在命令面板上。

有些命令包含很多参数和选项，按各参数和选项功能的相似性，它们显示在不同的卷展栏中。卷展栏是一个带标题的特定参数组，标题的左侧有箭头。当箭头向右时，可以单击标题收起卷展栏，给命令面板留出更多空间。当箭头向下时，可以单击标题展开卷展栏，并显示卷展栏的参数。

在某些情况下，当收起一个卷展栏时，会发现下面有更多的卷展栏。在命令面板中灵活使用卷展栏并访问卷展栏中的工具是十分重要的。将鼠标放置在卷展栏的空白处，待光标变成手形状时，拖曳即可上下移动卷展栏。右击卷展栏的空白处，弹出的快捷菜单如图1-30所示，该菜单中包含所有卷展栏的标题，选择"全部打开"命令，可以打开所有卷展栏。

虽然一次可以打开所有卷展栏，但是如果命令面板上参数太多，上下移动命令面板非常费时间。有两种方法可以解决这个问题。第一，移动卷展栏的位置。例如，如果一个卷展栏在命令面板的底部，则可以将它移动到顶部。第二，扩大命令面板显示所有的卷展栏，但是这样将占用视口空间。

图　1-30

例1-7：使用命令面板。

（1）在菜单栏中选择"文件"|"重置"命令。

（2）在"创建"命令面板的"对象类型"卷展栏中单击"球体"按钮，默认的命令面板就是"创建"命令面板。

（3）在"顶"视口单击并拖曳可以创建一个球。

（4）如图1-30所示，在"创建"命令面板中单击"键盘输入"卷展栏标题将鼠标光标移动到"键盘输入"卷展栏的空白处，鼠标光标变成了手形状后，单击并向上拖曳，观察"创建"面板的更多内容。

（5）单击"键盘输入"卷展栏标题，收起该卷展栏。

（6）将"参数"卷展栏拖曳到"创建方法"卷展栏下方，然后松开鼠标。在移动过程中，"创建方法"卷展栏下方的蓝线表示"参数"卷展栏的位置。

（7）将鼠标光标放置在"透视"视口和命令面板中间的分割线，出现双箭头后单击并向左拖曳，可以改变命令面板的大小。

1.6　对　话　框

在3ds Max 2023中，选择不同的命令可能显示不同的界面，如包含复选框、单选按钮或者微调按钮的对话框等。主工具栏有许多按钮，如"镜像"按钮和"对齐"按钮，使用这些按钮可以访问不同对话框。图1-31所示为"镜像"对话框，是模式对话框；图1-32所示为"移动变换输入"对话框，是非模式对话框。

模式对话框要求在使用其他工具之前关闭该对话框，而非模式对话框可以保留在屏幕上，当改变参数时立即起作用。非模式对话框也可能有"取消"按钮、"应用"按钮、"关闭"按钮或者"选择"按钮，单击右上角的"关闭"按钮可以关闭某些非模式对话框。

图 1-31

图 1-32

1.7 状态栏和提示行

    界面底部的状态栏可以显示与场景活动相关的信息和消息，也可以显示创建脚本时的宏记录功能。打开宏记录后，粉色的区域中显示文字，如图1-33所示。该区域称为"侦听器"窗口。如果要深入了解3ds Max 的脚本语言和宏记录功能，请参考3ds Max 的在线帮助。

    宏记录区域的右边是"提示行"窗口，如图1-34所示。提示行顶部显示选择的对象数目。提示行底部则根据当前命令对下一步工作给出操作提示。

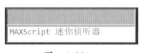

图 1-33   图 1-34

    X、Y 和 Z 显示区（变换输入区）如图1-35所示，显示当前选择对象的位置，或者当前对象如何移动、旋转和缩放，也可以使用这个区域变换对象。

图 1-35

    "绝对/偏移模式变换输入"：在绝对和相对键盘输入模式之间进行切换。

1.8 时 间 控 制

    左边有几个类似于录像机按键的按钮，如图1-36所示，这些是动画和时间控制按钮，可以使用这些按钮在屏幕上连续播放动画，也可以一帧一帧地观察动画。

图 1-36

    "自动"关键点按钮用来打开或者关闭动画模式。时间控制按钮中的输入数据框用于移动动画到指定的帧。▶按钮用于播放动画。◀▶ "关键点模式切换" 按钮用于设置关键点的显示模式，如图 1-37 所示。图 1-37（a）所示的是关键帧模式，而图 1-37（b）所示的是关键点模式。关键帧模式中的前进与后退都以关键帧为单位进行，而关键点模式中的前进和后退都在有记录信息的关键点之间切换。

（a）　　　　　　　　（b）

图　1-37

单击 "自动" 关键点按钮后，在非第 0 帧给对象设置的任何变化将被记录成动画。例如，如果单击 "自动" 关键点按钮并移动该对象，就将创建对象移动的动画。

1.9　视　口　导　航

1.9.1　视口导航控制按钮

当使用 3ds Max 时，经常需要放大显示场景的某些特殊部分以进行细节调整。计算机屏幕的右下角是视口导航控制按钮，如图 1-38 所示，使用这些按钮可以方便地放大和缩小场景。

图　1-38

🔍 "缩放" 按钮：放大或者缩小激活的视口。

🔍 "缩放所有视口" 按钮：放大或缩小所有视口。

🔲 "最大化显示选定对象" 按钮：长按这个按钮会出现两个选项。第一个按钮是白色的，它将激活视口中的所有对象最大化显示。第二个按钮是蓝色的，它只将激活视口中的选定对象最大化显示。

🔲 "所有视图最大化显示" 按钮和 🔲 "所有视图最大化显示选定对象" 按钮：长按这个按钮会出现两个选项。第一个按钮是白色的，它将所有视口中的所有对象最大化显示。第二个按钮是蓝色的，它只将所有视口中的选定对象最大化显示。

🔲 "缩放区域" 按钮：缩放视口中的指定区域。

🖐 "平移视图" 按钮：沿着任何方向移动视口。

🔄 "环绕" 按钮、🔄 "选定的环绕" 按钮、🔄 "环绕子对象" 按钮和 🔄 "动态观察关注点" 按钮：这是一个包含 4 个选项的按钮。第一个按钮是全白色的，用于围绕场景旋转视口；第二个按钮是内蓝外白的，用于围绕选择的对象旋转视口；第三个按钮是内部分蓝、外白的，用于围绕次对象旋转视口；第四个按钮是里面只有一个蓝色点，外面有白色外环的，用于围绕选中的点旋转视口。

🔲 "最小 / 最大化视口切换" 按钮：在满屏大小和正常大小之间切换激活的视口。

例 1-8：使用视口导航控制按钮。

（1）启动 3ds Max 2023。在菜单栏上选择 "文件" | "打开" 命令，从本书网络资源中打开 Samples-01-02.max 文件。该文件包含一个鸟的场景，如图 1-39 所示。

（2）单击视口导航控制区域的 🔍 "缩放" 按钮。

（3）单击 "前" 视口的中心，并向上拖曳鼠标，"前" 视口的对象放大了，如图 1-40 所示。

（4）在 "前" 视口中单击并向下拖曳鼠标，"前" 视口的对象缩小了，如图 1-41 所示。

技巧：也可以直接使用鼠标滚轮进行缩放。

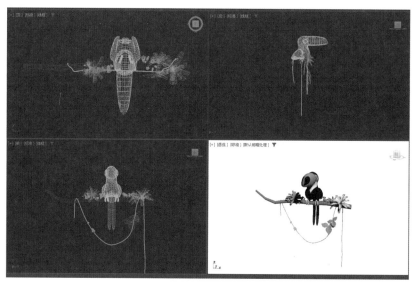

图　1-39

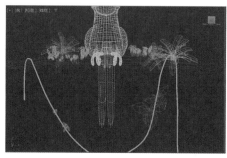

图　1-40

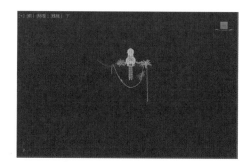

图　1-41

（5）单击视口导航控制区域的 ▦ "缩放所有视口"按钮。

（6）在"前"视口单击并向上拖曳，所有视口的对象都放大了，如图 1-42 所示。

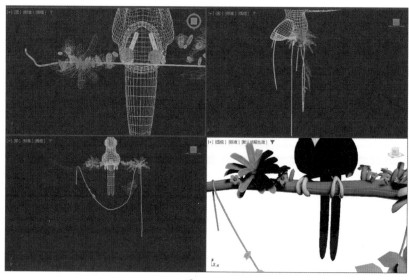

图　1-42

（7）右击"透视"视口激活它。

（8）单击视口导航控制区域的 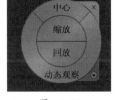"环绕"按钮，在"透视"视口中出现旋转控制柄，如图 1-43 所示，表明激活了弧形旋转模式。

（9）单击"透视"视口的中心并向左拖曳，"透视"视口中的对象发生旋转，如图 1-44 所示。

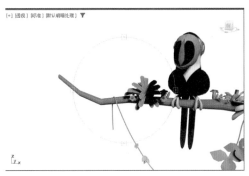

图 1-43

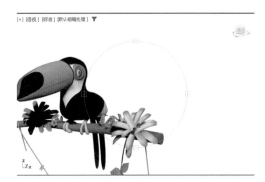

图 1-44

1.9.2 SteeringWheels

SteeringWheels 导航控件也称为"轮子"，可以通过它这个单一工具访问不同的 2D 和 3D 导航工具。SteeringWheels 分成多个称为"楔形体"的部分，每个楔形体都代表一种导航工具，如图 1-45 所示。

1. 使用轮子

1）显示并使用"轮子"

要切换"轮子"的显示，在菜单栏选择"视图"|SteeringWheels|"切换 SteeringWheels"命令；或按 Shift+W 快捷键。

当显示"轮子"时，单击"轮子"上的某个"楔形体"可以激活导航工具，右击可以关闭"轮子"。

2）关闭"轮子"

使用以下方法之一可以关闭"轮子"。

● 按 Esc 键。

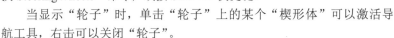

图 1-45

● 按 Shift+W 快捷键（切换"轮子"）。

● 单击"关闭"按钮（轮子右上角的×）。

● 右击轮子。

3）更改"轮子"的大小

打开"视口配置"对话框的 SteeringWheels 面板。在"显示选项"区域的"大轮子"或"迷你轮子"下，左右拖动"大小"滑块。向左拖动滑块可以减小轮子大小，向右拖动滑块可以增加轮子大小，如图 1-46 所示。

4）更改"轮子"的不透明度

打开"视口配置"对话框的 SteeringWheels 面板。在"显示选项"区域的"大轮子"或"迷你轮子"下，左右拖动"不透明度"滑块。向

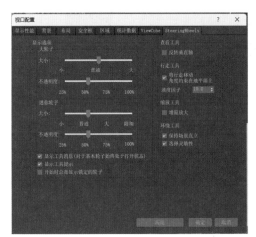

图 1-46

左拖动滑块可以增加"轮子"的透明度，向右拖动滑块将减小"轮子"的透明度，如图1-46所示。

2."轮子"的分类

"轮子"分为3种："视图对象轮子""漫游建筑轮子"和"完整导航轮子"。轮子具有两种大小：大和迷你。"大轮子"比光标大，标签位于"轮子"的每个"楔形体"上。"迷你轮子"与光标大小相近，但"楔形体"上不显示标签。

1）"视图对象轮子"

"视图对象轮子"用于常规3D导航。它包括环绕3D导航工具，可以从外部检查3D对象。

大"视图对象轮子"分为以下"楔形体"，如图1-47所示。

- 中心：在模型上指定一个点，以调整当前视图的中心或者更改用于某些导航工具的目标点。
- 缩放：调整当前视图的放大倍数。
- 回放：还原最近的视图。可以在之前的视图之间前后移动。
- 动态观察：围绕固定的轴点旋转当前的视图。

"迷你视图对象轮子"分为以下"楔形体"，如图1-48所示。

- 缩放（顶部楔形体）：调整当前视图的放大倍数。
- 回放（右侧楔形体）：还原最近的视图。
- 平移（底部楔形体）：通过平移重新定位当前视图。
- 动态观察（左侧楔形体）：围绕固定的轴点旋转当前的视图。

2）"漫游建筑轮子"

"漫游建筑轮子"专为模型内部的3D导航而设计。大"漫游建筑轮子"分为以下"楔形体"，如图1-49所示。

- 向前：调整视图的当前点与模型的已定义轴点之间的距离。
- 环视：旋转当前视图。
- 回放：还原最近的视图。可以在之前的视图之间前后移动。
- 向上/向下：在屏幕垂直轴上移动视图。

"迷你漫游建筑轮子"（Mini Tour Building Wheel）分为以下"楔形体"，如图1-50所示。

 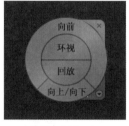

图 1-47　　　　图 1-48　　　　图 1-49　　　　图 1-50

- 行走（顶部楔形体）：模拟穿行模型。
- 回放（右侧楔形体）：还原最近的视图。
- 向上/向下（底部楔形体）：在屏幕的垂直轴上移动视图。
- 环视（左侧楔形体）：旋转视图。

3）"完整导航轮子"

"完整导航轮子"组合了"视图对象轮子"和"漫游建筑轮子"中的导航工具。

大"完整导航轮子"分为以下"楔形体"，如图1-51所示。

- 缩放：调整当前视图的放大倍数。
- 动态观察：围绕固定的轴点旋转当前的视图。

- 平移：通过平移重新定位当前视图。
- 回放：还原最近的视图。可以在之前的视图之间前后移动。
- 中心：在模型上指定一个点以调整当前视图的中心或者更改用于某些导航工具的目标点。
- 漫游：模拟穿行场景。
- 环视：旋转当前视图。
- 向上 / 向下：在屏幕垂直轴上移动视图。

"迷你完整导航轮子"（Mini Full Navigation Wheel）分为以下"楔形体"，如图 1-52 所示。
- 缩放（顶部楔形体）：调整视图的放大倍数。
- 行走（右上侧楔形体）：模拟穿行模型。
- 回放（右侧楔形体）：还原最近的视图。
- 向上 / 向下（右下侧楔形体）：在屏幕的垂直轴上移动视图。
- 平移（底部楔形体）：通过平移重新确定当前视图的位置。
- 环视（左下侧楔形体）：旋转当前的视图。
- 动态观察（左侧楔形体）：围绕固定的轴点旋转当前的视图。
- 中心（左上侧楔形体）：在模型上指定一个点以调整当前视图的中心或者更改用于某些导航工具的目标点。

3. "轮子"的切换

下面以"视图对象轮子"为例。

可以使用下列方法切换到大"视图对象轮子"。
- 在菜单栏中选择"视图"|SteeringWheels|"视图对象轮子"命令。
- 单击"大轮子"右下角的"轮子"菜单按钮⬛，选择"基本轮子"|"视图对象轮子"命令。

可以使用下列方法切换到"迷你视图对象轮子"。
- 单击"大轮子"右下角的"轮子"菜单按钮⬛，选择"迷你视图对象轮子"命令。
- 在菜单栏中选择"视图"|SteeringWheels|"迷你视图对象轮子"命令。

4. "轮子"菜单

如图 1-53 所示，"轮子"菜单可以实现不同"轮子"之间的切换，并且可以更改当前"轮子"中某些导航工具的行为。

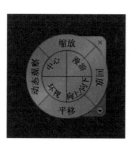

图 1-51

图 1-52

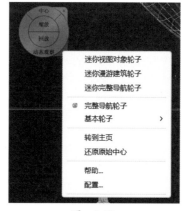

图 1-53

单击"轮子"右下角的箭头可以访问"轮子"菜单，该菜单可以用于切换"大轮子"和"迷你轮子"、转至"主栅格"视图、更改轮子配置和控制"漫游"导航工具的行为。"轮子"菜单上命令的可用性取决于当前"轮子"的类型。

小　结

本章较为详细地介绍了 3ds Max 2023 的用户界面，以及在用户界面中经常使用的命令面板、工具栏、视图导航控制按钮和动画控制按钮。命令面板用来创建和编辑对象，而主工具栏用来变换这些对象。视图导航控制按钮允许以多种方式放大、缩小或者旋转视图。动画控制按钮用来控制动画的设置和播放。

3ds Max 2023 的用户界面并不是固定不变的，可以采用多种方法定制自己独特的界面。不过，在学习阶段，建议不要定制自己的用户界面，最好使用标准界面。

习　题

一、判断题

1. 在 3ds Max 中右击通常用来选择和执行命令。（　　　）

2. "透视"视口的默认设置"线框"对节省系统资源非常重要。（　　　）

3. "撤销"命令的快捷键是 Ctrl+Z。（　　　）

4. "全部打开"命令可打开所有卷展栏，但不能移动卷展栏的位置。（　　　）

5. "复制"命令的"克隆选项"对话框是模式对话框。（　　　）

6. 用户可以使用"X、Y 和 Z 显示区（变换输入区）"来变换对象。（　　　）

7. 当单击"自动"关键点按钮后，在任何关键帧上为对象设置的变化都将被记录成动画。（　　　）

8. 🔍按钮用来放大、缩小所有视口。（　　　）

二、选择题

1. 透视图的英文名称是（　　　）。

    A. Left   B. Top   C. Perspective   D. Front

2. 能够放大和缩小单个视口的视图工具是（　　　）。

    A. ✋   B. ⬛   C. 🔍   D. 🔍

3. 默认情况下打开"自动"关键点按钮的快捷键是（　　　）。

    A. M   B. N   C. O   D. W

4. 默认情况下打开视口🔲的快捷键是（　　　）。

    A. Alt+M   B. N   C. W   D. Alt+W

5. 显示 / 隐藏主工具栏的快捷键是（　　　）。

    A. Alt+M   B. N   C. W   D. Alt+6

6. 显示浮动工具栏的快捷键是（　　　）。

    A. 3   B. 1

    C. 没有默认的，需要自己定制   D. Alt+6

7. 要在所有视口中以明暗方式显示选择的对象，需要使用（　　　）命令。

    A. "视图" | "明暗处理选定对象"

    B. "视图" | "显示变换 Gizmo"

    C. "视图" | "显示背景"

    D. "视图" | "显示关键点时间"

8. 在场景中打开和关闭对象的变换坐标系图标的命令是（　　　）。

    A. "视图" | "显示背景"

B．"视图" | "显示变换 Gizmo"

C．"视图" | "显示重影"

D．"视图" | "显示关键点时间"

三、思考题

1. 视图的导航控制按钮有哪些？如何合理使用各个按钮？

2. 动画控制按钮有哪些？如何设置动画时间长短？

3. 用户是否可以定制用户界面？

4. 主工具栏中各个按钮的主要作用是什么？

5. 如何定制快捷键？

6. 如何在不同视口之间切换？如何使视口最大、最小化？如何拉伸一个视口？

第 2 章 | 场景管理和对象工作

为了更有效地使用 3ds Max 2023，需要深入理解文件组织和对象创建的基本概念。本章将介绍如何使用文件以及如何为场景设置测量单位，还将进一步介绍创建对象、选择对象和修改对象的操作方法。

本章学习目标：

● 管理场景和项目。
● 理解三维绘图的基本单位。
● 创建三维基本几何体。
● 创建二维图形。
● 理解修改器堆栈的显示。
● 使用对象选择集。
● 组合对象。

2.1 管理场景和项目

在 3ds Max 2023 中，每次只能打开一个场景。类似于所有 Windows 操作系统的"文件"菜单，3ds Max 2023 也拥有打开和保存文件的基本命令。这两个命令在菜单栏的"文件"菜单中。

在 3ds Max 中打开文件是非常简单的，只要在菜单栏中选择"文件"|"打开"命令即可。选择该命令后就会出现"打开文件"对话框，如图 2-1 所示。通过这个对话框可以找到要打开的文件，打开的文件类型包括场景文件（*.max）、角色文件（*.chr）或 VIZ 渲染文件等。也可以通过"打开最近"命令选择最近打开的文件。打开文件的快捷键是 Ctrl+O。

其中，MAX 文件类型是完整的场景文件；CHR 文件是用"保存角色"保存的"角色集合"文件；DRF 文件是 VIZ Render 中的场景文件，VIZ Render 是包含在 AutoCAD 建筑（其前身为 Autodesk Architectural Desktop）中的一款渲染工具。DRF 文件类型类似于 Autodesk VIZ 保存的 MAX 文件。如果要加载的文件是使用未安装插件创建的，则对话框仍然将列出这些文件，并且可以加载，只是场景中由未安装插件创建的任何条目将被非渲染框或占位符修改器替换。如果要加载的文件包含无法定位的位图，则会出现"缺少外部文件"对话框。使用此对话框可以浏览缺少的贴图，或选择不加载这些贴图继续打开文件。

在 3ds Max 中保存文件也很简单。对于新创建的场景，只需要在菜单栏中选择"文件"|"保存"命令即可保存文件。选择该命令后，就出现"文件另存为"对话框，在这个对话框中选择保存文件的文件夹即可。在菜单栏中还可以选择"文件"|"另存为"命令，以一个新的文件名保存场景文件。

2.1.1 保存场景

在 3ds Max 的菜单栏中选择"文件"|"另存为"命令后，就会出现"文件另存为"对话框，如图 2-2 所示。

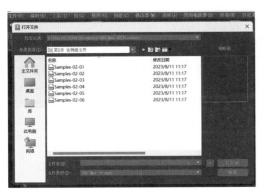

图 2-1

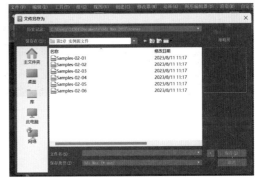

图 2-2

这个对话框有一个独特的按钮，即"保存"按钮左边的"+"按钮。当单击该按钮后，文件自动使用一个新的名字保存。如果原来的文件名末尾是数字，那么该数字自动增加 1。如果原来的文件名末尾不是数字，那么新文件名在原来文件名后面增加数字"01"。再次单击"+"按钮后，文件名后面的数字自动增加成"02"，然后是"03"等。这使用户在工作中保存不同版本的文件非常方便。

在 3ds Max 2023 中可以将场景保存为不同的版本，如 3ds Max 2020、3ds Max 2021、3ds Max 2022 和 3ds Max 角色的格式，如图 2-3 所示，前 3 种版本的扩展名均为 *.max，第 4 种扩展名为 *.chr。

2.1.2 临时保存、自动保存和归档

除了使用"保存"命令保存文件外，还可以在菜单栏中选择"编辑"|"暂存"命令，将文件临时保存在磁盘上。临时保存完成后，就可以继续使用原来场景工作或者装载一个新场景。要恢复使用"暂存"命令保存的场景，可以从菜单栏中选择"编辑"|"取回"命令，这样将使用暂存场景取代当前场景。使用"暂存"命令只能保存一个场景。"暂存"命令的快捷键是 Ctrl+H，"取回"的快捷键是 Alt+Ctrl+F。

在菜单栏中选择"文件"|"首选项"命令可以打开"首选项设置"对话框，在此勾选"自动备份"选项区域的"启用"复选框，即可定期自动保存备份文件，还可以设置保存时间间隔和其他参数，如图 2-4 所示。备份文件的名称为 AutoBackupN.max，其中 N 是一个从 1 到 99 的数字。默认情况下，"自动备份"选项区域的"启用"复选框会勾选，备份时间间隔为 15 分钟。

3ds Max 场景使用许多不同的文件。如果要与其他用户交换场景或归档，通常就不能只保存场景文件。使用"文件"菜单中的"归档"命令，可以将场景文件和场景使用的任何位图文件传递给与 PKZIP 软件兼容的归档程序。

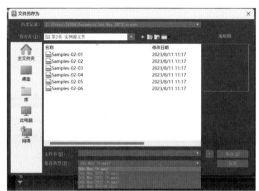

图 2-3   图 2-4

2.1.3 故障恢复系统

如果 3ds Max 遇到了意外故障，它会恢复和保存当前内存中的文件。

恢复文件存储在上一节所述的"自动备份"路径中。它在该路径中被保存为 <filename>_recover.max。如果要返回到该文件，可以直接在目录中打开或者通过"最近打开"命令找到该文件。如果对象的修改器堆栈有损坏，故障恢复系统会识别，损坏的对象会由一个红色的虚拟对象替换，以保留它的位置和任意链接对象层次。

3ds Max 的故障恢复系统并不总是有效，建议启用自动备份或者及时保存文件。

2.1.4 合并文件

"合并"文件允许用户从另外一个场景文件中选择一个或者多个对象，然后将选择的对象导入当前的场景中。例如，用户可能正在一个室内场景工作，而另外一个没有打开的文件中有许多制作好的家具。如果希望将家具导入当前的室内场景中，那么可以在菜单栏中选择"文件"|"导入"|"合并"命令，将家具合并到室内场景中。此外，用户也可以将几何体从文件浏览器直接拖入 3ds Max 视口中以实现导入，但是使用此方法时，3ds Max 不会提示合并或替换场景，而是将导入的几何体与其中已有的几何体直接合并。

例 2-1：使用"合并"命令合并文件。

（1）启动 3ds Max 2023。在菜单栏中选择"文件"|"打开"命令，打开本书网络资源中的 Samples-02-01.max 文件，一个没有家具的空房间出现在屏幕上，如图 2-5 所示。

（2）在菜单栏上选择"文件"|"导入"|"合并"命令，出现"合并文件"对话框。从本书网络资源中选择 Samples-02-06.max 文件，单击"打开"按钮，出现"合并 -Samples-02-06.max"对话框，这个对话框中显示了可以合并对象的列表，如图 2-6 所示。

（3）单击对象列表下面的"全部"按钮，然后再单击"确定"按钮，如图 2-6 所示。一组家具就被合并到房间中了，如图 2-7 所示。本书网络资源的"第 2 章实例源文件"文件夹中有 Samples-02-03.max 和 Samples-02-04.max 两个文件，这两个文件中包含钟表和垃圾桶，使用同样方法将这两者合并到房间中。合并后的场景如图 2-8 所示。

图 2-5　　　　　　　　　　　　　　　　　图 2-6

图 2-7　　　　　　　　　　　　　　　　　图 2-8

　　说明：合并进来的对象保持它们原来的大小以及在世界坐标系中的位置不变。有时必须移动或者缩放合并进来的对象，以适应当前场景的比例。

2.1.5　共享视图

　　3ds Max 2023 支持"共享视图"，使用"共享视图"可以基于模型或设计的视觉表达在线进行协作。例如，为客户创建一个共享视图，以请求批准，或者让现场销售团队访问共享视图进行现场演示。通过提供的链接，任何人都可以查看"共享视图"并添加注释，而无须安装Autodesk 产品。一旦有人对"共享视图"进行了注释，系统便会向用户发送一封电子邮件。用户可以直接从 Autodesk 产品中查看注释并进行回复，以及管理"共享视图"。

　　在菜单栏上选择"视图"|"显示'共享视图'面板"命令，可以打开"共享视图"面板，如图 2-9 所示。打开后若没有登录，则需要先登录，登录后所得到"共享视图"面板如图 2-10所示。用户可以通过这个面板新建"共享视图"或查看已经共享的视图。

2.1.6　外部参照对象和场景

　　3ds Max 2023 支持小组在线使用场景或者对象文件工作，"参考"命令可以实现。在菜单栏上与参考外部有关的命令有两个，它们是"文件"|"参考"|"参考外部对象"命令和"文件"|"参考"|"参考外部场景"命令，如图 2-11 所示。

| 图 2-9 | 图 2-10 | 图 2-11 |

外部参照场景：为了防止意外改动，外部参照场景中的对象可以视作参考，但是不能选中。外部参照场景可以进行"捕捉""自动栅格"和"克隆并对齐"等操作。如果需要移动、旋转或缩放参照场景，可以将其绑定到本地对象。但变换绑定外部参照场景的对象时，将会变换外部参照场景中的所有对象。

外部参照对象：外部参照对象可以进行动画设置，但是否可以编辑实体，需要视对象的外部参照设置而定。

2.1.7 单位

3ds Max 有很多地方都要使用数值进行工作。例如，当创建一个圆柱时，需要设置圆柱的半径。那么 3ds Max 中这些数值究竟代表什么意思呢？

默认情况下，3ds Max 使用称为"基本单位"的度量单位。可以将基本单位设定为任何距离。例如，每个基本单位可以代表 1in、1m、5m 或者 100n mile。当使用由多个场景组合的项目工作时，所有项目组成员必须使用一致的单位。

可以给 3ds Max 显式地指定测量单位。例如，对某些特定的场景，可以指定使用"英尺/英寸"度量系统。如果场景中有一个圆柱，那么它的"半径"可不用很长的小数表示，而是使用"英尺/英寸"来表示，例如 $53' 6''$。当需要非常准确的模型（如建筑或者工程建模）时，该功能非常有用。

在 3ds Max 2023 中，进行正确的单位设置显得更为重要。这是因为新增的高级光照特性使用真实世界的尺寸进行计算，因此要求建立的模型与真实世界的尺寸一致。

例 2-2：使用 3ds Max 的度量单位。

（1）启动 3ds Max 2023，或者在菜单栏选择"文件"|"重置"命令，将 3ds Max 重置为默认模板。

（2）在菜单栏选择"自定义"|"单位设置"命令。出现"单位设置"对话框，如图 2-12 所示。

（3）在"单位设置"对话框中选中"公制"单选按钮。

（4）从"公制"下拉式列表中选择"米"选项，如图 2-13 所示。

（5）单击"确定"按钮关闭"单位设置"对话框。

（6）在"创建"命令面板中单击"球体"按钮。在"顶"视口单击并拖曳，创建一个任意大小的球。现在"半径"的数值后面有一个 m，这个 m 是"米"的缩写，如图 2-14 所示。

图 2-12　　　　　　　　　图 2-13　　　　　　　　　图 2-14

（7）在菜单栏选择"自定义"|"单位设置"命令，在"单位设置"对话框选中"美国标准"单选按钮。

（8）从"美国标准"的下拉式列表中选择"英尺 / 分数英寸"选项，如图 2-15 所示。

（9）单击"确定"按钮关闭"单位设置"对话框。现在球的"半径"以英尺 / 英寸的方式显示，如图 2-16 所示。

图　2-15　　　　　　　　　图　2-16

2.1.8　SketchUp 文件导入

所有版本的 SketchUp 场景文件都可以通过 SketchUp 导入器直接导入，并保持原有版本的兼容性。在把 SKP 文件导入 3ds Max 时，可以选择是否将隐藏对象也导入，导入后原有的 3ds Max 场景内容保持完好。导入 SKP 文件后，生成对象在 3ds Max 中的组、组件和层都是由 SketchUp 场景决定的。

在这里仅对 SketchUp 导入器进行简单介绍，如果想深入了解，可以使用 3ds Max 的帮助文件进行学习。

2.1.9　Revit FBX 文件的链接

从 Revit 导出的 FBX 文件可以使用文件链接管理器进行链接，并在 3ds Max 中创建高质量

的渲染。在菜单栏中选择"文件"|"参考"|"管理链接"命令，如图 2-17 所示。

  "管理链接"的对话框如图 2-18 所示。"管理链接"对话框包括 3 个选项卡："附加"、"文件"和"预设"，分别用来附加文件、更新文件和设置文件。"附加"选项卡可以控制链接到场景中的文件，单击"文件"按钮选择文件后，文件的名称和路径将会出现在选项卡中，附加后的文件可以在"文件"选项卡中重新加载、分离或绑定。"预设"下拉列表表示唯一附加和重新加载设置集合，可以在"预设"选项卡中编辑。

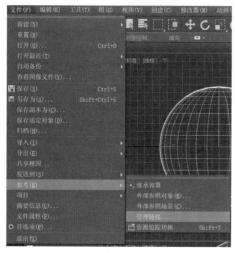

图 2-17

图 2-18

2.2 创建和修改对象

  "创建"命令面板有 7 个按钮，它们依次是用来创建 ● "几何体"、■ "图形"、● "灯光"、■ "摄像机"、↘ "辅助对象"、≈ "空间扭曲"、⚙ "系统"，如图 2-19 所示。每个按钮下面都有不同的命令集和

图 2-19

下拉式列表。默认情况下，启动 3ds Max 后显示的是"创建"命令面板中的"几何体"按钮和下拉式列表中的"标准几何体"选项。

2.2.1 基本几何体

  在三维世界中，基本的建筑块被称为"基本几何体"。"基本几何体"通常是简单的对象，如图 2-20 所示。它们是建立复杂对象的基础。

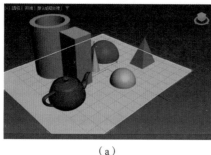

（a）

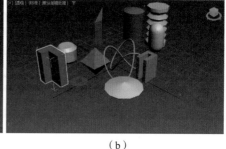

（b）

图 2-20

"基本几何体"是参数化对象，这意味着可以通过改变参数来改变几何体的形状。所有"基本几何体"的卷展栏名字都是一样的，而且在卷展栏中也有类似的参数。

可以在屏幕上交互创建对象，也可以使用"键盘输入"卷展栏输入参数创建对象。当使用交互方式创建"基本几何体"时，可以观察"参数"卷展栏中的参数数值的变化来了解调整影响，如图 2-21 所示。

有两种类型的"基本几何体"，它们是"标准基本几何体"和"扩展基本几何体"，如图 2-20（a）和图 2-20（b）所示。通常将这两种几何体称为"基本几何体"和"扩展几何体"。

要创建"基本几何体"，首先要从命令面板（或者 Object 标签面板）中选择几何体的类型，然后在视口中单击并拖曳。某些对象要求在视口中进行一次单击和拖曳操作，而另外一些对象则要求在视口中进行多次单击和拖曳操作。

默认情况下，所有对象都被创建在"主栅格"上，但是可以使用"自动栅格"功能来改变这个默认设置，允许在一个已经存在对象的表面创建新的几何体。

图 2-21

例 2-3：创建基本几何体。

（1）启动 3ds Max 2023，在"创建"命令面板中单击"对象类型"卷展栏下面的"球体"按钮。

（2）在"顶"视口的右侧单击并拖曳，创建一个大小适中的球。

（3）单击"对象类型"卷展栏下面的"长方体"按钮。

（4）在"顶"视口的左侧单击并拖曳，创建一个长方体的底，然后松开鼠标并向上移动，待对长方体的高度满意后单击完成创建。

这样，场景中就创建了两个基本几何体，如图 2-22 所示。在创建过程中注意观察"参数"卷展栏中数值的变化。

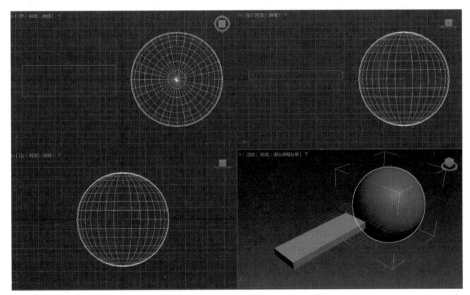

图 2-22

（5）单击"对象类型"卷展栏下面的"圆锥体"按钮。

（6）在"顶"视口单击并拖曳，创建一个圆锥的底面，然后松开鼠标并向上移动，待对圆锥的高度满意后单击完成创建。再向下移动鼠标，待对圆锥的顶面半径满意后单击完成创建。这时的场景如图 2-23 所示。

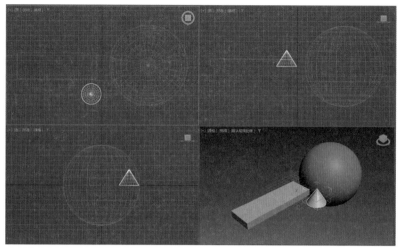

图　2-23

（7）单击"对象类型"卷展栏下面的"长方体"按钮，并勾选"自动栅格"复选框，如图 2-24 所示。

（8）在"透视"视口，将鼠标移动到圆锥侧面，然后单击并拖曳创建另一个长方体，如图 2-25 所示。可以观察到这个长方体像是从所选的圆锥体里伸出来的。

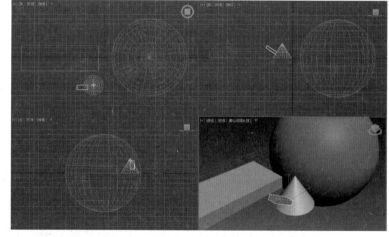

图　2-24　　　　　　　　　　　　　　　　图　2-25

（9）继续在场景中创建其他几何体。

例 2-4：利用"键盘输入"创建简单的物体。

（1）单击"对象类型"卷展栏下面的"圆锥体"按钮。

（2）在"键盘输入"卷展栏中输入圆锥的参数及位置信息，如图 2-26 所示。

（3）单击"创建"按钮得到一个圆锥体，如图 2-27 所示。

例 2-5：创建一个简单的沙发。

（1）单击"创建"命令面板下的"几何体"下拉式列表，选择"扩展基本体"选项，如图 2-28 所示。

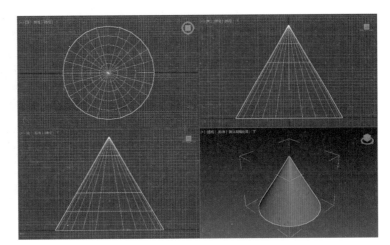

图　2-26　　　　　　　　　　　　　　　　　　　　　图　2-27

（2）单击"对象类型"卷展栏下的"切角长方体"按钮，如图2-29所示。

（3）设置参数，在"键盘输入"卷展栏中输入数据，如图2-30所示。创建的几何体如图2-31所示。

图　2-28　　　　　　　　　　　图　2-29　　　　　　　　　　　图　2-30

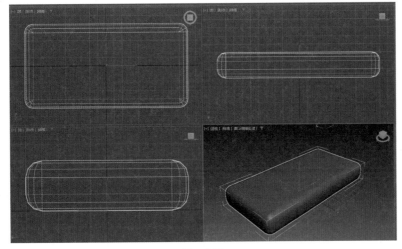

图　2-31

（4）继续单击"切角长方体"按钮创建沙发的其他部分，如图2-32所示。

图　2-32

2.2.2 修改"基本几何体"

在创建完对象未进行任何操作之前，还可以在"创建"命令面板改变对象的参数。一旦选择其他对象或者选择其他选项后，就必须使用"修改"命令面板调整对象的参数。

技巧：一个好习惯是创建对象后立即进入"修改"命令面板。这样做有两个好处：一是离开"创建"命令面板后不会意外地创建不需要的对象；二是在"参数"卷展栏的修改一定会起作用。

1. 改变对象参数

创建一个对象后，可以采用如下 3 种方法改变参数的数值。

（1）突出显示原始数值，然后输入一个新的数值覆盖原始数值，最后按 Enter 键。

（2）单击微调按钮的任何一个小箭头，小幅度增加或者减少数值。

（3）单击并拖曳微调按钮的任何一个小箭头，较大幅度增加或者减少数值。

技巧：单击微调按钮时按 Ctrl 键，将以较大的幅度增加或者减少数值；单击微调按钮时按 Alt 键，将以较小的幅度增加或者减少数值。

2. 对象的名字和颜色

创建一个对象后，它就被指定了一种颜色和唯一的名字。对象的名称由对象类型外加数字组成。例如，在场景中创建的第一个长方体的名字是 Box001，下一个长方体的名字就是 Box002。对象的名字显示在"名字和颜色"卷展栏中，如图 2-33 所示。在"创建"命令面板中，该卷展栏在面板的底部，如图 2-33（a）所示；在"修改"命令面板中，该卷展栏在面板的顶部，如图 2-33（b）所示。

默认情况下，3ds Max 随机地给创建的对象指定颜色，这样可以方便用户在创建过程中区分不同的对象。可以在任何时候改变默认的对象名字和颜色。

说明：对象的默认颜色与它的材质不同。指定给对象默认颜色是为了在建模过程中区分对象，而指定给对象的材质是为了最后渲染时得到好的图像。单击"名字"区域 Box01 右边的"颜色样本"按钮，就会出现"对象颜色"对话框，有 64 种可供选择的颜色，如图 2-34 所示。

在这个对话框中可以选择预先设置的颜色，也可以单击"添加自定义颜色"按钮定制颜色。如果不希望让系统随机指定颜色，可以不勾选"分配随机颜色"复选框。

例 2-6：改变对象的参数和颜色应用举例。

（1）启动 3ds Max 2023，或者在菜单栏中选择"文件"|"重置"命令，将 3ds Max 重置为默认模板。

（a）

（b）

图　2-33

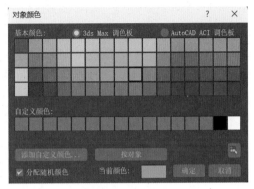
图　2-34

（2）单击"创建"对象命令面板的下拉式列表，选择"扩展几何体"选项，在"对象类型"卷展栏中单击"油罐"按钮。

（3）在"透视"视口中创建一个任意大小的油罐对象 OilTank001，如图 2-35 所示。

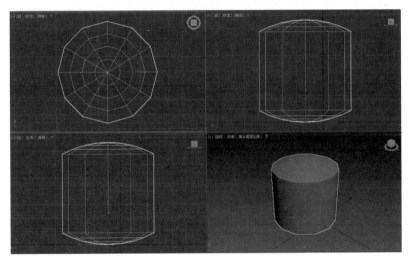
图　2-35

（4）进入"修改"命令面板，在命令面板的底部显示了油罐对象 OilTank001 的参数。

（5）在"修改"命令面板的顶部突出显示了默认的对象名字 OilTank001。

（6）键入一个新名字"油罐"，然后按 Enter 键确认。

（7）单击名字右边的"颜色样本"按钮，出现"对象颜色"对话框。

（8）在"对象颜色"对话框给油罐选择一个不同的颜色。

（9）单击"确定"按钮关闭对话框。油罐的名字和颜色都发生改变，如图 2-36 所示。

（10）在"参数"卷展栏中将"封口高度"设为最小值，并将"边数"设为 4。这时场景中的油罐对象变成了一个长方体，如图 2-37 所示。

（11）在底部的时间栏中单击"自动"关键点按钮，将关键点移动到第 100 帧的位置，如图 2-38 所示。

（12）调整参数，将"边数"改为 25，并将"封口高度"设为当前可设置的最大值，单击"高度"微调按钮改变高度，使油罐形如一个球体，如图 2-39 所示。

（13）关闭"自动"关键点按钮，单击 ▶ "播放动画"按钮查看效果，可以看到长方体逐渐变成了球体。

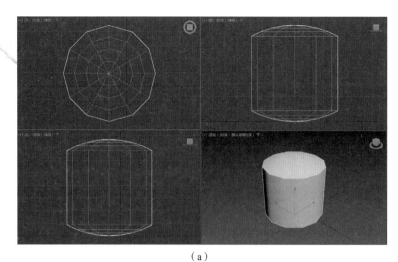

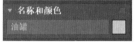

（a） （b）

图 2-36

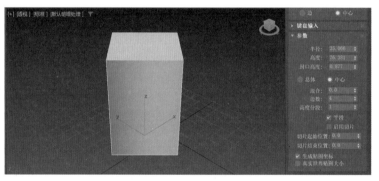

图 2-37

图 2-38

图 2-39

2.2.3 样条线

样条线是二维图形，它是一个没有厚度的连续线（可以是开口的或封闭的）。创建样条线对建立三维模型至关重要。例如，可以先创建一个矩形，然后再定义厚度来生成长方体；也可以创建一组样条线来生成人物的头部模型。

默认情况下，样条线是不可渲染的对象。这就意味着如果创建一个样条线并进行渲染，在视频帧缓存中将不显示样条线。每个样条线都有一个可以勾选的厚度复选框，该选项对创建霓虹灯文字、电线或者电缆非常有用。

样条线本身可以被设置成动画，还可以作为对象运动的路径。3ds Max 2023 中常见的样条线类型如图 2-40 所示，包括线形、矩形、圆、椭圆、圆弧、圆环、多边形、星形、文本、螺旋、卵形、截面和徒手，其中"徒手"是指使用鼠标或其他定点设备创建手绘样条线。

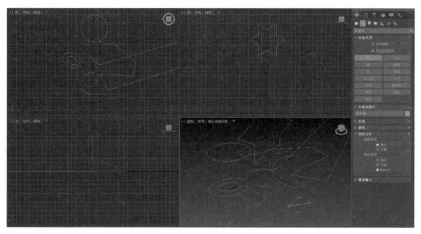

图　2-40

单击"创建"命令面板的"图形"按钮，在"对象类型"卷展栏中有一个"开始新图形"复选框。可以将这个复选框关闭来创建二维图形中的一系列样条曲线，如图 2-41 所示。默认情况下是每次创建一个新图形，但是在很多情况下，需要关闭"开始新图形"复选框来创建嵌套的多边形。在后续建模的相关章节中还将详细讨论这个问题。

二维图形也是参数对象，创建后也可以编辑二维对象的参数。例如，图 2-42 所示的是创建文字时的"参数"卷展栏，可以在这个卷展栏中改变字体、大小、字间距和行间距。创建文字后还可以改变文字的大小。

例 2-7：创建二维图形。

（1）启动 3ds Max 2023，或者在菜单栏中选择"文件"|"重置"命令，将 3ds Max 重置为默认模板。

（2）在"创建"命令面板中单击 💿 "图形"按钮。

（3）在"对象类型"卷展栏中单击"圆形"按钮。

（4）在"前"视口单击拖曳创建一个圆。

（5）单击命令面板中"对象类型"卷展栏下面的"矩形"按钮。

（6）在"前"视口中单击并拖曳创建一个矩形，如图 2-43 所示。

（7）单击视口导航控制区域的 🖐 "平移视图"按钮。

（8）在"前"视口单击并向左拖曳，给视口的右边留一些空间，如图 2-44 所示。

（9）单击"创建"命令面板中"对象类型"卷展栏下面的"星形"按钮。

（10）在"前"视口的空白区域单击并拖曳创建星星的外径，然后松开鼠标再向内移动，待对星星的内径满意后单击，完成星星的创建，如图 2-45 所示。

（11）在"创建"命令面板的"参数"卷展栏中，将"点"的数值改为 5。星星变成了五角星，如图 2-46 所示。

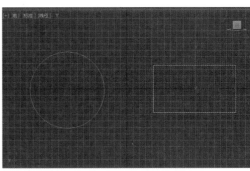

图 2-41　　　　　　图 2-42　　　　　　图 2-43

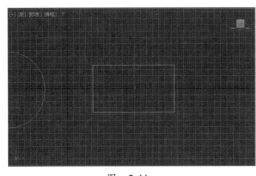

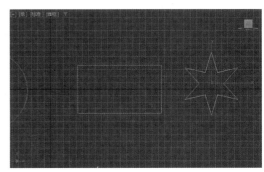

图 2-44　　　　　　　　　　图 2-45

（12）单击视口导航控制区域的 "平移视图"按钮。

（13）在"前"视口单击并向左拖曳，给视口的右边留一些空间。

（14）单击"创建"命令面板中"对象类型"卷展栏下面的"线"按钮。

（15）在"前"视口中单击开始画线，移动光标再次单击，完成一条直线段的创建，然后继续移动光标，再次单击，又创建一条直线段。

（16）依次进行操作，直到满意后右击结束画线操作。这时的"前"视口如图 2-47 所示。

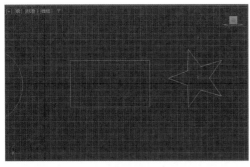

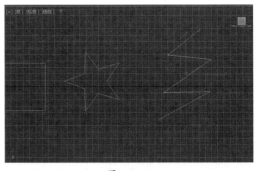

图 2-46　　　　　　　　　　图 2-47

2.3　修改器堆栈

●●●●●●●●●

　　创建完对象（如几何体、二维图形、灯光和摄像机等）后，需要对对象进行修改。修改方法可以是多种多样的，可以通过修改参数改变对象的大小，也可以通过编辑的方法改变对象的形状。

修改对象要使用"修改"命令面板。"修改"命令面板分为两个区域：修改器堆栈显示区和对象的卷展栏区域，如图 2-48 所示。

这一节将介绍修改器堆栈显示的基本概念，后面还将更为深入地讨论与修改器堆栈相关的问题。

2.3.1 修改器列表

在靠近"修改"命令面板顶部的地方显示"修改器列表"。可以单击"修改器列表"右边的箭头打开一个下拉式列表。列表中的选项就是修改器，如图 2-49 所示。

列表中的修改器是根据功能的不同进行分类。尽管初看起来列表很长，修改器很多，但是只有一部分是常用的，另外一些则很少用。

右击"修改器列表"后，弹出一个快捷菜单，如图 2-50 所示。

图　2-48

图　2-49

图　2-50

可以使用这个菜单完成如下工作。

● 过滤列表中的修改器。

● 在"修改器列表"下拉式列表中显示可用的修改器。

● 定制自己的修改器集合。

2.3.2 应用修改器

要使用某个修改器，需要从列表中选择。一旦选择了某个修改器，它就会出现在堆栈的显示区域中。可以将修改器堆栈想象成一个历史记录堆栈，每当从"修改器列表"中选择一个修改器，它就出现在堆栈的显示区域。这个历史的最底层是对象的类型（称为基本对象），后面是基本对象应用的修改器。如图 2-51 所示，基本对象是 Cylinder，修改器是 Bend。

给一个对象应用修改器后，它并不立即发生变化。修改器的参数将显示在命令面板中的"参数"卷展栏中，如图 2-52 所示。要使修改器起作用，必须调整"参数"卷展栏中的参数。

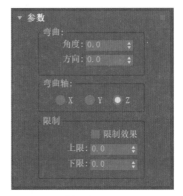

图 2-51　　　　　　　　　　　　　　图 2-52

可以给对象应用许多修改器，这些修改器按应用的次序显示在堆栈的列表中。最后应用的修改器在最顶部，基本对象总是在堆栈的最底部。当堆栈中有多个修改器的时候，可以在列表中选择一个修改器显示它的参数。不同对象类型有不同的修改器。例如，有些修改器只能应用于二维图形，而不能应用于三维图形。当用下拉式列表显示修改器的时候，只显示能够应用选择对象的修改器。可以从一个对象向另一个对象拖曳修改器，也可以交互调整修改器的次序。

例 2-8：使用修改器。

（1）启动 3ds Max 2023，或者在菜单栏中选择"文件"|"重置"命令，将 3ds Max 重置为默认模板。

（2）单击"创建"命令面板中"对象类型"卷展栏下面的"球体"按钮。

（3）在"透视"视口创建一个半径约为 40 个单位的球，如图 2-53 所示。

（4）切换至"修改"命令面板，单击"修改器列表"右边的向下箭头，在打开的下拉式列表中选择"拉伸"编辑器。Stretch 修改器将应用于球，并同时显示在堆栈列表中，如图 2-54 所示。

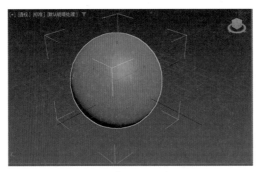

图 2-53　　　　　　　　　　　　　图 2-54

（5）在"修改"命令面板的"参数"卷展栏，将"拉伸"改为 1，"放大"改为 3。这时球发生了变形，如图 2-55 所示。

（6）在"创建"命令面板中单击"对象类型"卷展栏下面的"圆柱体"按钮。

（7）在"透视"视口球的旁边创建一个圆柱。

（8）在"创建"命令面板的"参数"卷展栏中将"半径"改为 6，"高"改为 80。

（9）切换到"修改"命令面板，单击"修改器列表"右边的向下箭头。在打开的下拉式列表中选择"弯曲"编辑器。Bend 修改器将应用于圆柱，并同时显示在堆栈列表中。

（10）在"修改"命令面板的"参数"卷展栏中将"角度"改为-90。圆柱发生了弯曲，如图 2-56 所示。

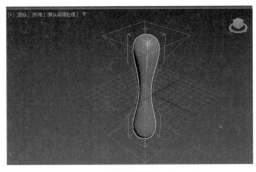
图 2-55

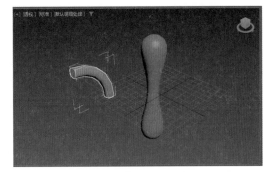
图 2-56

（11）从圆柱的堆栈列表中将 Bend 修改器拖曳到场景中的球上。球也发生弯曲了，同时它的堆栈中也出现了 Bend 修改器，如图 2-57 所示。

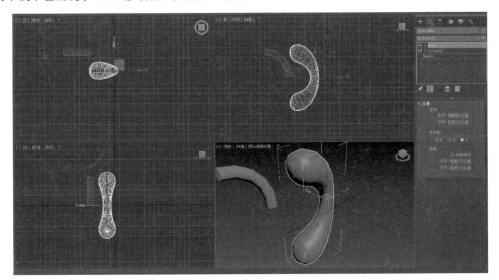
图 2-57

2.4 选 择 对 象

要想在指定对象上进行操作，第一步是要选中它们，在较为复杂的场景中，精确选择所需要的对象尤为重要。

2.4.1 选择一个对象

最基本的选择操作就是用鼠标选择，当工具栏中"选择对象"按钮变蓝，将光标置于可选择对象上，它会变成十字叉状，单击要选择的物体，物体外轮廓变为蓝框，表明已选中该物体。下面介绍工具栏中几个常用的选择工具。

● ▣ "选择对象"按钮：单击可选择一个对象。

● 区域选择：长按工具栏上的虚线方框可以看到 5 种不同的区域选择方式，如图 2-58 所示。第 1 种是矩形方式，第 2 种是圆形方式，第 3 种是围栏方式，第 4 种是套索方式，第 5 种是绘制选择区域方式。

● ▤ "按名称选择" 按钮：单击这个按钮后会出现 "从场景选择" 对话框，该对话框显示场景中所有对象的列表。按 H 键也可以访问这个对话框。该对话框也可以用来选择场景中的对象。

● ▣ "窗口/交叉选择" 按钮：当使用矩形选择区域选择对象时，主工具栏有一个按钮用来决定矩形区域的选择模式。这个按钮有两个选项，"窗口选择" 按钮和 "交叉选择" 按钮，前者是选择完全在选择框内的对象，后者是选择在选择框内和与选择框相交的所有对象。

● 通过 "场景资源管理器" 选择："场景资源管理器" 中给出了场景中的所有对象列表。

● 选择重叠对象或子对象：第一次单击会选择与观察点最近的对象，第二次单击会选择下一个最近的对象。

例 2-9：按名称选择对象。

（1）继续例 2-1 的练习，或者启动 3ds Max 2023，在菜单栏上选择 "文件" | "打开" 命令，打开本书网络资源中的 Samples-02-05.max 文件。该场景是一个有简单家具的房间，如图 2-59 所示。

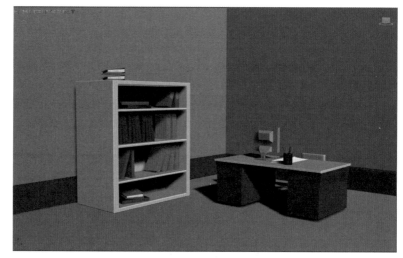

图　2-58　　　　　　　　　　　　　　　图　2-59

（2）在主工具栏上单击 "按名称选择" 按钮，出现 "从场景选择" 对话框。

（3）在 "从场景选择" 对话框中单击 "手机" 选项，按 Ctrl 键，然后单击 "柜子" 选项。这时 "从场景选择" 对话框列表中同时有两个对象被选择，如图 2-60 所示。

（4）在 "从场景选择" 对话框中单击 "确定" 按钮，关闭 "从场景选择" 对话框。这时场景中有两个对象被选择，对象的周围有蓝框，如图 2-61 所示。

（5）按 H 键，出现 "从场景选择" 对话框。

（6）在 "从场景选择" 对话框中单击 "书" 选项。

（7）按 Shift 键，然后单击 "书 14" 选项。这时在两个被选择对象之间的对象都被选择了，如图 2-62 所示。

（8）在 "从场景选择" 对话框单击 "确定" 按钮。这时在场景中共选择了 15 个对象。

注意：如果场景中的对象比较多，会经常使用 "按名称选择" 功能，这就要求合理命名文件。如果文件命名不合理，使用这种方式选择就会非常困难。

图　2-60

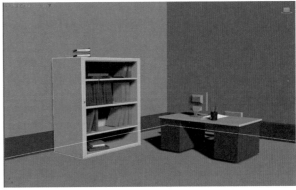

图　2-61

2.4.2　选择多个对象

选择对象时，常常希望选择多个对象或者从已选择对象中取消某个对象，这就需要将鼠标操作与键盘操作结合起来。下面给出选择多个对象的方法。

● 向选择的对象中增加对象：Ctrl+ 单击。

● 从当前选择的对象中取消某个对象：Alt+ 单击。

● 区域选择：在要选择的一组对象周围单击并拖曳，画出一个完全包围对象的区域。当松开鼠标键时，框内的所有对象被选择。

● 选择所有对象：在菜单栏中选择"编辑"|"全选"命令或使用快捷键 Ctrl+A。

2.4.3　使用选择过滤器

可以使用主工具栏上的"选择过滤器"下拉式列表禁用特定类别对象的选择，如图 2-63 所示。默认情况下是选择"全部"类别，选择下拉式列表下某一类别代表只能选择该类对象。其中，"几何体"也包括网格等列表中未明确包括的对象。

2.4.4　轨迹视图和图解视图

1. 使用轨迹视图进行选择

在编辑动画轨迹时，常使用"轨迹视图"，单击主菜单栏的"图形编辑器"|"轨迹视图—曲线编辑器"命令可以打开该视图，如图 2-64 所示。该视图左侧一列显示了场景中的所有对象，如图 2-65 所示。在列表中的选择方法与"按名称选择"类似，可以按 Ctrl 键增加或减少选择的对象，或者按 Shift 键选择列表中相邻的对象。

2. 使用图解视图进行选择

"图解视图"是一个窗口，用于以层次视图形式显示场景中的对象。该视图提供了另一种在场景中选择对象并导航至这些对象的方式。单击工具栏上的"图解视图"按钮可以打开"图解视图"窗口。图 2-66 所示的是本书网络资源中 Samples-02-05.max 文件的"图解视图"。单击或者矩形框选可以选择想要的对象，用户在该视图下还可以修改对象之间的链接。

图　2-62

图　2-63

图　2-64

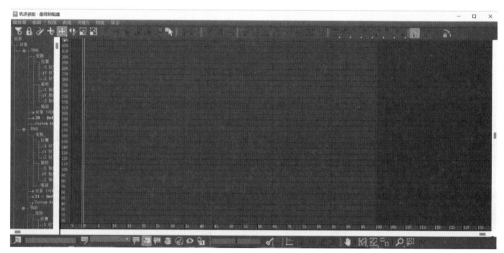

图　2-65

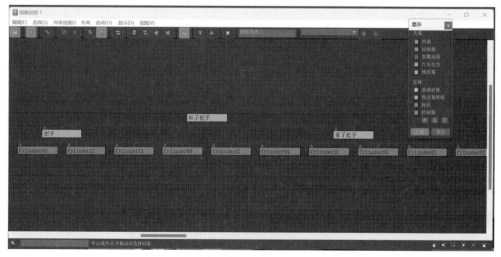

图　2-66

2.4.5 锁定选择的对象

为了便于后面的操作，当选择多个对象时，最好将选择的对象锁定。锁定选择对象后，可以确保不误选其他对象或者丢失当前选择的对象。

可以单击状态栏中锁形状的"选择锁定切换"按钮锁定选择的对象，也可以按空格键锁定选择的对象，如图 2-67 所示。

图　2-67

2.5　选择集和组

选择集和组用来帮助在场景中组织对象。尽管这两个选项的功能有点类似，但是操作步骤却不同。此外，选择集在对象的次对象层级非常有用，而组在对象层级中非常有用。

2.5.1 选择集

选择集允许给一组对象的集合指定名字。由于经常需要对一组对象进行变换等操作，因此选择集非常有用。当定义选择集后，单次操作就可以选择一组对象。

例 2-10：使用命名的选择集。

创建命名的选择集，操作步骤如下：

（1）继续例 2-9 的练习，或者在菜单栏上选择"文件"|"打开"命令，打开本书网络资源中的 Samples-02-05.max 文件。

（2）在主工具栏上单击 "按名称选择"按钮，出现"从场景选择"对话框。

（3）在"从场景选择"对话框中单击"桌子"选项。

（4）在"从场景选择"对话框中按 Ctrl 键，并单击"笔筒"和"电脑"选项，如图 2-68 所示。

（5）在"从场景选择"对话框中单击"确定"按钮，选择组成桌子的 3 个对象，如图 2-69 所示。

（6）单击状态栏的 "选择锁定切换"按钮。

（7）在"前"视口中单击选择其他对象。

由于 "选择锁定切换"已经处于打开状态，因此不能选择其他对象。

（8）在主工具栏上将鼠标移动到"创建选择集"区域，如图 2-70 所示。

（9）在"创建选择集"键盘输入区域，输入 table，然后按 Enter 键。这样就命名了选择集。

注意：如果没有按 Enter 键，选择集的命名将不起作用。

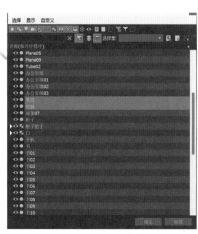
图 2-68

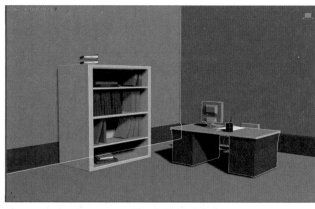
图 2-69

（10）按空格键关闭 🔒 "选择锁定切换"按钮。

（11）单击"前"视口的任何地方，原来选择的对象将不再被选择。

（12）在主工具栏单击"创建选择集"区域的向下箭头，然后在弹出的列表中选择 table，桌子的对象又被选择了。

（13）按 H 键，出现"从场景选择"对话框。

（14）在"从场景选择"对话框中，对象仍然是作为个体被选择的。该对话框中也有一个选择集列表，如图 2-71 所示。

图 2-71

创建选择集
图 2-70

（15）在"从场景选择"对话框中单击"取消"按钮，关闭该对话框。

（16）保存文件，以便后面使用。

2.5.2 组

1. 组和选择集的区别

组也用来在场景中组织多个对象，但是其操作步骤和编辑功能与选择集不同。下面给出了组和选择集的不同之处：

- 创建一个组后，组的多个对象被作为一个对象来处理。
- 不再在场景中显示组的单个对象名称，而是显示组的名称。
- 在对象列表中，组的图标加了方框。
- 在"名称和颜色"卷展栏中，组的名称是粗体的。
- 选择组的任何一个对象后，整个组都被选择了。
- 要编辑组内的单个对象，需要打开组。

修改器和动画都可以应用给组。如果在应用修改器和动画之后决定取消组，每个对象仍都保留组的修改器和动画。

一般情况下，尽量不要对组或选择集内的对象设置动画。可以使用链接选项设置多个对象一起运动的动画。

如果对一个组设置动画，将会发现所有对象都有关键帧。这就意味着如果设置组的位置动画，在观察组的位置轨迹线时将显示组内每个对象的轨迹。如果对有很多对象的组设置动画，那么显示轨迹线后将使屏幕变得非常混乱。实际上，组主要用来建模，而不是用来制作动画。

2. 创建"组"

例 2-11：练习"组"的创建。

（1）继续例 2-9 的练习，或者在菜单栏上选择"文件"|"打开"命令，打开本书网络资源中的 Samples-02-05.max 文件。

（2）在主工具栏上将选择方式改为 "交叉选择"。

（3）在"前"视口从右侧凳子的顶部单击并拖曳，向下画一个矩形框，如图 2-72 所示。这时与矩形框相交的对象都被选择了，如图 2-73 所示。

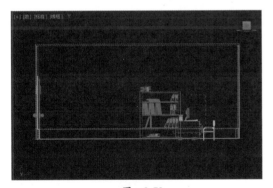
图　2-72

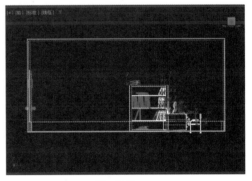
图　2-73

（4）在菜单栏中选择"组"|"组"命令，出现"组"对话框，如图 2-74 所示。

（a）

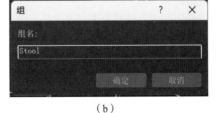
（b）

图　2-74

（5）在"组"对话框的"组名"区域，输入 Stool，然后单击"确定"按钮。

图 2-75

（6）切换至"修改"命令面板，注意观察"名称和颜色"区域，Stool 是粗体显示的，如图 2-75 所示。

（7）按 H 键，出现"从场景选择"对话框。

（8）在"从场景选择"对话框中，Stool 的图标加了方框，"组"内的对象不在列表中出现，如图 2-76 所示。

图 2-76

（9）在"从场景选择"对话框中单击"确定"按钮。

（10）在"前"视口单击"组"外的对象，组不再被选择。

（11）在"前"视口单击 Stool 组中的任何对象，组内所有对象都被选择。

（12）在菜单栏选择"组"|"解组"命令，组被取消。

（13）按 H 键，此时在"从场景选择"对话框中看不到组 Stool 了，列表中只显示单个对象的列表。

2.6 AEC 扩展对象

这一节我们应用"创建"命令面板中的"AEC 扩展"选项来制作一个简单的房子。

例 2-12：应用门、窗、墙体来创建房子。

（1）启动或者重置 3ds Max 2023。

（2）首先创建墙体。在创建命令面板中，从下拉式列表中选择"AEC 扩展"选项，如图 2-77 所示。

（3）在"对象类型"卷展栏中单击"墙"按钮。

（4）在"顶"视口，以多次单击画线的方式创建四面封闭的墙体。在创建第 4 面墙体时，会弹出"是否要焊接点"对话框，单击"是"按钮，然后右击结束创建操作，如图 2-78 所示。

图 2-77

（5）在"创建"命令面板的"参数"卷展栏中，将"宽度"改为2.0，将"高度"改为60.0，如图2-79所示。

（6）确定选择了墙体。在"创建"命令面板中，从下拉式列表中选择"门"选项，在"对象类型"卷展栏中单击"枢轴门"按钮，如图2-80所示。

图 2-78

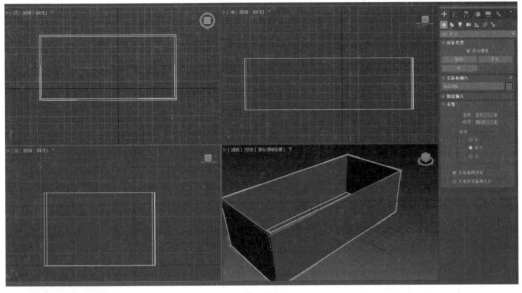

图 2-79

图 2-80

（7）返回"顶"视口，在墙体前部靠右的位置创建一扇门。在视口中拖动创建前两个点，用于定义门的宽度，松开鼠标并移动调整门的深度和高度，然后单击完成创建。

（8）切换至"修改"命令面板，在"参数"卷展栏中将"高度"设置为50.0，"宽度"设置为40.0，"深度"设置为2.0，并勾选"翻转转枢"复选框，如图2-81所示。

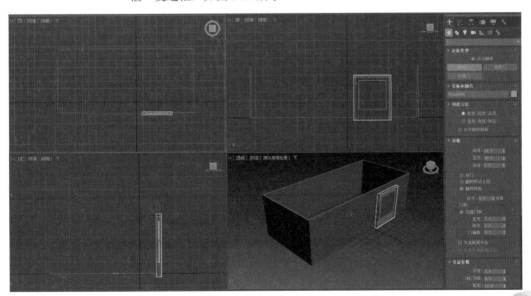

图 2-81

（9）在"修改"命令面板的"参数"卷展栏中设置参数，如图 2-82 所示。

（10）在"修改"命令面板的"页扇参数"卷展栏中，选中"镶板"区域的"有倒角"单选按钮，如图 2-83 所示。

（11）在墙体的右侧创建第二扇门。在"创建"命令面板"门"的"对象类型"卷展栏中单击"枢轴门"按钮，用同样的方法在右侧创建第二扇门，"参数"卷展栏的设置与上一扇门相同。

（12）继续创建窗户。在"创建"命令面板的下拉式列表中选择"窗"选项，从"对象类型"卷展栏中单击"推拉窗"按钮。

（13）与创建门的方法类似，在墙体的前部创建一扇窗。切换到"修改"命令面板，在"参数"卷展栏中设置参数，如图 2-84 所示。

图 2-82

图 2-83

图 2-84

（14）用同样的方法，在窗的左边再创建一扇窗。

（15）最后为屋子增加一个屋顶。在"创建"命令面板的下拉式列表中选择"标准基本体"选项，在"对象类型"卷展栏中单击"长方体"按钮，在"顶"视口创建一个长方体。

（16）在主工具栏单击"选择并移动"按钮，将它移动到墙体的上端，这样房子的模型就创建完成了。调整颜色后，最终效果如图 2-85 所示。

图 2-85

小　结

本章介绍了如何打开、保存以及合并文件，并讨论了外部参照场景和对象，这些都是实际工作中非常重要的技巧，请一定熟练掌握。

本章的另外一个重要内容就是创建基本的三维对象和二维对象，以及如何使用修改器和修改器堆栈编辑对象。

为了有效地编辑对象和处理场景，需要合理利用 3ds Max 提供的工具组织场景中的对象。本章学习的组和选择集是重要的组织工具，熟练掌握这些工具将对今后的工作大有益处。

习　题

一、判断题

1. 在 3ds Max 中，组和选择集的作用是一样的。（　　　）

2. 在 3ds Max 中，自己可以根据需要定义快捷键。（　　　）

3. Ctrl 键用来向选择集中增加对象。（　　　）

4. 选择对象后按空格键可以锁定选择集。（　　　）

5. 在"选择对象"对话框中，可以使用?代表字符串中任意一个字符。（　　　）

6. 不能向已经存在的"组"中增加对象。（　　　）

7. 用"打开"命令打开"组"后，必须使用"组"命令重新成组。（　　　）

8. 命名的选择集不随文件一起保存，也就是打开文件后将看不到文件保存前的命名选择集。（　　　）

9. 在 3ds Max 中，一般情况下要先选择对象，然后再选择操作的命令。（　　　）

10."文件"|"打开"和"文件"|"合并"命令都只能打开 max 文件，因此在用法上没有区别。（　　　）

二、选择题

1. 3ds Max 的选择区域形状有（　　　）种。

    A. 2　　　　　　　　B. 3　　　　　　　　C. 4　　　　　　　　D. 5

2. 在按名称选择时，字符（　　　）可以代表任意字符的组合。

    A. *　　　　　　　　B. ?　　　　　　　　C. @　　　　　　　　D. #

3. （　　　）命令可以将"组"彻底分解。

    A."炸开"　　　　　B."解组"　　　　　C."分离"　　　　　D."平分"

4. 在保留原来场景的情况下，导入 max 文件应选择的命令是（　　　）。

    A."合并"　　　　　B."替换"　　　　　C."新建"　　　　　D."打开"

5. 下面方法中（　　　）不能用来激活"从场景选择"对话框。

    A. 工具栏中"按名称选择"按钮

    B."编辑"菜单下的"按名称选择"

    C. H 键

    D."工具"菜单下的"选择浮动框"命令

6. （　　　）命令用来合并扩展名是 max 的文件。

    A."文件"|"打开"

    B."文件"|"导入"|"合并"

    C."文件"|"导入"

D. "文件" | "首选项" | "参考外部对象"

7. "文件" | "保存" 命令可以保存（　　）类型的文件。

    A. max   B. dxf   C. dwg   D. 3ds

8. "文件" | "导入" | "合并" 命令可以合并（　　）类型的文件。

    A. max   B. dxf   C. dwg   D. 3ds

9. 撤销 "组" 的命令是（　　）。

    A. "解组"   B. "炸开"   C. "附加"   D. "分离"

10. 要改变场景中对象的度量单位，应选择（　　）命令。

    A. "自定义" 菜单中的 "首选项"

    B. "视图" 菜单中的 "微调器拖动期间更新"

    C. "自定义" 菜单中的 "单位设置"

    D. "自定义" 菜单中的 "显示 UI"

三、思考题

1. 如何通过拖曳的方式复制修改器？

2. 如何设置 3ds Max 的系统单位？

3. 尝试用 "长方体" 按钮完成一个简单的桌子模型。

4. 5 种选择区域在用法上有什么不同？

5. "交叉选择" 和 "窗口选择" 有何本质的不同？

6. "组" 和 "选择集" 的操作步骤和用法有何不同？

第3章 | 对象的变换

  3ds Max 2023 提供了许多工具，但不是每个场景的工作都要使用所有的工具。基本上在每个场景的工作中都要移动、旋转和缩放对象，完成这些功能的基本工具称为变换。在使用变换时，需要理解变换中使用的变换坐标系、变换轴和变换中心，还要经常使用捕捉功能。另外，在进行变换的时候经常需要复制对象。本章介绍与变换相关的一些功能，如复制、阵列复制、镜像和对齐等。

本章学习目标：

- 使用主工具栏的工具直接进行变换。
- 通过输入精确的数值变换对象。
- 使用捕捉工具。
- 使用不同的坐标系。
- 使用拾取坐标系。
- 使用对齐工具对齐对象。
- 使用镜像工具镜像对象。

3.1 变　　换

  可以使用变换移动、旋转和缩放对象。要进行变换，可以在主工具栏上选择变换工具，也可以使用快捷菜单。主工具栏上的变换工具如表 3-1 所示。

表　3-1

变换工具	功能
⊕	选择并移动
↻	选择并旋转
▣	选择并均匀缩放
▣	选择并不均匀缩放
▣	选择并挤压变形

3.1.1 变换轴

选择对象后，每个对象上都显示一个 3 轴坐标系的图标，如图 3-1 所示，坐标系的原点就是轴心点。每个坐标系上有 3 个箭头，分别标记为 *X*、*Y* 和 *Z*，代表 3 个坐标轴。被创建的对象将自动显示坐标系。

当选择变换工具后，坐标系将变成变换 Gizmo，图 3-2、图 3-3 和图 3-4 分别是移动、旋转和缩放的 Gizmo。

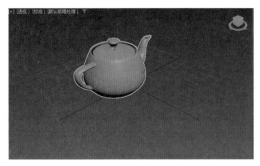

图　3-1

图　3-2

图　3-3

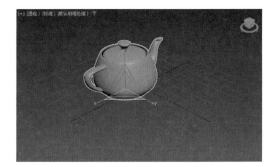

图　3-4

3.1.2 变换的键盘输入

有时需要通过键盘输入而不是鼠标操作来调整数值。3ds Max 支持许多键盘输入功能，包括给出对象在场景中的准确位置和具体的参数数值等。可以使用"移动变换输入"对话框进行变换数值的输入，如图 3-5 所示。在主工具栏的变换工具上右击可以访问"移动变换输入"对话框，也可以直接使用状态栏中的键盘输入区域。

说明：要显示"移动变换输入"对话框，必须首先单击激活变换工具，然后再右击。

"移动变换输入"对话框由两个数字栏组成。一栏是"绝对：世界"，另外一栏是"偏移：世界"（如果选择的视图不同，可能有不同的显示）。下面的数字是被变换对象在世界坐标系中的准确位置，输入新的数值后，将使对象移动到该数值指定的位置。例如，如果在"移动变换输入"对话框的"绝对：世界"下面分别给 *X*、*Y* 和 *Z* 输入数值 0、0、40，那么对象将移动到世界坐标系中的 0、0、40 处。

在"偏移：世界"一栏中输入的数值将相对于对象的当前位置、旋转角度和缩放比例变换对象。例如，在偏移一栏中分别给 *X*、*Y* 和 *Z* 输入数值 0、0、40，那么将把对象沿着 *Z* 轴移动 40 个单位。

"移动变换输入"对话框是非模式对话框，这就意味着当执行其他操作的时候，对话框仍然可以被保留在屏幕上。

也可以在状态栏中通过键盘输入数值，如图3-6所示。它的功能类似于"移动变换输入"对话框，只是需要通过按钮来切换"绝对"和"偏移"。

图 3-5

图 3-6

在任意视口位置右击，出现的快捷菜单中也可以进行移动、旋转、缩放等操作。

例3-1：使用变换工具变换对象。

（1）启动3ds Max 2023，在菜单栏中选择"文件"|"打开"命令，打开本书网络资源中的Samples-03-01.max文件。这是一个包含档案柜、办公桌、时钟、垃圾桶及文件夹的简单静物场景，如图3-7所示。

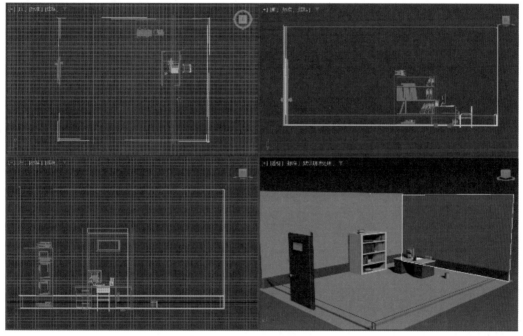

图 3-7

（2）按F4键，使"透视"视口处于"边面"显示状态，以便观察物体的被选择状态，如图3-8所示。

（3）在左侧的"场景资源管理器"中找到Cylinder035，然后单击。

（4）此时在"透视"视口中，右边垃圾桶的轮廓变成了蓝色线条，表明它处于被选择状态，如图3-9所示。

（5）单击主工具栏上的 ✛ "选择并移动"按钮。

（6）单击"顶"视口，激活它。

（7）将鼠标移到Y轴上，直到鼠标光标变成"选择并移动"的样子后单击并拖曳，如图3-10所示。将垃圾桶靠墙放置，如图3-11所示。

注意观察"透视"视口中的变化，这时垃圾桶位置基本已经改变，如图3-12所示。

（8）在"透视"视口单击办公桌，此时办公桌上出现变换Gizmo，如图3-13所示。

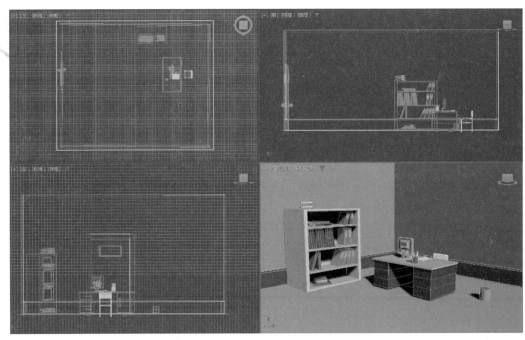

图 3-8

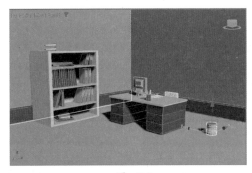

图 3-9

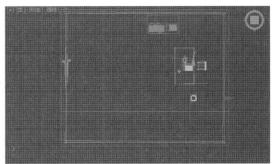

图 3-10

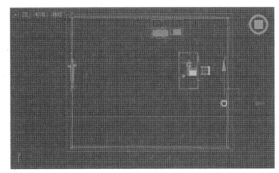

图 3-11

图 3-12

技巧：如果已启用 2D、2.5D 或 3D 捕捉且"移动"工具处于活动状态，"移动"Gizmo 将在其中心显示一个小圆。在移动物体时，3ds Max 会显示对象的原始位置，并默认显示一条从原始位置拉伸至新目标位置的橡皮筋线。

（9）单击主工具栏上的 "选择并旋转"按钮。

（10）在"透视"视口中旋转办公桌，如图 3-14 所示。

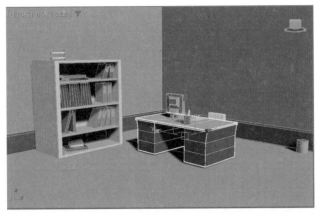

图　3-13

图　3-14

技巧：旋转对象时，仔细观察状态栏中键盘输入区域的变换数值，可以了解具体的旋转角度。

（11）在"透视"视口单击选择办公桌上的显示器，如图 3-15 所示。

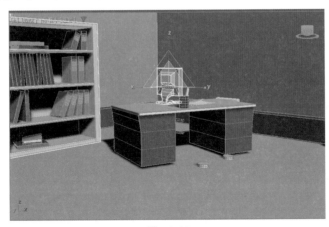

图　3-15

（12）在主工具栏上单击 🔲 "选择并均匀缩放"按钮。

（13）将鼠标移动到变换 Gizmo 的中心，在"透视"视口中将显示器放大至大约 200%，如图 3-16 所示。

55

技巧：当缩放对象时，仔细观察状态栏中键盘输入区域的变换数值，可以了解具体的缩放百分比。

（14）在主工具栏的 ![]"选择并均匀缩放"按钮上右击，出现"缩放变换输入"对话框，如图 3-17 所示。

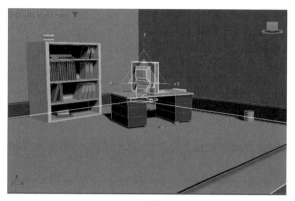
图　3-16

图　3-17

（15）在"缩放变换输入"对话框的"绝对：局部"一栏中将每个轴的缩放数值设置为 100，对象恢复到原来的大小。

（16）关闭"缩放变换输入"对话框。

3.2 克 隆 对 象

为场景创建几何体被称为建模。一个重要且非常有用的建模技术就是克隆对象（即复制对象）。克隆的对象可以作为精确的复制品，也可以作为进一步建模的基础。例如，如果场景中需要很多灯泡，可以先创建其中一个，然后再复制出其他灯泡。如果场景需要很多灯泡，而这些灯泡还有一些细微的差别，就可以先复制原始对象，然后再对复制品做些修改。

克隆对象的方法有两个。第 1 种方法是按 Shift 键执行变换操作（如移动、旋转和比例缩放），第 2 种方法是从菜单栏中选择"编辑"|"克隆"命令。无论使用哪种方法进行变换，都会出现"克隆选项"对话框，如图 3-18 所示。

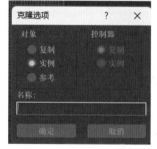
图　3-18

在"克隆选项"对话框中，可以指定克隆对象的数目和类型等。克隆有下面 3 种类型。

● 复制。

● 实例。

● 参考。

"复制"是克隆一个与原始对象完全无关的复制品。

"实例"也是克隆一个对象，但是该对象与原始对象仍有某种关系。例如，如果使用"实例"克隆一个球，那么改变其中一个球的半径，另外一个球也跟着改变。"实例"复制的对象之间是通过参数和修改器相关联的，与各自的变换无关，是相互独立的。

这就意味着如果对其中一个对象应用了修改器，"实例"克隆的另外一些对象也将自动应用相同的修改器。但是如果变换一个对象，"实例"克隆的其他对象并不一起变换。此外，"实例"克隆的对象可以有不同的材质和动画，而且比使用"复制"克隆的对象需要更少的内存和磁盘空间，因此文件装载和渲染的速度要快一些。

"参考"是特别的"实例"，它与克隆对象的关系是单向的。例如，如果场景中有两个对象，一个是原始对象，另外一个是使用"参考"选项克隆的对象。如果给原始对象增加一个修改器，克隆的对象也被增加了同样的修改器。但是，如果给使用"参考"克隆的对象增加一个修改器，那么它将不影响原始对象。实际上，"参考"操作常用于如面片一类的建模过程。

例 3-2：克隆对象。

（1）启动 3ds Max 2023，在菜单栏中选择"文件"|"打开"命令，打开本书网络资源中的 Samples-03-03.max 文件。文件中包含一个国际象棋棋盘和若干棋子，其中，"兵"这个棋子双方只有一个，如图 3-19 所示。本练习将克隆"兵"这个棋子，将整套国际象棋的棋子补充完整。

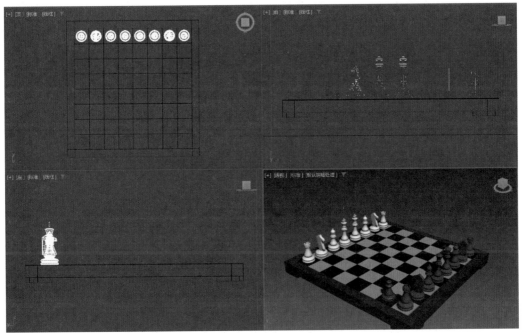

图　3-19

（2）在"透视"视口单击选择白色"兵"棋子（对象名称是 bing001）。

（3）单击主工具栏上的 ✛ "选择并移动"按钮。

（4）单击"顶"视口。

（5）按 Shift 键，向左数第 2 个棋盘格内移动，如图 3-20 所示，出现"克隆选项"对话框，如图 3-21 所示。

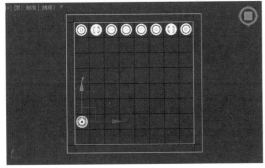

图　3-20

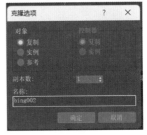

图　3-21

技巧：系统建议克隆对象的名称是 bing002。在克隆对象时，系统建议的克隆对象名称总是在原始对象的名字后增加一个数字。由于原始对象的名字后面有 001，因此"克隆选项"对话框建议的名字就是 bing002。如果计划克隆对象，在创建对象时就要在原始对象名字后面增加数字 001，这样克隆的对象才能被正确命名。

（6）在"克隆选项"对话框保留默认的设置，然后单击"确定"按钮。

（7）在"透视"视口单击选择原始棋子。

（8）在"顶"视口，按 Shift 键，然后将选择的原始棋子克隆到左数第 3 个棋盘格内，如图 3-22 所示。

（9）在"克隆选项"对话框选中"实例"单选按钮，将"副本数"改成 2，然后单击"确定"按钮，如图 3-23 所示。

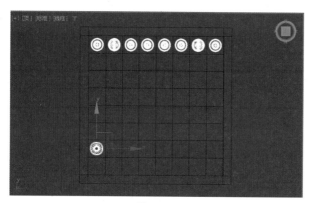

图　3-22

图　3-23

现在场景中共有 4 个棋子，包括一个原始棋子、一个"复制"克隆的棋子和两个"实例"克隆的棋子，如图 3-24 所示。

图　3-24

在这些棋子中，原始棋子和使用"实例"克隆的棋子是互相关联的。

假设现在棋子有点高，希望改矮一点。可以通过改变其中一个棋子的高度，来改变所有关联棋子的高度。下面进行这项操作。

（10）在"透视"视口单击选择原始棋子。

（11）切换至"修改"命令面板，在修改器堆栈区域单击 Cylinder，如图 3-25 所示。

（12）在出现的警告对话框中单击"是"按钮，如图 3-26 所示。

图 3-25

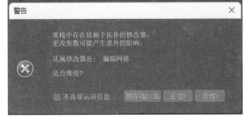

图 3-26

这时在命令面板下方出现 Cylinder 的"参数"卷展栏。

（13）在"参数"卷展栏中将"高度"参数改为 1.2。这时可以在"透视"视口看到 3 个棋子的高度变低了，另一个棋子的高度没有改变，如图 3-27 所示。

通过"实例"克隆的棋子高度都改变了，而使用"复制"克隆的棋子高度没有改变。

（14）在"透视"视口单击选择 bing002，然后按 Delete 键删除它。

（15）在"透视"视口单击选择原始棋子。

（16）在"顶"视口再使用"复制"在上述第 2 个棋盘格内克隆一个棋子，如图 3-28 所示。

图 3-27

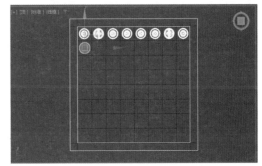

图 3-28

（17）在"透视"视口单击选择这个复制后的褐色棋子。

（18）切换至"修改"命令面板，单击靠近对象名称处的"颜色样本"，出现"对象颜色"对话框。

（19）在"对象颜色"对话框中选择白色，然后再单击"确定"按钮，这样就将该棋子的颜色改为白色，如图 3-29 所示。

（20）用克隆的方法将剩余棋子补充完整，最后的效果如图 3-30 所示。

图 3-29

图 3-30

3.3 对象的捕捉

变换对象的时候，经常需要捕捉到栅格点或者捕捉到对象的节点上。3ds Max 2023 支持精确的对象捕捉，捕捉选项都在主工具栏上。

3.3.1 绘图中的捕捉

有 3 个选项支持绘图时对象的捕捉，它们是 3² "三维捕捉"、2⁵ "2.5 维捕捉"和 2² "二维捕捉"。

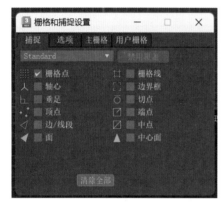

图 3-31

不管选择哪个捕捉选项，都可以选择是捕捉对象的栅格点、节点、边界，还是捕捉其他点。要选择捕捉的元素，可以在捕捉按钮上右击，这时出现"栅格和捕捉设置"对话框，如图 3-31 所示。可以在这个对话框上进行捕捉的设置。

默认情况下，只有"栅格点"复选框是勾选的，其他复选框都是未勾选的。这就意味着绘图时光标将捕捉栅格线的交点。一次可以勾选多个复选框。如果一次打开的复选框多于一个，那么绘图时将捕捉到最近的元素。

说明：在"栅格和捕捉设置"对话框勾选了某个复选框后，可以关闭该对话框，也可以将它保留在屏幕上。即使对话框关闭，复选框的设置仍然起作用。

技巧：双击也可以选择所有相邻的面、顶点、段等。

1. 三维捕捉

在"三维捕捉"打开的情况下，当绘制二维图形或者创建三维对象时，鼠标光标可以在三维空间的任何地方进行捕捉。例如，如果在"栅格和捕捉设置"对话框中勾选了"顶点"复选框，鼠标光标将在三维空间中捕捉二维图形或者三维几何体上最靠近鼠标光标处的节点。

2. 二维捕捉

"三维捕捉"的弹出按钮中还有"二维捕捉"和"2.5 维捕捉"两个按钮。按"三维捕捉"按钮将会看到弹出按钮，找到合适的按钮后释放鼠标键即可选择该按钮。"三维捕捉"捕捉三维场景中的任何元素，而"二维捕捉"只捕捉激活视口构建平面上的元素。例如，如果打开"二维捕捉"并在"顶"视口中绘图，鼠标光标将只捕捉位于 XY 平面上的元素。

3. 2.5 维捕捉

"2.5 维捕捉"是"二维捕捉"和"三维捕捉"的混合。"2.5 维捕捉"将捕捉三维空间中二维图形和几何体上的点在激活视口平面上的投影。光标仅捕捉活动栅格上对象投影的顶点或边缘。

3.3.2 增量捕捉

除了对象捕捉之外，3ds Max 2023 还支持增量捕捉。使用"角度捕捉"可以使旋转按固定的增量（如 10°）进行，使用"百分比捕捉"可以使比例缩放按固定的增量（如 10%）进行，使用"微调器捕捉"可以使微调器的数据按固定的增量（如 1）进行。

"角度捕捉切换"按钮：使对象或者视口的旋转按固定的增量进行。默认状态下的增量是

5°。例如，如果打开"角度捕捉切换"按钮并旋转对象，它将先旋转 5°，然后旋转 10°、15° 等。

"角度捕捉"也可以用于旋转视口。打开"角度捕捉切换"按钮后使用"弧型旋转"按钮旋转视口，那么旋转将按固定的增量进行。

"百分比捕捉"：使比例缩放按固定的增量进行。例如，打开"百分比捕捉切换"按钮后，任何对象的缩放将按 10% 的增量进行。

"微调器捕捉切换"按钮：打开该按钮后，单击微调器箭头时，参数的数值按固定的增量增加或者减少。

增量捕捉的增量是可以改变的。要改变"角度捕捉"和"百分比捕捉"的增量，需要使用"栅格和捕捉设置"对话框的"选项"标签，如图 3-32 所示。

"微调器捕捉"的增量设置是通过在"微调器捕捉切换"按钮上右击进行的。右击"微调器捕捉切换"按钮后，出现"首选项设置"对话框，可以在"首选项设置"对话框的"微调器"区域设置"捕捉"的数值，如图 3-33 所示。

图 3-32

图 3-33

例 3-3：使用捕捉变换对象。

（1）启动 3ds Max 2023，在菜单栏中选择"文件"|"打开"命令，打开本书网络资源中的 Samples\Samples-03-02.max 文件。这是一个包含桌子、凳子、茶杯和茶壶的简单室内场景，如图 3-34 所示。

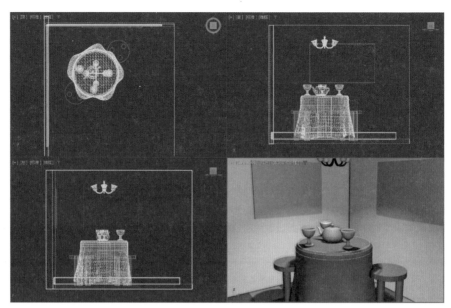

图 3-34

（2）在"摄像机"视口单击选择茶壶。

（3）单击主工具栏上的 $\circlearrowright$ "选择并旋转"按钮。

（4）单击主工具栏上的 $\mathbb{h}^?$ "角度捕捉切换"按钮。

（5）在"顶"视口绕 Z 轴旋转茶壶。

（6）注意观察旋转角度的变化，旋转的增量是 5°。

（7）在"透视"视口单击选择其中一个高脚杯。

（8）单击主工具栏上的 $\%$ "百分比捕捉"按钮。

（9）单击主工具栏的 $\square$ "选择并均匀缩放"按钮。

（10）在"顶"视口缩放高脚杯，同时注意观察状态栏中数值的变化。高脚杯放大或者缩小的增量为 10%。

3.4 变换坐标系

每个视口的左下角都有一个由红、绿和蓝 3 个轴组成的坐标系图标。这个可视化图标代表的是 3ds Max 2023 的世界坐标系。三维视口（"摄像机"视口、"用户"视口、"透视"视口和"灯光"视口）中的所有对象都使用世界坐标系。

下面介绍如何改变坐标系，以及各个坐标系的特征。

1. 改变坐标系

在主工具栏上单击"参考坐标系"按钮，然后在下拉式列表中选择一个坐标系，如图 3-35 所示，可以改变变换中使用的坐标系。

当选择一个对象后，选择坐标系的轴将出现在对象的轴心或者中心位置。默认情况下，使用的坐标系是"视图"坐标系。为了理解各个坐标系的作用，必须首先了解世界坐标系。

2. 视图坐标系

视图坐标系是默认坐标系，在该坐标系中，所有正交视口中的 X、Y 和 Z 轴的朝向都相同（X 轴始终朝右，Y 轴始终朝上，Z 轴始终垂直于屏幕）。使用该坐标系移动对象时，会相对于视口空间移动对象。

3. 屏幕坐标系

当参考坐标系被设置为"屏幕"坐标系时，每次激活不同的视口，对象的坐标系就发生改变。不论激活哪个视口，X 轴总是水平指向视口的右边，Y 轴总是垂直指向视口的上面。这意味着在激活的视口中，变换的 XY 平面总是面向用户。

在"前"视口、"顶"视口和"左"视口等正交视口中，使用屏幕坐标系是非常方便的；但是在"透视"视口或者其他三维视口中，使用屏幕坐标系就会出现问题。由于 XY 平面总是与视口平行，因此会使变换的结果不可预测。

视图坐标系可以解决在屏幕坐标系中所遇到的问题。

4. 世界坐标系

世界坐标系的图标总是显示在每个视口的左下角。如果在变换时想使用这个坐标系，可以从"参考坐标系"的下拉式列表中选择它。在选择世界坐标系后，每个选择对象的轴显示的就是世界坐标系的轴，如图 3-36 所示。

 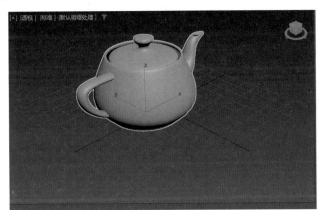

图 3-35   图 3-36

可以使用这些轴来移动、旋转和缩放对象。

5. 局部坐标系

创建对象后会指定一个局部坐标系，局部坐标系的方向与对象创建的视口相关。例如，当圆柱被创建后，它的局部坐标系的 Z 轴总是垂直于视口，它的局部坐标系的 XY 平面总是平行于计算机屏幕。即使切换视口或者旋转圆柱，它的局部坐标系的 Z 轴也总是指向高度方向。

从"参考坐标系"下拉式列表中选择"局部坐标系"后，就可以看到局部坐标系。

说明：通过轴心点可以移动或者旋转对象的局部坐标系。对象的局部坐标系的原点就是对象的轴心点。

6. 其他坐标系

除了世界坐标系、屏幕坐标系、视图坐标系和局部坐标系外，还有以下 5 个坐标系。

① 父对象坐标系：该坐标系只对有链接关系的对象起作用。如果使用这个坐标系，当变换子对象时，它使用父对象的变换坐标系。如果对象未链接至特定对象，则其为世界坐标系的子对象，其父坐标系与世界坐标系相同。

② 栅格坐标系：该坐标系使用当前激活栅格系统的原点作为变换的中心。

③ 万向坐标系：该坐标系与局部坐标系类似，但其三个旋转轴不一定要相互正交。它通常与 Eulerxy2 旋转控制器一起使用。

④ 工作轴坐标系：激活工作轴坐标系后，可以随时使用坐标系，无论工作轴处于活动状态与否。"使用工作轴"启用时，即为默认的坐标系。

⑤ 拾取坐标系：该坐标系使用场景中另一个对象的坐标系。该坐标系非常重要，将在后面详细介绍。

7. 变换和变换坐标系

每次变换时都可以设置不同的坐标系。3ds Max 2023 会记住上次某种变换中使用的坐标系。例如，上次选择了主工具栏中的"选择并移动"工具，并将变换坐标系改为"局部"；此后又选择主工具栏中的"选择并旋转"工具，并将变换坐标系改为世界；这样当返回到"选择并移动"工具时，坐标系将自动改变到局部。

技巧：如果想使用特定的坐标系，首先要选择变换工具，然后再选择变换坐标系。这样，当执行变换操作时，才能保证使用的是正确坐标系。

8. 变换中心

主工具栏上"参考坐标系"右边的按钮是"变换中心"的按钮，如图 3-37 所示。每次执行旋转或者比例缩放操作时，都是相对轴心点进行变换，这是因为默认的变换中心是轴心点。3ds Max 的"变换中心"按钮有 3 个，它们从上往下依次是：

"使用轴点中心"按钮：对象被选择时，使用选择对象的中心作为变换中心。

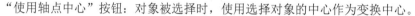

图　3-37

"使用选择中心"按钮：使用当前激活坐标系的原点作为变换中心。

当旋转多个对象时，这些选项非常有用。"使用轴点中心"将围绕自己的轴心点旋转每个对象，而"使用选择中心"将围绕选择对象的共同中心点旋转对象。

"使用变换坐标系中心"按钮对于拾取坐标系非常有用，下面介绍拾取坐标系的方法。

9. 拾取坐标系

假如希望绕空间中某个特定点旋转一系列对象，最好使用拾取坐标系。即使选择了其他对象，变换的中心仍然是特定对象的轴心点。如果要在某个对象周围按圆形排列一组对象，那么使用拾取坐标系将非常方便。例如，可以使用拾取坐标系布置桌子和椅子等。

例 3-4-1：使用拾取坐标系。

（1）启动 3ds Max 2023，在菜单栏中选择"文件"|"打开"命令，打开本书网络资源中的 Samples-03-04.max 文件。这个场景非常简单，包括一个花心、一个花瓣和一片叶子，如图 3-38 所示。

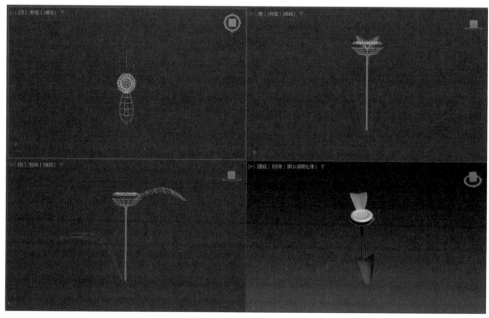

图　3-38

下面将在花心周围复制花瓣和叶子，以便创建一朵完整的花。

（2）单击主工具栏上的"角度捕捉切换"按钮。

（3）单击主工具栏上的"选择并旋转"按钮。

（4）在"参考坐标系"的下拉式列表中选择"拾取"选项，如图3-39所示。

（5）在"顶"视口单击选择花心，如图3-40所示。对象名Flower center出现在"参考坐标系"区域，如图3-41所示。

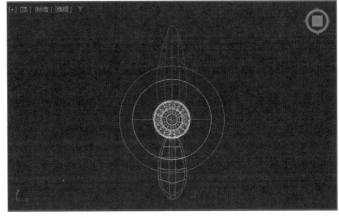

图　3-39　　　　　　　　　　　　　　　图　3-40

（6）在主工具栏上单击"使用变换坐标系的中心"按钮。接下来将绕着中心旋转并复制花瓣。

（7）在"顶"视口单击选择花瓣Petal01，如图3-42所示。

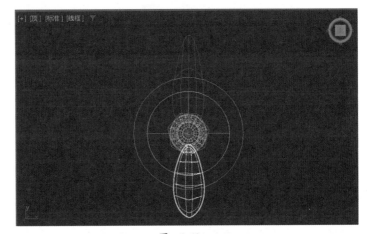

图　3-41　　　　　　　　　　　　　　　图　3-42

可以看出，即使选择了花瓣，但是变换中心仍然在花心。这是因为当前使用的是变换坐标系的中心，而变换坐标系被设置在花心。

（8）在"顶"视口按Shift键，并绕Z轴旋转45°，如图3-43所示。

当松开鼠标键后，出现"克隆选项"对话框。

（9）在"克隆选项"对话框选中"实例"单选按钮，并将"副本数"改为7，然后单击"确定"按钮。

这时，在花心的周围又克隆了7个花瓣，如图3-44所示。

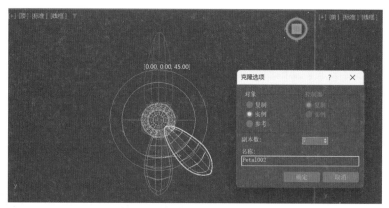

图　3-43

图　3-44

（10）用同样的方法将叶子克隆完整。

（11）最后的效果如图 3-45 所示，完成后的实例见 Samples-03-04f.max 文件。

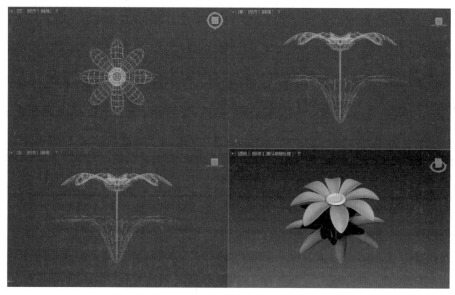

图　3-45

例 3-4-2：使用拾取坐标系。

拾取坐标系可以使其他操作的对象采用特定对象的坐标系。下面介绍如何制作小球从木板上滚下来的动画。

（1）启动 3ds Max 2023，或者在菜单栏中选择"文件"|"重置"命令，将 3ds Max 重置为默认模板。

（2）单击"创建"命令面板上"对象类型"卷展栏下面的"长方体"按钮。

（3）在"顶"视口中创建一个长方形木板，创建参数如图 3-46 所示。

（4）在主工具栏上单击  "选择并旋转"按钮，在"前"视口中旋转木板，使其有一定倾斜度，如图 3-47 所示。

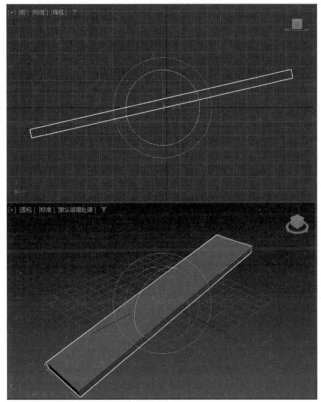

图 3-46　　　　　　　　　　　　　图 3-47

（5）单击"创建"命令面板上的"球体"按钮，创建一个"半径"约为 10 单位的球，并单击主工具栏的"选择并移动"按钮，将小球移到木板上方，如图 3-48 所示，可以从 4 个视口多角度观察小球的移动。

（6）选中小球，在"参考坐标系"的下拉式列表中选择"拾取"坐标系。

（7）在"透视"视口中单击选择木板，则对象名 Box001 出现在参考坐标系区域。同时在视口中，小球的变换坐标发生变化，"前"视口的变化如图 3-49 所示。

（8）单击"自动"关键点按钮，将时间滑块移动到第 100 帧。

（9）将小球移动至木板的底端，如图 3-50 所示。

（10）单击主工具栏的"选择并旋转"按钮，将小球转动几圈，如图 3-51 所示。

（11）单击关闭"自动关键点"按钮。单击"播放"按钮播放动画，可以看到小球沿着木板下滑的同时在滚动。完成后的实例见本书网络资源的 Samples-03-05.max 文件。

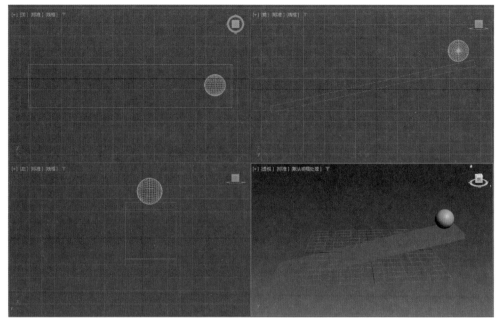

图　3-48

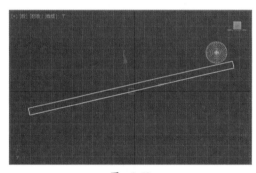

图　3-49

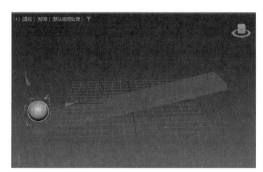

图　3-50

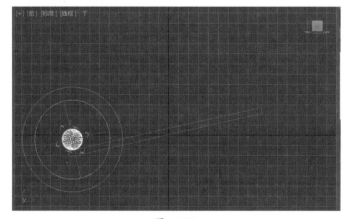

图　3-51

3.5　其他变换方法

还有其他一些变换方法，分别是主工具栏上的"对齐"按钮和"镜像"按钮，以及主菜单工具下的"阵列"按钮和功能区的"对象绘制"选项卡。

（1）🏷️"镜像"按钮：沿着坐标轴镜像对象。如果需要，还可以复制对象。图 3-52 是使用镜像复制的对象。

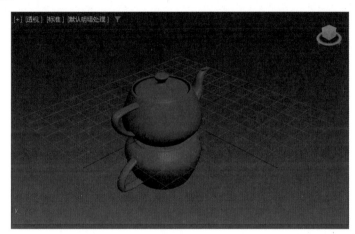

图　3-52

（2）📐"对齐"按钮：将一个对象的位置、旋转和比例与另外一个对象对齐。

（3）📋阵列(A)...📋"阵列"按钮：可以沿着任意方向克隆一系列对象。

（4）📋对象绘制📋"对象绘制"按钮：能够在场景中使用笔刷工具直接分布对象，使创建具有大量重复模型的场景变得更为简单，在后面的例子中将会详细讲到。

3.5.1　镜像

当镜像对象时，必须首先选择对象，然后单击主工具栏上的"镜像"按钮，出现的"镜像"对话框如图 3-53 所示。在"镜像"对话框中，不但可以选择镜像的轴，还可以选择是否克隆对象以及克隆的类型。改变对话框的选项后，被镜像的对象也在视口中发生变化。

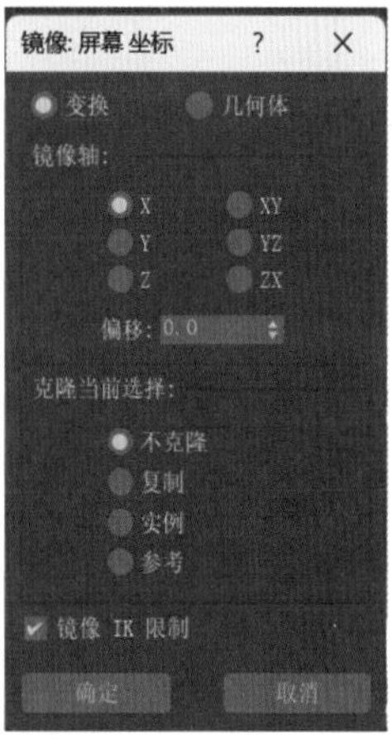

3.5.2　对齐

"对齐"可以根据对象的物理中心、轴心点或者边界区域对齐。图 3-54（a）所示的是对齐前的样子，而图 3-54（b）是沿着 X 轴对齐后的样子。要对齐一个对象，必须先选择一个对象，然后单击主工具栏上的"对齐"按钮，再单击想要对齐的对象，出现"对齐当前选择"对话框，如图 3-55 所示。

图　3-53

这个对话框有 3 个区域，分别是"对齐位置"、"对齐方向"和"匹配比例"。"对齐位置"、"对齐方向"选项区提示对齐使用的是哪个坐标系。打开了某个选项，其对齐效果就立即显示在视口中。

"对齐"下有 6 种用于对齐对象的不同按钮，如图 3-56 所示。

● "对齐"按钮：可以将当前选择与目标选择进行对齐，也可设置沿轴对齐对象。

● "快速对齐"按钮：将当前选择的位置与目标对象的位置对齐，快捷键为Shift+A。

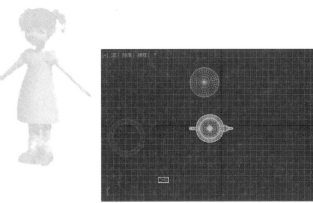
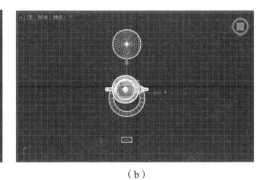

（a） （b）

图 3-54

● "法线对齐"按钮：基于每个对象上面或选择的法线方向将两个对象对齐。该操作需要先选择要移动的原对象。在单击"法线对齐"按钮后，鼠标长按原对象，可以看到此时出现了一条法线，调整法线到目标位置。再选择目标对象，用同样的方法调整目标对象的法线，调整好后松开鼠标，可以观察到两对象法线重合，并出现"法线对齐"对话框，如图 3-57 所示。

图 3-55 图 3-56 图 3-57

● "放置高光"按钮：可以将灯光或对象对齐到另一对象，以便精确定位其高光或反射。

技巧：这个功能也可以放置在镜面上反射的对象。

● "对齐摄影机"按钮：可以将摄影机与选定的面法线对齐。

● "对齐到视图"按钮：可以用于显示"对齐到视图"对话框，将对象或子对象选择的局部轴与当前视口对齐。

例 3-5：使用"法线对齐"制作动画的过程。

（1）打开本书网络资源中的文件 Samples-03-06.max，或者创建一个类似的场景。该文件包含地面、4 个有弯曲动画的圆柱和一个盒子，动画总长度为 200 帧，如图 3-58 所示。

（2）按 N 键，进入设置动画状态。将时间滑块移动到第 40 帧，确认选择盒子 Box01。单击主工具栏中的"法线对齐"按钮，然后在盒子的顶面拖曳鼠标。松开鼠标后，选择左上角圆柱并长按调整法线，松开后弹出如图 3-57 所示的"法线对齐"对话框，在对话框中输入相应数值以确定盒子的精确位置，单击"确定"按钮。这时盒子顶面与圆柱的顶面结合在一起了，如图 3-59 所示，并且自动生成一个动画关键帧。

（3）将时间滑块移动到第 80 帧，在盒子的底面（与顶面对应的面）拖曳鼠标，确定对齐的法线。松开鼠标后，将光标移动到右上角圆柱的顶面拖曳，确定对齐的法线。再次松开鼠标，盒子底面就与圆柱的顶面结合在一起，如图 3-60 所示。

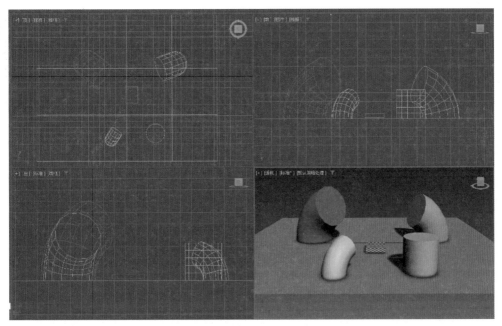

图　3-58

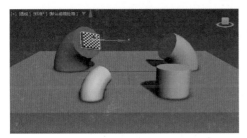

图　3-59

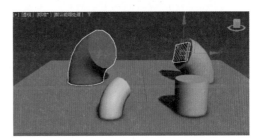

图　3-60

（4）将时间滑块移动到第 120 帧，在盒子的顶面拖曳鼠标，确定对齐的法线。松开鼠标后，将光标移动到右下角圆柱的顶面拖曳，确定对齐的法线。再次松开鼠标，盒子顶面就与圆柱的顶面结合在一起，如图 3-61 所示。

（5）将时间滑块移动到第 160 帧，在盒子的顶面拖曳鼠标，确定对齐的法线。松开鼠标后，将光标移动到左下角圆柱的顶面拖曳，确定对齐的法线。再次松开鼠标，盒子顶面就与圆柱的顶面结合在一起，如图 3-62 所示。

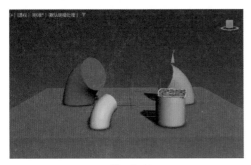

图　3-61

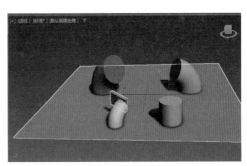

图　3-62

（6）将时间滑块移动到第 200 帧，在盒子的底面拖曳鼠标，确定对齐的法线。松开鼠标后，将光标移动场景底面中央拖曳，确定对齐的法线。再次松开鼠标，盒子顶面就与底面结合在一起，如图 3-63 所示。

完成后的实例见本书网络资源的 Samples-03-06f.max 文件。

说明：该例子是 3ds Max 教师和工程师认证的一个考题。考试时没有提供任何场景文件，因此读者也应该熟练掌握制作圆柱弯曲摆动动画的方法。

图　3-63

3.5.3 阵列

阵列支持"移动""旋转"和"缩放"等变换。阵列的对话框如图 3-64 所示。

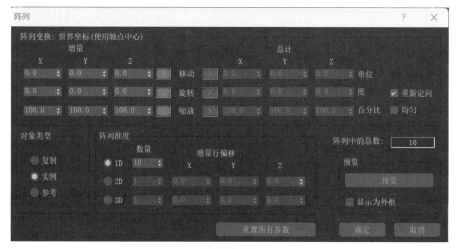

图　3-64

要阵列对象，必须首先选择对象，然后选择"工具"菜单下的"阵列"命令，出现"阵列"对话框。该操作还可以通过右击工具栏的空白处来实现。在弹出的快捷菜单中选择"附加"命令，如图 3-65 所示，这样就出现了"附加"工具栏，如图 3-66 所示。单击"阵列"按钮，就会出现"阵列"对话框。

"阵列"对话框被分为 3 部分，分别是"阵列变换"区域、"对象类型"区域、"阵列维度"区域。

"阵列变换"区域显示在阵列时对象使用的坐标系和轴心点，可以使用位移、旋转和缩放变换进行阵列。在这个区域还可以设置计算数据的方法，如增量计算或者总量计算等。

"对象类型"区域用于确定阵列时克隆的类型。

"阵列维度"区域用于确定在某个轴上的阵列数目。

例如，如果希望在 X 轴上阵列 10 个对象，对象之间的距离是 10 个单位，那么应按图 3-67 所示设置"阵列"对话框。

图 3-65

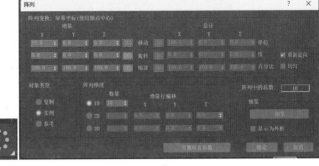

图 3-66　　　　　　　　　　　　　　图 3-67

如果要在 X 方向阵列 10 个对象，对象的间距是 10 个单位，在 Y 方向阵列 5 个对象，对象的间距是 25 个单位，那么应按图 3-68 所示设置对话框，这样就可阵列 50 个对象。

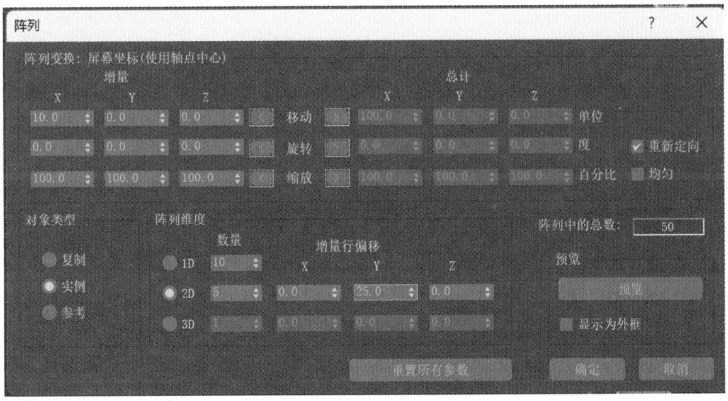

图 3-68

如果要执行三维阵列，那么在"阵列维度"区域选中 3D 单选按钮，然后设置在 Z 方向阵列对象的个数和间距。

"旋转"和"缩放"选项的设置类似。首先选择一个阵列轴向，然后再设置使用角度和百分比的增量，或者使用角度和百分比的总量。图 3-69 所示的是沿圆周方向阵列的设置，图 3-70 所示的是该设置的阵列结果。

注意：在应用阵列之前先要改动对象的轴心位置。

"阵列"按钮也是一个弹出式按钮，下面还有 3 个按钮，分别是"快照"按钮，"空间工具"按钮和"克隆并对齐"按钮。

"快照"按钮：只能用于动画的对象。对动画对象使用该按钮后，可沿着动画路径克隆一系列对象。这样就像在动画期间拿摄像机快速拍摄照片一样，因此将该功能称为快照。

"空间工具"按钮：按指定的距离创建克隆的对象，也可以沿着路径克隆对象。

"克隆并对齐"按钮：该命令将克隆与对齐命令绑定在一起，在克隆对象的同时将对象按选择的方式对齐。

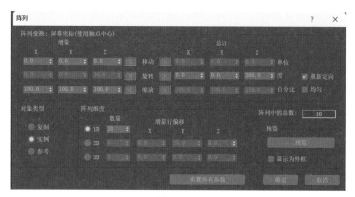

图 3-69

例 3-6：使用"阵列"按钮复制一个升起球链的动画。

（1）在 ➕ "创建"命令面板中单击"球体"按钮，在"顶"视口的中心创建一个半径为 16 的球。下面调整球体的轴心点。

（2）单击 ▦ "层次"按钮，进入"层次"命令面板，如图 3-71 所示，单击"仅影响轴"按钮。

图 3-70

图 3-71

（3）单击 ➕ "选择并移动"按钮，激活"Y 轴约束"按钮，然后在"顶"视口向上移动轴心点，使其偏离球体一段距离，如图 3-72 所示。

技巧：默认用户界面不显示"轴约束"工具栏。要显示此工具栏，请右击任何工具栏的空白部分，并从弹出的快捷菜单中选择"轴约束"命令，如图 3-73 所示。出现的工具栏如图 3-74 所示。

（4）单击"仅影响轴"按钮，关闭它。

说明：如果不做阵列的动画，则可以不调整轴心点。只要单击"自动关键点"按钮，就能使用指定轴心点的方法。

（5）单击"自动"关键点按钮，将时间滑块移动到第 100 帧，然后选择菜单"工具" | "阵列"命令，出现"阵列"对话框。在"阵列维度"区域中改变阵列的数量和维度，选中 1D 单选按钮，并将"数量"设置为 20；在"阵列变换：屏幕坐标"中设置增量的方向，将沿 Z 轴的旋转角设置为 18，如图 3-75 所示。

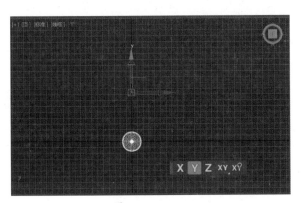

图 3-72

图 3-73

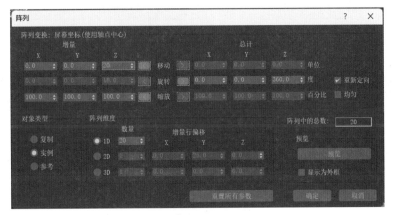

X Y Z XY XY

图 3-74

图 3-75

（6）单击"确定"按钮，这时场景中出现了阵列的球体，共 20 个，如图 3-76 所示。

单击"播放动画"按钮，可以看到球链升起的动画，完成后的实例见本书网络资源的 Samples-03-07f.max 文件。

3.5.4 对象绘制

要使用对象绘制工具，必须首先选择对象，然后单击功能区下的"对象绘制"选项卡，该选项卡包含"绘制对象"和"笔刷设置"两个面板。

例 3-7：使用对象绘制工具制作一个多米诺骨牌的动画。

（1）创建一个平面，在平面旁边创建一个长方体，如图 3-77 所示。

（2）选中长方体，拖动时间轴到第 5 帧，单击"自动"关键点按钮，将长方体旋转 -90°，使其倒下，单击关闭"自动"关键点按钮，如图 3-78 所示。

（3）选中平面，在"绘制对象"面板中单击"拾取对象"按钮，单击长方体，如图 3-79 所示。

（4）在"启用绘制"的下拉式列表中单击"选定对象"按钮，选择平面，如图 3-80 所示。

（5）单击"绘制"按钮，在平面上绘制一排长方体作为多米诺骨牌。在"笔刷设置"面板中将"间距"设定为合适的间距，如图 3-81 所示。

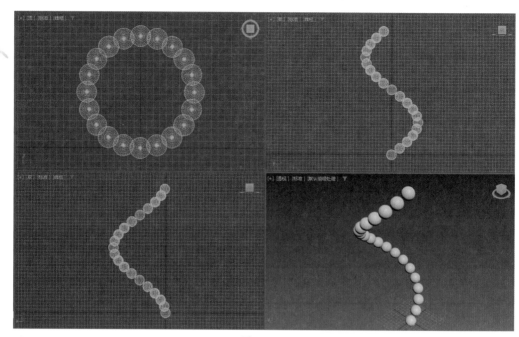

图　3-76

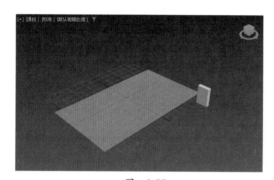

图　3-77

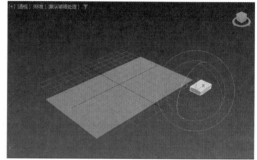

图　3-78

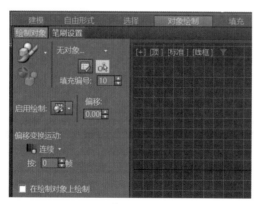

图　3-79

图　3-80

（6）单击"播放动画"按钮，发现这些多米诺骨牌是同时倒下的，如图3-82所示。应该将它们修改成依次倒下。

（7）在"笔刷设置"面板中单击▣按钮取消这些多米诺骨牌。

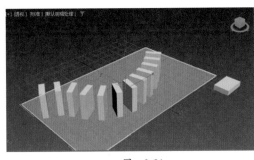

图 3-81

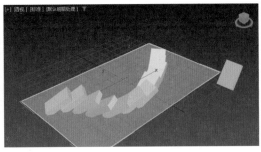

图 3-82

（8）在"绘制对象"面板中，将"偏移变换运动"改成按1帧，如图3-83所示。

（9）重新绘制一排多米诺骨牌，单击"播放动画"按钮，可以看到多米诺骨牌依次倒下，但是多米诺骨牌倒下角度是一样的，如图3-84所示。

图 3-83

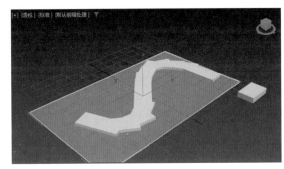

图 3-84

（10）在"笔刷设置"中单击⊠按钮取消。

（11）选中第一个多米诺骨牌，右击时间轴上第5帧的绿色滑块，选择"Box：Y轴选转"项，在对话框中将"值"改为 -80°，如图3-85所示。

（12）重新绘制一排多米诺骨牌，再选中最后一个多米诺骨牌，在时间轴的第二个绿色滑块上右击选择"Box：Y轴选转"项，在对话框中将"值"改为 -90°。

（13）单击"播放动画"按钮，可以看到多米诺骨牌依次倒下了，如图3-86所示。

图 3-85

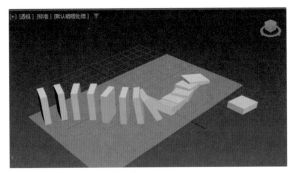

图 3-86

小　结

● ● ● ● ● ● ● ●

在 3ds Max 中，对象的变换是创建场景至关重要的部分。除了直接的变换工具之外，还有

许多工具可以完成类似的功能。如果要更好地完成变换，必须对变换坐标系和变换中心有深入的理解。

在变换对象时，如果能够合理地使用镜像、阵列和对齐等工具，可以节省很多建模时间。

习　题

一、判断题

1. 被创建的对象只有选择变换工具后，才会自动显示坐标系。（　　　）

2. 要使用"移动变换输入"对话框，直接在变换工具上右击即可。（　　　）

3. 在 3ds Max 2023 中使用缩放工具时，即使选择了等比例缩放工具，也可以进行不均匀比例缩放。（　　　）

4. 如果给使用"参考"选项克隆的对象增加一个修改器，它将不影响原始的对象。（　　　）

5. 默认情况下，只有"定点"复选框是勾选的，所有其他复选框是不勾选的。（　　　）

6. "使用轴点中心"指使用当前激活坐标系的原点作为变换中心。（　　　）

二、选择题

1. （　　　）按钮可以实现选择并非均匀缩放。

    A.   B.   C.   D.

2. 克隆有（　　　）种类型。

    A. 1   B. 2   C. 3   D. 4

3. （　　　）可使对象或视口按固定的增量进行旋转。

    A. "对象捕捉"按钮   B. "百分比捕捉切换"按钮

    C. "微调器捕捉切换"按钮   D. "角度捕捉切换"按钮

4. 当参考坐标系被设置为（　　　）坐标系时，激活不同的视口，对象的坐标系就会发生改变。

    A. 屏幕   B. 视图   C. 局部   D. 世界

5. （　　　）不是"对齐"对话框中的功能区域。

    A. "对齐位置"   B. "匹配比例"   C. "位置偏移"   D. "对齐方式"

三、思考题

1. 3ds Max 2023 中提供了几种坐标系？各自有什么特点？请分别说明。

2. 3ds Max 2023 中的变换中心有几类？

3. 如何改变对象的轴心点？请简述操作步骤。

4. 对齐的操作分为几大类？

5. 尝试用阵列复制的方法制作旋转楼梯的效果。

6. 尝试制作小球从倾斜木板上滚下来的动画。

第 4 章 ┃ 二维图形建模

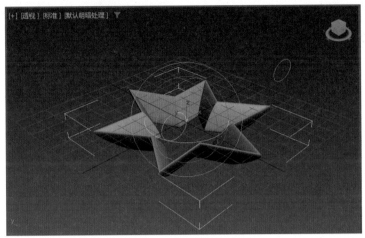

在建模和动画中，二维图形起着非常重要的作用。3ds Max 2023 的二维图形有很多，包括样条线、NURBS 曲线、复合图形、扩展样条线和 Max Creation Graph，它们都可以作为三维建模的基础或者路径约束控制器的路径。其中，比较重要的是样条线和 NURBS 曲线，它们的数学方法有着本质的区别。NURBS 的算法比较复杂，但是可以非常灵活地控制最终曲线。

本章重点内容：
- 创建二维对象。
- 在次对象层级编辑和处理二维图形。
- 调整二维图形的渲染和插值参数。
- 使用二维图形修改器创建三维对象。
- 使用面片建模工具建模。

4.1　二维图形的基础知识

这一章将对二维图形的基础知识作一个全面系统的介绍。

1. 二维图形的术语

二维图形是由一条或者多条样条线组成的对象，图 4-1（a）所示的是由一条样条线组成的二维图形。样条线由一系列点定义的曲线组成。样条线上的点通常被称为顶点，如图 4-1（b）所示。每个顶点都包含位置坐标以及曲线通过顶点方式的信息。样条线中连接两个相邻顶点的部分称为线段，如图 4-1（b）所示。

2. 二维图形的用法

二维图形通常作为三维建模的基础。对二维图形应用"挤出""倒角""倒角剖面""车削"等修改器，可以将其转换成三维图形。二维图形的另一个用法是作为"路径约束"控制器的路径。将二维图形直接设置成可渲染的，能够创建如霓虹灯那样的效果。

3. 顶点的类型

顶点是用来定义二维图形中的样条线。顶点有如下 4 种类型。

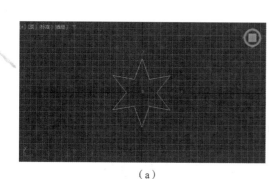
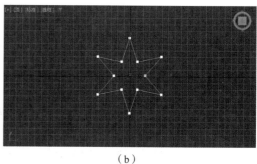

（a） （b）

图 4-1

- 角点：角点顶点类型使顶点两端的入线段和出线段相互独立，因此两个线段可以有不同的方向。
- 平滑：平滑顶点类型使顶点两侧线段的切线在同一条线上，从而使曲线有光滑的外观。
- Bezier：Bezier顶点类型的切线类似于平滑顶点类型。不同之处在于Bezier类型提供了一个可以调整切线矢量大小的句柄，通过这个句柄可以将样条线段调整到它的最大范围。
- Bezier 角点：Bezier 角点顶点类型分别给顶点的入线段和出线段提供了调整句柄，但是它们是相互独立的，两个线段的切线方向可以单独进行调整。

4. 标准的二维图形

3ds Max 提供了几个标准的二维图形（样条线）按钮，如图 4-2 所示。二维图形的基本元素都是一样的，不同之处在于标准的二维图形有一些高级的控制参数，可以控制图形的形状以及顶点的位置、类型和方向。

创建二维图形后，还可以在"修改"命令面板对二维图形进行编辑。后面将对这些问题进行详细的介绍。

5. 二维图形的共有属性

二维图形都有"渲染"和"插值"属性这两个卷展栏，如图 4-3 所示。

图 4-2 图 4-3

默认情况下，二维图形不能被渲染，但是有一个选项可以将它设置为可以渲染的。如果激活了这个选项，那么在渲染时将使用一个指定厚度的圆柱网格取代线段，这样就可以生成霓虹灯等模型。指定网格的边数可以控制网格的密度，也可以指定是在视口中还是在渲染中渲染二维图形。对于视口渲染和扫描线渲染，网格大小和密度设置可以是独立的。

在 3ds Max 内部，样条线有确定的数学定义，但是在显示和渲染时要使用一系列线段来近似样条线。"插值"卷展栏可以决定使用的直线段数。"步数"决定在线段两个顶点之间插入的中间点数，中间点之间用直线来表示。"步数"参数的取值范围是 0 ～ 100，0 表示在线段的两个顶点之间不插入中间点。该数值越大，插入的中间点就越多。一般在满足基本要求的情况下，应尽可能将该参数设置为最小。

在样条线的"插值"卷展栏中还有"优化"和"自适应"复选框。若勾选"优化"复选框，3ds Max 将检查样条线的曲线度，并减少比较直的线段上的步数以简化模型。若勾选"自适应"复选框，3ds Max 则自适应调整线段。

6. 开始新图形选项

在"对象类型"卷展栏中有一个"开始新图形"复选框，如图 4-2 所示，用来控制所创建的一组二维图形是一体的，还是独立的。

前面已经提到，二维图形可以包含一个或者多个样条线。如果勾选"开始新图形"复选框，创建的图形就是独立的新图形。如果不勾选"开始新图形"复选框，创建的图形就是一个整体二维图形。

7. 修改器

修改器可以塑形和编辑对象，并更改对象的几何形状及其属性。修改器不仅可以用在二维图形上，也可以用在样条线、三维等各种图形上。修改器分为选择修改器、世界空间修改器和对象空间修改器，本章所运用到的针对二维图形的修改器大都属于对象空间修改器。

修改器与变换不同，变换不依赖于对象的内部结构，它们总是作用于世界空间。对象可以应用多个修改器，但是通常只能有一组变换。

4.2 创建二维图形

● ● ● ● ● ● ● ● ● ●

前面介绍了二维图形的基础知识，下面讲解二维图形的创建。

4.2.1 使用线、矩形和文本工具创建二维图形

下面使用线、矩形和文本工具来创建二维对象。

例 4-1：创建线。

（1）启动 3ds Max 2023，或者在菜单栏选择"文件"|"重置"命令，将 3ds Max 重置为默认模板。

（2）在"创建"命令面板中单击 "图形"按钮。

（3）在命令面板的"对象类型"卷展栏中单击"线"按钮，如图 4-4 所示。

（4）在"前"视口单击创建第一个顶点，然后移动鼠标再单击创建第二个顶点。

（5）右击结束画线工作。

例 4-2：使用线工具。

（1）继续例 4-1 的练习，或者在菜单栏选择"文件"|"打开"命令，然后在网络资源中打

图 4-4

开文件 Samples-04-01.max。这是一个只包含系统设置，没有场景信息的文件。

（2）单击"顶"视口激活它。

（3）单击视图导航控制区域的"最大／最小化视口"按钮，切换到满屏显示。

（4）在"创建"命令面板中单击 "图形"按钮，然后在命令面板的"对象类型"卷展栏单击"线"按钮。

（5）在"创建"命令面板中仔细观察"创建方法"卷展栏的设置，如图4-5所示。

这些设置决定样条线段之间的过渡是否光滑。默认的"初始类型"选中的是"角点"类型，表示单击创建顶点时，相邻的线段之间是不光滑的。

（6）在"顶"视口单击创建3个顶点，如图4-6所示，右击结束创建操作。可以看出，在两个线段之间，也就是顶点2处有一个角点。

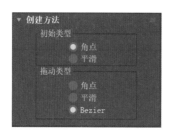

图 4-5

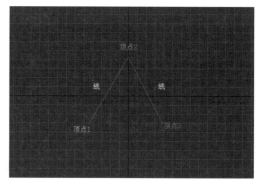

图 4-6

（7）在"创建"命令面板的"创建方法"卷展栏中，选中"初始类型"的"平滑"单选按钮。

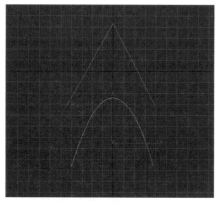

图 4-7

（8）采用与第（7）步相同的方法在"顶"视口创建一个样条线，如图4-7所示。可以看出，选中"平滑"单选按钮后创建了一个光滑的样条线。

"拖动类型"设置决定拖曳时创建的顶点类型。不管是否拖曳，"角点"类型使每个顶点都有一个拐角。"平滑"类型在顶点处产生一个不可调整的光滑过渡。Bezier类型在顶点处产生一个可调整的光滑过渡。如果将"拖动类型"设置为Bezier，那么从单击点处拖曳的距离将决定曲线的曲率和通过顶点处的切线方向。

（9）在"创建方法"卷展栏中，选中"初始类型"的"角点"单选按钮和"拖动类型"的Bezier单选按钮。

（10）在"顶"视口再创建一条曲线，这次采用单击并拖曳的方法创建第2点，可以根据自己喜好改变线条的曲率。

例4-3：使用矩形工具。

（1）在菜单栏选择"文件"｜"重置"命令，将3ds Max重置为默认模板。

（2）在"创建"命令面板中单击 "图形"按钮。

（3）在命令面板的"对象类型"卷展栏单击"矩形"按钮。

（4）在"顶"视口单击并拖曳创建一个矩形。

（5）在"创建"命令面板的"参数"卷展栏中，将"长度"设置为100，"宽度"设置为200，"角半径"设置为20。这时的矩形如图4-8所示。

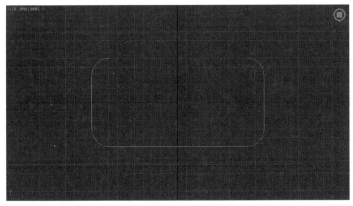

图 4-8

矩形是只包含一条样条线的二维图形，有 8 个顶点和 8 个线段。

（6）选择矩形，然后打开"修改"命令面板。

矩形的参数在"修改"命令面板的"参数"卷展栏中，如图 4-9 所示。用户可以改变这些参数。

例 4-4：使用文本工具。

（1）在菜单栏中选择"文件"|"重置"命令，将 3ds Max 重置为默认模板。

（2）在"创建"命令面板中单击 "图形"按钮。

（3）在命令面板的"对象类型"卷展栏中单击"文本"按钮。这时"参数"卷展栏如图 4-10 所示。可以看出，默认的"字体"是宋体，"大小"是 100 个单位，"文本"内容是 MAX Text。

（4）在"创建"命令面板的"参数"卷展栏中，采用单击并拖曳的方法选择 MAX Text，使其突出显示。

（5）采用中文输入方法输入文字"动画"，如图 4-11 所示。

图 4-9

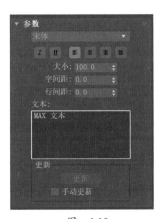

图 4-10

图 4-11

（6）在"顶"视口单击创建文字，如图 4-12 所示。这个文字对象由多个相互独立的样条线组成。

（7）确认文字仍然被选择，切换至"修改"命令面板。

（8）在"参数"卷展栏将字体"大小"改为 80，如图 4-13 所示。

视口的文字会自动更新，以反映对参数所做的修改，如图 4-14 所示。

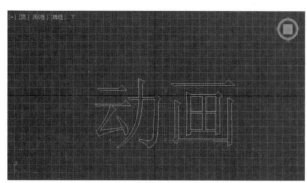

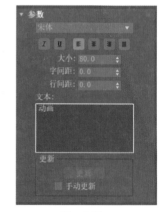

图 4-12　　　　　　　　　　　　　　　　图 4-13

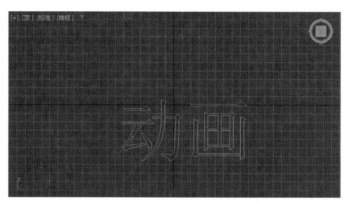

图 4-14

与矩形一样，文字也是参数化的，这就意味着可以在"修改"命令面板中通过改变参数控制文字的外观。

4.2.2 使用"开始新图形"与渲染样条线

例 4-5："开始新图形"。

前面已经提到，一个二维图形可以包含多个样条线。当"开始新图形"复选框被勾选后，3ds Max 将新创建的每个样条线作为一个新的图形。例如，如果在"开始新图形"复选框被勾选的情况下创建三条线，那么每条线都是一个独立的对象。如果不勾选"开始新图形"复选框，后面创建的对象将被增加到原来的图形中。

（1）在菜单栏选择"文件"|"重置"命令，将 3ds Max 重置为默认模板。

（2）在"创建"命令面板中单击"图形"按钮，不勾选"对象类型"卷展栏下面的"开始新图形"复选框。

（3）在"对象类型"卷展栏中单击"线"按钮。

（4）在"顶"视口单击创建两条直线，如图 4-15 所示。

（5）单击主工具栏的"选择并移动"按钮。

（6）在"顶"视口移动二维图形。

由于这两条线是同一个二维图形的一部分，因此它们一起移动。

例 4-6：渲染样条线。

（1）启动 3ds Max 2023，或者在菜单栏选择"文件"|"重置"命令，将 3ds Max 重置为默

认模板。

（2）在菜单栏选择"文件"|"打开"命令，然后从本书网络资源中打开文件 Samples-04-02. max。该文件包含了默认的文字对象，如图 4-16 所示。

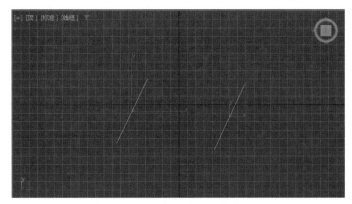

图　4-15

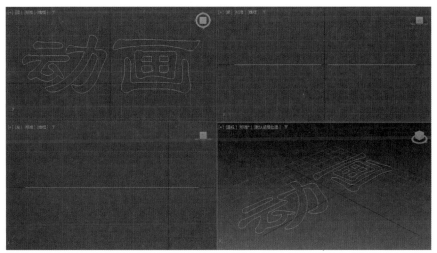

图　4-16

（3）右击"顶"视口激活它。

（4）单击主工具栏的 "渲染设置"按钮。

（5）在"渲染设置"对话框的"公用"选项卡中，选中"公共参数"卷展栏的"输出大小"下拉式列表的"自定义"选项，选择 320×240，然后单击"渲染"按钮。这时文字没有被渲染，"渲染窗口"中没有任何东西，如图 4-17 所示。

（6）关闭"渲染窗口"和"渲染设置"对话框。

（7）确认仍然选择了文字对象，单击 "修改"命令面板打开"渲染"卷展栏。在"渲染"卷展栏中显示了"视口"和"渲染"单选按钮，可以在这里为视口或者渲染设置"厚度""边""角度"的数值。

（8）在"渲染"卷展栏中选中"渲染"单选按钮，然后勾选"在渲染中启用"复选框，如图 4-18 所示。

（9）确认仍然激活了"顶"视口，单击主工具栏的 "渲染产品"按钮。这时文字被渲染了，渲染结果如图 4-19 所示。

（10）关闭"渲染窗口"。

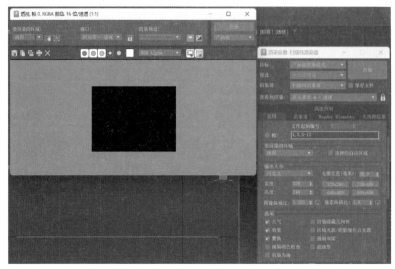

图 4-17

图 4-18

图 4-19

（11）在"渲染"卷展栏将"厚度"改为3。

（12）确认仍然激活了"顶"视口，单击主工具栏的"渲染产品"按钮。这时渲染后文字的线条变粗了。

（13）关闭"渲染窗口"。

（14）在"渲染"卷展栏中勾选"在视口中启用"复选框，如图4-20所示。

这时文字在视口中按网格方式显示，如图4-21所示。当前网格使用的是"渲染"的设置，"厚度"为3。

（15）在"渲染"卷展栏中勾选"使用视口设置"复选框。由于网格使用的是视口的设置，"厚度"为1，因此文字的线条变细了。

4.2.3 使用插值设置

在3ds Max内部，表现样条线的数学方法是连续的，但是在视口显示时做了近似处理，样条线变成了不连续的。样条线的近似设置在"插值"卷展栏中。

图 4-20

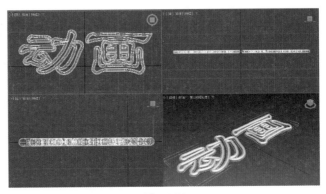

图 4-21

例 4-7：使用插值设置。

（1）在菜单栏选择"文件"|"重置"命令，将 3ds Max 重置为默认模板。

（2）在"创建"命令面板单击"图形"按钮。

（3）单击"对象类型"卷展栏下面的"圆"按钮。

（4）在"顶"视口创建一个圆，如图 4-22 所示。

（5）在"顶"视口右击结束创建圆的操作。圆是由 4 个顶点组成的封闭样条线。

（6）确认选择了圆，在 "修改"命令面板中打开"插值"卷展栏，如图 4-23 所示。

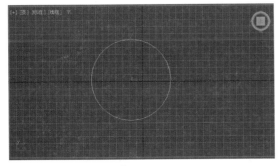

图 4-22

图 4-23

"步数"值指定每个样条线段的中间点数。该数值越大，曲线越光滑。但是，如果该数值太大，将会影响系统的运行速度。

（7）在"插值"卷展栏将"步数"数值设置为 1。这时圆变成了多边形，如图 4-24 所示。

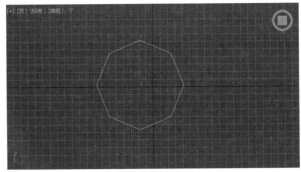

图 4-24

（8）在"插值"卷展栏将"步数"设置为0，结果如图4-25所示。这时圆变成了一个正方形。

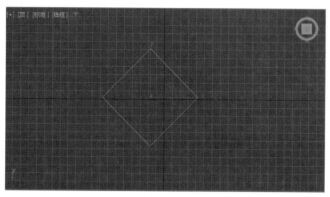

图 4-25

（9）在"插值"卷展栏中勾选"自适应"复选框，这时圆中的正方形又变成了光滑的圆，而且"步数"和"优化"选项变灰，不能使用。

4.3 编辑二维图形

上一节介绍了如何创建二维图形，这一节将讨论如何在 3ds Max 中编辑二维图形。

4.3.1 访问二维图形的次对象

对于所有二维图形，"修改"命令面板中的"渲染"和"插值"卷展栏都是一样的，但是"参数"卷展栏却是不一样的。

在所有二维图形中线是比较特殊的，它没有可以编辑的参数。创建完线对象后就必须在顶点、线段和样条线层次进行编辑。这几个层次称为次对象层级。

例 4-8：访问次对象层级。

（1）在菜单栏选择"文件"|"重置"命令，将 3ds Max 重置为默认模板。

（2）在"创建"命令面板单击 "图形"按钮。

（3）在"对象类型"卷展栏中单击"线"按钮。

（4）在"顶"视口创建一条如图 4-26 所示的线。

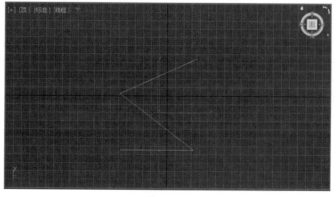

图 4-26

3ds Max 2023 标准教程

（5）在"修改"命令面板的堆栈显示区域中单击 Line 左边的三角箭头，显示次对象层级，如图 4-27 所示。可以在堆栈显示区域单击任何一个次对象层级来访问它。

（6）在堆栈显示区域单击"顶点"次层级。

（7）在"顶"视口显示所有顶点，如图 4-28 所示。

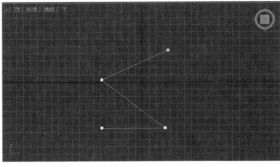

图 4-27 　　　　　　　　　　　　　　图 4-28

（8）单击主工具栏的"选择并移动"按钮。

（9）在"顶"视口移动选择的顶点，如图 4-29 所示。

（10）在"修改"命令面板的堆栈显示区域单击 Line，就可以退出次对象层级。

4.3.2　处理其他图形

对于其他二维图形，这里介绍两种方法访问次对象。第一种方法是将它转换成可编辑样条线，第二种方法是应用"编辑样条线"修改器。这两种方法在用法上还是有所不同的。如果将二维图形转换成可编辑样条线，就可以直接在次对象层级设置动画，但是同时将丢失创建参数。如果给二维图形应用"编辑样条线"修改器，则可以保留对象的创建参数，但是不能直接在次对象层级设置动画。

要将二维对象转换成可编辑样条线，可以在修改器堆栈显示区域右击对象名，然后从弹出的快捷菜单中选择"转换为可编辑样条线"命令。还可以在场景中右击选择的二维图形上，然后从弹出的快捷菜单中选择"转换为可编辑样条线"命令，如图 4-30 所示。

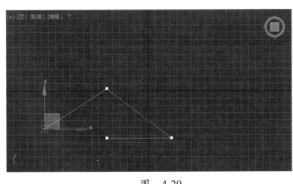

图 4-29 　　　　　　　　　　　　　　图 4-30

要给对象应用"编辑样条线"修改器，可以在选择对象后打开"修改"命令面板，再从修改器列表中选择"编辑样条线"修改器。无论使用哪种方法访问次对象都一样，使用的编辑工具也一样。下一节将以"编辑样条线"为例来介绍如何在次对象层级编辑样条线。

4.4 "编辑样条线"修改器

"编辑样条线"修改器为选定图形的不同层级提供显示的编辑工具：顶点、线段或样条线。它能够帮助我们灵活地编辑样条线，下面就来介绍与其有关的知识。

4.4.1 "编辑样条线"修改器的卷展栏

"编辑样条线"修改器有 3 个卷展栏，即"选择"卷展栏、"几何体"卷展栏和"软选择"卷展栏，如图 4-31 所示。

图 4-31

1. "选择"卷展栏

可以在这个卷展栏中设定编辑层次。一旦设定了编辑层次，就可以使用 3ds Max 的标准选择工具在场景中选择该层次的对象。

"选择"卷展栏中的"区域选择"复选框可用来增强选择功能。勾选这个复选框后，离选择顶点的距离小于该区域指定数值的顶点都将被选择，这样就可以通过单击一次选择多个顶点。也可以在这里命名次对象的选择集，系统根据顶点、线段和样条线的创建次序对它们进行编号。

2. "几何体"卷展栏

"几何体"卷展栏包含许多次对象工具，这些工具与选择的次对象层级密切相关。

1）样条线次对象层级

样条线次对象层级的常用工具如下。

① 附加：给当前编辑的图形增加一个或者多个图形，这些被增加的二维图形也可以由多条样条线组成。

② 布尔：对样条线进行交、并和差运算。并集是将两个样条线结合在一起形成一条样条线，该样条线包括两个原始样条线的公共部分。差集是从一个样条线中删除与另外一个样条线相交的部分。交集是根据两条样条线的相交区域创建一条样条线。

③ 轮廓：给选择的样条线创建一条外围线，相当于增加一个厚度。

2）线段次对象层级

线段次对象允许通过增加顶点细化线段，也可以改变线段的可见性或者分离线段。

3）顶点次对象层级

顶点次对象支持如下操作。

① 切换顶点类型。

② 调整 Bezier 顶点句柄。

③ 循环顶点的选择。

④ 插入顶点。

⑤ 合并顶点。

⑥ 在两个线段之间倒一个圆角。

⑦ 在两个线段之间倒一个尖角。

3. "软选择"卷展栏

"软选择"卷展栏的工具主要用于次对象层级的变换。"软选择"定义一个影响区域，在这个区域的次对象都被"软选择"。变换应用"软选择"的次对象时，其影响方式与一般的选择不同。例如，如果将选择的顶点移动 5 个单位，那么"软选择"的顶点可能只移动 2.5 个单位。如

图 4-32 所示，视口中选择了螺旋线的中心点，当激活"软选择"后，某些顶点用不同的颜色来显示，表明它们离选择点的距离不同。这时如果移动选择的点，则"软选择"的点移动的距离较近，如图 4-33 所示。

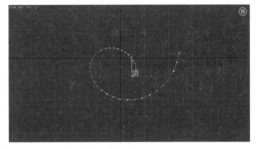

图　4-32　　　　　　　　　　　　　　　　图　4-33

4.4.2 在顶点次对象层级工作

先选择顶点，然后再改变顶点的类型。

例 4-9：顶点次对象层级。

（1）启动 3ds Max 2023，或者在菜单栏选择"文件"|"重置"命令，将 3ds Max 重置为默认模板。

（2）在菜单栏选择"文件"|"打开"命令，然后从本书的网络资源中打开文件 Samples-04-03.max。这个文件中包含一个矩形，如图 4-34 所示。

（3）在"顶"视口单击选择矩形，然后将它转换为可编辑样条线。

（4）切换至"修改"命令面板。

（5）在修改器堆栈显示区域单击"可编辑样条线"修改器左边的三角箭头，这样就显示了其次对象层级。

（6）在修改器堆栈显示区域单击选择"顶点"次对象层级，如图 4-35 所示。

图　4-34　　　　　　　　　　　　　　　　图　4-35

（7）在"修改"命令面板打开"选择"卷展栏，"顶点"选项已被选择，如图 4-36 所示。

"选择"卷展栏底部"显示"区域的内容 选择了 0 个顶点 表明当前没有选择顶点。

（8）在"顶"视口选择左上角的顶点。

"选择"卷展栏"显示"区域的内容 选择了样条线 1/顶点 2 表明当前选择了 2 个顶点。

说明：这里只有一条样条线，因此所有顶点都属于这条样条线。

（9）在"选择"卷展栏中勾选"显示顶点编号"复选框，如图 4-37 所示。这时在视口中显示了顶点的编号，如图 4-38 所示。

图　4-36

图　4-37

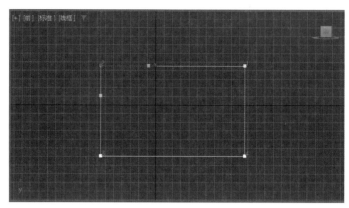

图　4-38

（10）在"顶"视口的顶点 1 上右击。

（11）在弹出的快捷菜单上选择"平滑"命令，如图 4-39 所示。

（12）在"顶"视口的第 4 个顶点上右击，然后从弹出的快捷菜单中选择"重置切线"命令，在顶点两侧出现 Bezier 调整句柄。

（13）单击主工具栏的 "选择并移动"按钮或"选择并旋转"按钮。

（14）在"顶"视口选择其中的一个句柄，然后将图形调整成如图 4-40 所示。顶点两侧的 Bezier 句柄始终保持在一条线上。

（15）在"顶"视口的第 3 个顶点上右击，然后从弹出的菜单中选择"重置切线"。

（16）在"顶"视口将 Bezier 句柄调整成如图 4-41 所示。可以看出 Bezier 角点顶点类型的两个句柄是相互独立的，改变句柄的长度和方向将得到不同的效果。

（17）在"顶"视口使用区域选择的方法选择 4 个顶点。

（18）在"顶"视口中的任何一个顶点上右击，然后从弹出的快捷菜单中选择"平滑"命令，可以一次改变 4 个顶点的类型，如图 4-42 所示。

（19）在"顶"视口单击第 1 个顶点。

（20）单击"修改"命令面板"几何体"卷展栏下面的"循环"按钮，如图 4-43 所示。这时在视口中选择的顶点由第 1 个变为第 2 个。

（21）在修改器堆栈的显示区单击"可编辑样条线"，退出次对象编辑模式。

例 4-10：给样条线插入顶点。

（1）启动 3ds Max 2023，或者在菜单栏选择"文件"|"重置"命令，将 3ds Max 重置为默认模板。

（2）在菜单栏选择"文件"|"打开"命令，然后从本书的网络资源中打开文件 Samples-04-04.max。这个文件中包含了一个二维图形，如图 4-44 所示。

（3）在"顶"视口单击选择二维图形。

（4）在"修改"命令面板的修改器堆栈显示区域单击选择"顶点"次对象层级。

（5）在"修改"命令面板的"几何体"卷展栏单击"插入"按钮。

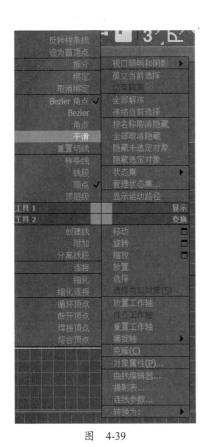

图 4-39

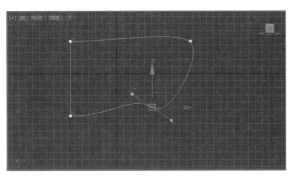

图 4-40

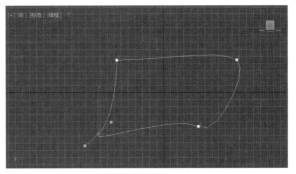

图 4-41

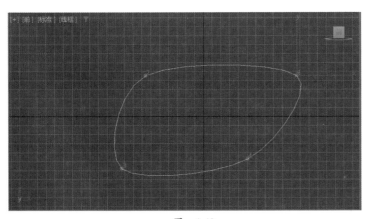

图 4-42

图 4-43

（6）在"顶"视口的顶点 2 和顶点 3 之间的线段上双击，插入一个顶点，如图 4-45 所示。右击退出插入模式。

技巧："优化"按钮也可以增加顶点，且不改变二维图形的形状。

图 4-44

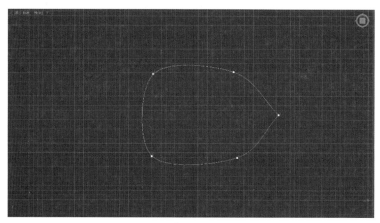

图 4-45

（7）在"顶"视口的样条线上右击，然后从弹出的菜单上选择"顶层级"命令，如图 4-46 所示，返回到对象的最顶层。

例 4-11：合并顶点。

（1）启动 3ds Max 2023，或者在菜单栏选择"文件"|"重置"命令，将 3ds Max 重置为默认模板。

（2）在菜单栏选择"文件"|"打开"命令，然后从本书的网络资源中打文件 Samples-04-05.max。这是一个只包含系统设置，没有场景信息的文件。

（3）在"创建"命令面板中单击■"图形"按钮，然后单击"对象类型"卷展栏的"线"按钮。

（4）按 S 键激活捕捉功能。

（5）在"顶"视口按逆时针方向创建一个三角形，如图 4-47 所示。

当再次单击第一个顶点时，系统则询问"是否闭合样条线"，如图 4-48 所示。

（6）在"样条线"对话框中单击"否"按钮。

（7）在"顶"视口右击结束样条线的创建。

（8）再次结束创建模式。

（9）按 S 键关闭捕捉。

（10）在"修改"命令面板的"选择"卷展栏中单击"顶点"按钮。

（11）在"选择"卷展栏的"显示"区域勾选"显示顶点编号"复选框。

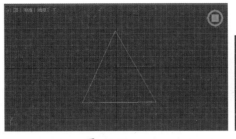

图 4-46   图 4-47   图 4-48

（12）在"顶"视口使用区域选择的方法选择所有的顶点（共 4 个）。

（13）在顶视口的任何一个顶点上右击，然后从弹出的快捷菜单中选择"平滑"命令。可以看到，样条线上重合在一起的第 1 点和最后 1 点处没有光滑过渡，第 2 点和第 3 点处已经变成了光滑过渡，这是因为两个不同顶点之间不能光滑，如图 4-49 所示。

（14）在"顶"视口使用区域的方法选择重合在一起的第 1 点和最后 1 点。

（15）在"修改"命令面板的"几何体"卷展栏中单击"焊接"按钮。

这时两个顶点被合并在一起，而且顶点处也光滑了，如图 4-50 所示。

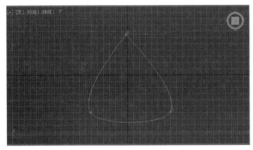
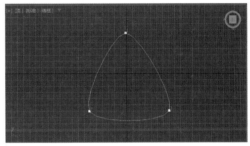

图 4-49   图 4-50

例 4-12：倒角操作。

（1）启动 3ds Max 2023，或者在菜单栏选择"文件"|"重置"命令，将 3ds Max 重置为默认模板。

（2）在菜单栏选择"文件"|"打开"命令，然后从本书的网络资源中打开文件 Samples-04-06.max。这个场景中包含一个用线绘制的三角形，如图 4-51 所示。

（3）在"顶"视口单击选择其中的任何一条线。

（4）在"顶"视口中的样条线上右击，然后在弹出的快捷菜单上选择"循环顶点"命令，如图 4-52 所示。这样就进入了"顶点"次对象层级模式。

（5）在"顶"视口中使用区域的方法选择 3 个顶点。

（6）在"修改"命令面板的"几何体"卷展栏中，将"圆角"数值改为 10。可以看到，每个选择的顶点处都出现一个半径为 10 的圆角，同时增加了 3 个顶点，如图 4-53 所示。

说明：按 Enter 键后，圆角的微调器数值返回 0。该微调器的参数不被记录，因此不能编辑参数。

（7）在主工具栏中单击"撤销"按钮，撤销倒圆角操作。

（8）在菜单栏中选择"编辑"|"全选"命令，则所有顶点都被选择。

（9）在"修改"命令面板的"几何体"卷展栏中，将"切角"数值改为 10。

在每个选择的顶点处都被倒了一个切角，如图 4-54 所示。该微调器的参数不被记录，因此不能用固定的数值控制切角。

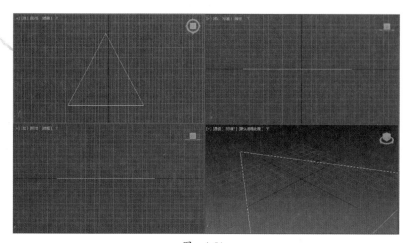

图 4-51　　　　　　　　　　　　　　　　　　图 4-52

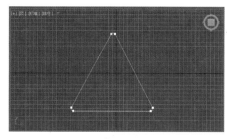
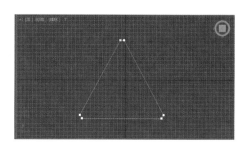

图 4-53　　　　　　　　　　　　　　　　图 4-54

4.4.3　在线段次对象层级工作

可以在线段次对象层级做许多工作，首先试一下如何细化线段。

例 4-13：细化线段。

（1）在菜单栏中选择"文件"|"打开"命令，然后从本书的网络资源中打开文件 Samples-04-07.max。文件中包含一个用 Line 绘制的矩形，如图 4-55 所示。

（2）在"顶"视口单击任何一条线段，选择该图形。

（3）在"修改"命令面板的修改器堆栈显示区域展开 Line 层级，并单击"线段"次对象层级，如图 4-56 所示。

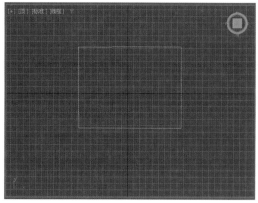

图 4-55　　　　　　　　　　　　　　图 4-56

（4）在"修改"命令面板的"几何体"卷展栏，单击"插入"按钮。

（5）在"顶"视口中，在不同的地方单击 4 次顶部的线段，则该线段增加 4 个顶点，如图 4-57 所示。

例 4-14：移动线段。

（1）继续例 4-13 的练习，单击主工具栏的 ✛ "选择并移动"按钮。

（2）在"顶"视口单击选择矩形顶部中间的线段，如图 4-58 所示。这时在"修改"命令面板的"选择"卷展栏中显示第 6 条线段被选择。

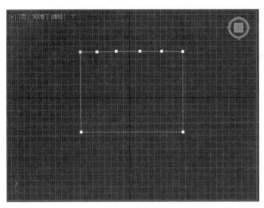 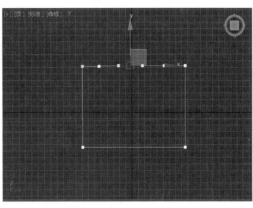

图　4-57　　　　　　　　　　　图　4-58

（3）在"顶"视口向下移动选择的线段，结果如图 4-59 所示。

（4）在"顶"视口的图形上单击鼠标右键。

（5）在弹出的快捷菜单中选择"子对象"|"顶点"。

（6）在"顶"视口选择第 3 个顶点，如图 4-60 所示。

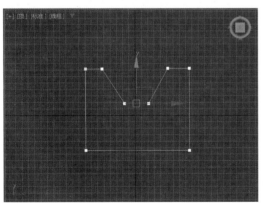 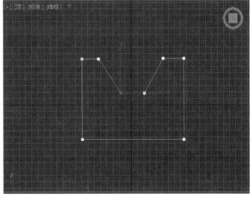

图　4-59　　　　　　　　　　　图　4-60

（7）在工具栏的 🔲 "捕捉"按钮上右击，出现"栅格和捕捉设置"对话框。

（8）在"栅格和捕捉设置"对话框中，取消"栅格点"的复选框的勾选，并勾选"顶点"复选框，如图 4-61 所示。

（9）关闭"栅格和捕捉设置"对话框。

（10）在"顶"视口按 Shift 键并右击，弹出"捕捉"快捷菜单。在"捕捉"快捷菜单中选择"捕捉选项"|"在捕捉中启用轴约束"命令，如图 4-62 所示。这样就把变换约束到选择的轴上。

（11）按 S 键激活捕捉功能。

（12）在"顶"视口将鼠标光标移动到选择的第 3 个顶点，然后将它向左拖曳到第 2 点的下面，捕捉它的 X 坐标。这样在 X 方向上第 3 点就与第 2 点对齐了，如图 4-63 所示。

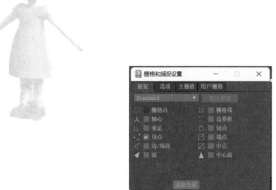

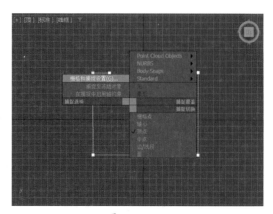

<table>
<tr><td align="center">图 4-61</td><td align="center">图 4-62</td></tr>
</table>

（13）按 S 键关闭捕捉功能。

（14）在"顶"视口右击，然后从弹出的快捷菜单中选择"子对象""边"命令。

（15）在"顶"视口选择"线段 2"，沿着 X 轴向右移动，如图 4-64 所示。

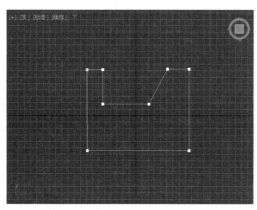

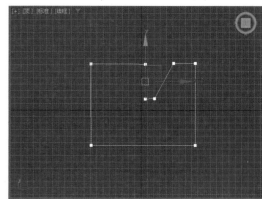

<table>
<tr><td align="center">图 4-63</td><td align="center">图 4-64</td></tr>
</table>

4.4.4 在样条线层级工作

在样条线层级可以完成许多工作，首先来学习如何将一个二维图形附加到另一个二维图形上。

例 4-15：附加二维图形。

（1）在菜单栏选择"文件"|"打开"命令，然后从本书的网络资源中打开文件 Samples-04-08.max。文件中包含 3 个独立的样条线，如图 4-65 所示。

（2）观察"场景资源管理器"，可以发现列表中有 3 个样条线，即 Circle01、Circle02 和 Line01。

（3）单击"Line01"。

（4）在"修改"命令面板，单击"几何体"卷展栏的"附加"按钮。

（5）在"顶"视口分别单击两个圆，两个圆被附加在"Line01"上，如图 4-66 所示。

技巧：确认在圆的线上单击。

（6）在"顶"视口右击结束"附加"操作。

（7）观察"场景资源管理器"，可以发现列表中没有了 Circle01 和 Circle02，它们都包含在 Line01 中了。

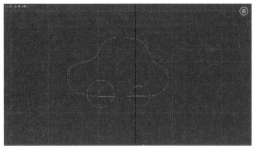

图 4-65   图 4-66

例 4-16：轮廓。

（1）继续例 4-15 的练习，选择场景中的图形。

（2）在"修改"命令面板的修改器堆栈显示区域单击 Line 左边的三角箭头，展开次对象列表。

（3）在"修改"命令面板的修改器堆栈显示区域单击选择"样条线"次对象层级。

（4）在"顶"视口单击前面的圆，如图 4-67 所示。

（5）在"修改"命令面板的"几何体"卷展栏中将"轮廓"的数值改为 60，在选中的圆内又创建了一个更小的圆，如图 4-68 所示。

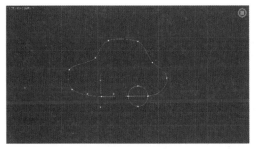

图 4-67   图 4-68

（6）单击后面的圆，重复第（5）步的操作，结果如图 4-69 所示。

（7）在"顶"视口的图形上右击，然后从弹出的快捷菜单上选择"子对象"|"顶层级"命令。

（8）单击主工具栏的 ![] "按名称选择"按钮，打开"选择对象"对话框，所有圆都包含在 Line01 中。

（9）在"选择对象"对话框中单击"取消"按钮关闭它。

例 4-17：二维图形的布尔运算。

（1）继续例 4-16 的练习，或者在菜单栏选择"文件"|"打开"命令，然后从本书网络资源中打开文件 Samples-04-09.max。

（2）在"顶"视口选择场景中的图形。

（3）在"修改"命令面板的修改器堆栈显示区域展开次对象列表，然后单击"样条线"。

（4）在"顶"视口单击选择车身样条线。

（5）在"修改"命令面板的"几何体"卷展栏中，单击"布尔"区域的 ![差集] "差集"按钮。

（6）单击"布尔"按钮。

（7）在"顶"视口单击车轮的外圆，完成布尔减操作，如图 4-70 所示。

（8）在"顶"视口右击结束布尔操作模式。

（9）在"修改"命令面板的修改器堆栈显示区域单击 Line，返回到顶层。在菜单栏中选择"文件""重置"命令。

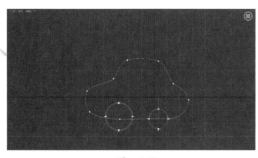 

图　4-69　　　　　　　　　　　　　　图　4-70

（10）在菜单栏中选择"文件"|"打开"命令，从本书的网络资源中打开文件 Samples-04-10.max，如图 4-71 所示。

在"顶"视口中选择场景中的图形，在"修改"命令面板的修改器堆栈显示区域展开次对象列表，单击"样条线"。

（11）在"顶"视口中单击选择矩形样条线。

（12）在"修改"命令面板的"几何体"卷展栏中，单击"布尔"区域的 并集 "并集"按钮。

（13）单击布尔按钮。

（14）在"顶"视口中单击圆形样条线，完成布尔加操作，如图 4-72 所示。

图　4-71　　　　　　　　　　　　　　图　4-72

（15）在"顶"视口中右击结束布尔操作。

（16）在"修改"命令面板的修改器堆栈显示区域单击 Line，返回到顶层。在菜单栏中选择"文件"|"重置"命令。

（17）在菜单栏中选择"文件"|"打开"，从本书的网络资源中再次打开 Samples-04-10.max。

（18）在"顶"视口中单击选择矩形样条线。

（19）在"修改"命令面板的"几何体"卷展栏中单击布尔区域的 交集 "交集"按钮。

（20）单击布尔按钮。

（21）在"顶"视口中单击圆形样条线，完成布尔交集的操作，布尔的交集操作是留下两个样条线交集的部分，如图 4-73 所示。

4.4.5　使用"编辑样条线"修改器访问次对象层级

例 4-18："编辑样条线"修改器。

（1）在菜单栏选择"文件"|"打开"命令，然后从本书的网络资源中打开文件 Samples-04-11.max。文件中包含一个有圆角的矩形，如图 4-74 所示。

图　4-73

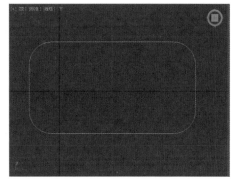
图　4-74

（2）切换至"修改"命令面板，"修改"命令面板中有 3 个卷展栏，即"渲染"、"插值"和"参数"。

（3）打开"参数"卷展栏，如图 4-75 所示。"参数"卷展栏是矩形对象独有的。

（4）在"修改"命令面板的"修改器列表"中选择"编辑样条线"修改器，如图 4-76所示。

（5）在"修改"命令面板将鼠标光标移动到空白处，在它变成手的形状后右击，然后在弹出的快捷菜单中选择"全部关闭"命令，如图 4-77 所示。"编辑样条线"修改器的卷展栏与编辑线段时使用的卷展栏一样。

图　4-75　　　　　　　　图　4-76　　　　　　　　图　4-77

（6）在"修改"命令面板的堆栈显示区域单击 Rectangle，出现了矩形的"参数"卷展栏。

（7）在"修改"命令面板的堆栈显示区域单击"编辑样条线"左边的三角箭头，展开次对象列表，如图 4-78 所示。

（8）单击"编辑样条线"左边的三角箭头，关闭次对象列表。

（9）在"修改"命令面板的堆栈显示区域单击"编辑样条线"。

（10）单击堆栈区域的■"从堆栈中移除修改器"按钮，删除"编辑样条线"修改器。

4.4.6　使用"可编辑样条线"修改器访问次对象层级

例 4-19："可编辑样条线"修改器。

（1）继续例 4-18 的练习。选择矩形，然后在顶视口的矩形上右击。

（2）在弹出的快捷菜单上选择"转换为可编辑样条线"命令，如图 4-79 所示。矩形的创建参数没有了，但是可以通过"可编辑样条线"修改器访问样条线的次对象层级。

（3）在"修改"命令面板的修改器堆栈显示区域，单击"可编辑样条线"左边的三角箭头，展开次对象层级，如图 4-80 所示。"可编辑样条线"修改器的次对象层级与"编辑样条线"修改器的次对象层级相同。

图　4-78　　　　　　　　　图　4-79　　　　　　　　　图　4-80

4.5　使用修改器将二维对象转换成三维对象

有很多修改器可以将二维对象转换成三维对象。本节将着重介绍"挤出""车削""倒角"和"倒角剖面"等修改器。

4.5.1　"挤出"修改器

"挤出"修改器是沿着二维对象局部坐标系的 Z 轴给它增加一个厚度，还可以沿着拉伸方向给它指定段数。如果二维图形是封闭的，可以指定拉伸的对象是否有顶面和底面。"挤出"修改器输出的对象类型可以是面片、网络或者 NURBS，默认的类型是网格。

例 4-20：使用"挤出"修改器拉伸对象。

（1）在菜单栏选择"文件"|"打开"命令，然后从本书的网络资源中打开文件 Samples-04-12.max。该文件中包含一个圆，如图 4-81 所示。

（2）在"透视"视口单击选择圆。

（3）选择"修改"命令面板，从"修改器列表"中选择"挤出"修改器。

（4）在"修改"命令面板的"参数"卷展栏将"数量"设置为 1000.0mm，如图 4-82 所示。二维图形被沿着局部坐标系的 Z 轴拉伸。

（5）在"修改"命令面板的"参数"卷展栏，将"线段"设置为 3。几何体在拉伸的方向分为 3 段。

3ds Max 2023 标准教程

图 4-81

（6）按 F4 键，在对象上显示网格，如图 4-83 所示。

图 4-82

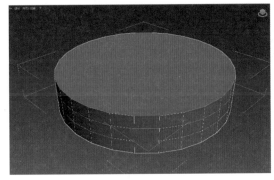

图 4-83

（7）在"参数"卷展栏不勾选"封口末端"复选框，去掉顶面，按 F9 键渲染，如图 4-84 所示。

说明：背面好像也被删除了，实际上是因为法线背离了用户，该面没有被渲染。可以通过设置双面渲染来强制显示另外一面。

（8）在主工具栏单击"渲染设置"按钮，出现"渲染设置"对话框。

（9）在"渲染设置"对话框的"公用"选项卡中勾选"强制双面"复选框，如图 4-85 所示。

（10）按 F9 键进行渲染，这时可以在视口中看到图形的背面了，如图 4-86 所示。

（11）在"修改"命令面板的"参数"卷展栏不勾选"封口始端"复选框。这时顶面和底面都被去掉了。渲染后如图 4-87 所示。

例 4-21：设置光滑选项。

（1）继续例 4-20 的练习，或者在菜单栏选择"文件"|"打开"命令，然后从本书的网络资源中打开文件 Samples-04-12.max。

（2）在"透视"视口选择圆。

（3）切换至"修改"命令面板，从"修改器列表"中选择"挤出"修改器。

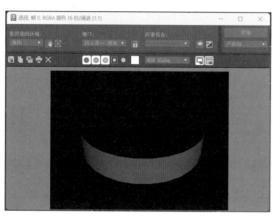

图 4-84

图 4-85

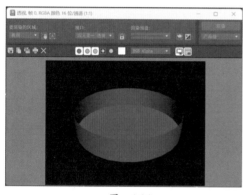

图 4-86

图 4-87

（4）在"修改"命令面板的"参数"卷展栏将"数量"设置为 1000.0mm。

（5）在"修改"命令面板不勾选"平滑"复选框。尽管图形的几何体没有改变，但是它的侧面的面片变化非常明显，如图 4-88 所示。

4.5.2 "车削"修改器

"车削"修改器通过绕指定的轴向旋转二维图形来建立三维模型，常用于生成如高脚杯、盘子和花瓶等模型。旋转的角度可以是 0°～360° 的任何数值。下面利用"车削"修改器生成一个葫芦的模型。

例 4-22：使用"车削"修改器。

（1）启动或者重置 3ds Max 2023，在菜单栏选择"文件"|"打开"命令，然后从本书的配套光盘中打开文件 Samples-04-13.max。文件中包含一个用线绘制的简单二维图形，如图 4-89 所示。

（2）在"透视"视口选择二维图形。

（3）切换至"修改"命令面板，从"修改器列表"中选择"车削"修改器，如图 4-90 所示。旋转的轴向是 *Y* 轴，旋转中心在二维图形的中心。

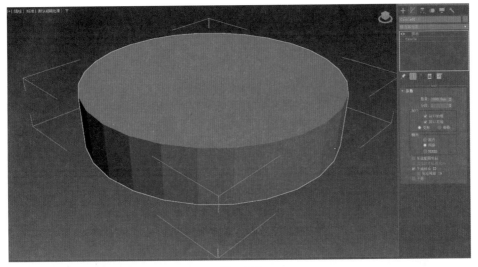

图　4-88

图　4-89

（4）在"修改"命令面板的"参数"卷展栏的"对齐"区域中单击"最小"按钮，则旋转轴被移动到二维图形局部坐标系 X 方向的最小处。

（5）在"参数"卷展栏勾选"焊接内核"复选框，如图 4-91 所示。这时得到的几何体如图 4-92 所示。

（6）在"参数"卷展栏将"度数"设置为 240，如图 4-93 所示。

（7）在"参数"卷展栏的"封口"区域，不勾选"封口始端"和"封口末端"复选框，结果如图 4-94 所示。

（8）在"参数"卷展栏不勾选"平滑"复选框，结果如图 4-95 所示。

（9）在"修改"命令面板的修改器堆栈显示区域，单击"车削"修改器左边的三角箭头，展开次对象层级，单击选择"轴"次对象层级，如图 4-96 所示。

（10）单击主工具栏的 ✛ "选择并移动"按钮，在"透视"视口沿着 X 轴将旋转轴向左拖曳一点，改变轴向，结果如图 4-97 所示。

图 4-90

图 4-91

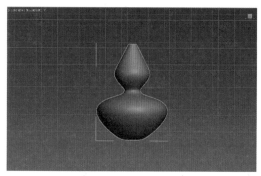

图 4-92

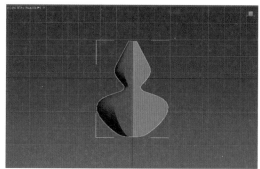

图 4-93

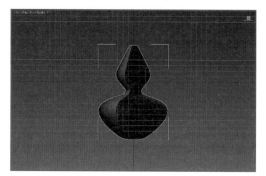

图 4-94

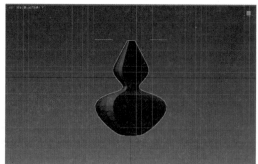

图 4-95

图 4-96

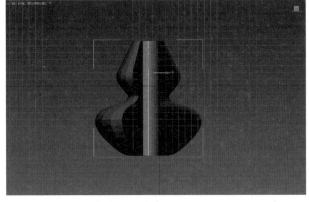

图 4-97

（11）单击主工具栏的 ⟳ "选择并旋转"按钮，在"透视"视口绕 Y 轴将旋转轴旋转一点，结果如图 4-98 所示。

（12）在修改器堆栈显示区域单击"车削"修改器，返回到最顶层。

4.5.3 "倒角"修改器

"倒角"修改器与"挤出"修改器类似，但是比"挤出"修改器的功能要强一些。它除了沿着对象局部坐标系的 Z 轴拉伸对象外，还可以分 3 个层次调整截面的大小，创建如倒角字一类的效果，如图 4-99 所示。

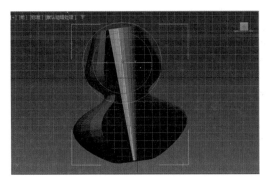

图 4-98

图 4-99

例 4-23：使用"倒角"修改器。

（1）启动或者重置 3ds Max 2023，在菜单栏选择"文件"|"打开"命令，然后从本书的网络资源中打开文件 Samples-04-14.max。文件中包含一个用矩形绘制的简单二维图形，如图 4-100 所示。

（2）在"顶"视口选择有圆角的矩形。

（3）切换至"修改"命令面板，从"修改器列表"中选择"倒角"修改器，如图 4-101 所示。

（4）在"修改"命令面板的"倒角值"卷展栏将"级别 1"的"高度"设置为 600.0mm，"轮廓"设置为 200.0mm，如图 4-102 所示。

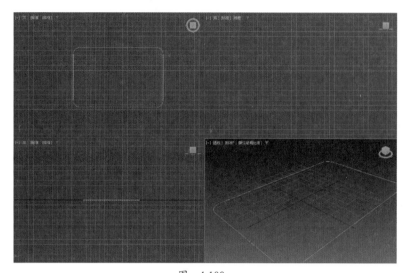

图 4-100

图 4-101

（5）在"倒角值"卷展栏勾选"级别 2"复选框，将"级别 2"的"高度"设置为 800.0mm，"轮廓"设置为 0.0，如图 4-102 所示。得到的几何体如图 4-103 所示。

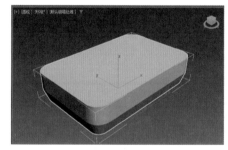

图 4-102

图 4-103

（6）在"倒角值"卷展栏勾选"级别 3"复选框，将"级别 3"的"高度"设置为 -600.0mm，将"轮廓"设置为 -100.0mm，如图 4-104 所示。得到的几何体如图 4-105 所示。

（7）按 F3 键将"透视"视口的显示切换成"线框"模式，如图 4-106 所示。

图 4-104

图 4-105

（8）在"参数"卷展栏的"曲面"区域将"线段"设置为6。得到的几何体如图4-107所示。

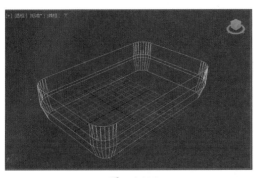

图　4-106

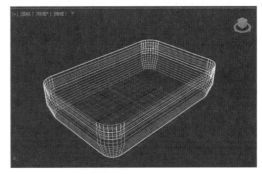

图　4-107

（9）按F3键将"透视"视口的显示切换成"默认明暗处理"模式。

（10）在"参数"卷展栏的"曲面"区域勾选"级间平滑"复选框，则不同层间的小缝被光滑掉了，如图4-108所示。

（11）在"倒角值"卷展栏将"起始轮廓"设置为-400.0mm。这时整个对象变小了，如图4-109所示。

图　4-108

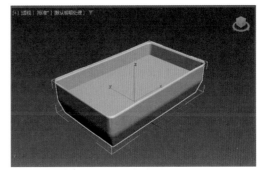

图　4-109

4.5.4 "倒角剖面"修改器

"倒角剖面"修改器的作用类似于"倒角"修改器，但是比前者的功能更强大些，它用一个称为侧面的二维图形定义截面大小，因此变化更为丰富。图4-110所示就是使用"倒角剖面"修改器得到的几何体，左边的几何体星形是以圆形为侧面生成，右边几何体矩形是以一个弧形为侧面生成。

例4-24：使用"倒角剖面"修改器。

（1）启动或者重置3ds Max 2023，在菜单栏选择"文件"|"打开"命令，然后从本书的网络资源中打开文件Samples-04-15.max。文件中包含两个二维图形，如图4-111所示。

（2）在"透视"视口选择大的图形。

（3）切换至"修改"命令面板，从"修改器列表"中选择"倒角剖面"修改器，"倒角剖面"修改器出现在修改器堆栈中，如图4-112所示。

（4）在"修改"命令面板的"参数"卷展栏选中"经典"单选按钮，然后单击"拾取剖面"按钮，如图4-113所示。

（5）得到的几何体会随着侧面图形的变化而改变。在"前"视口单击小的图形，结果如图4-114所示。

图 4-110

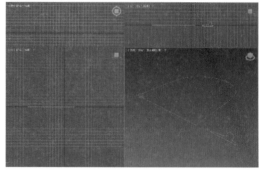
图 4-111

图 4-112

图 4-113

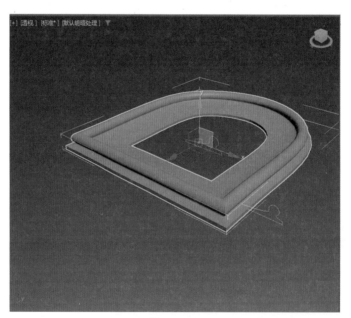
图 4-114

（6）在"前"视口确认已选择小的图形。

（7）在"修改"命令面板的堆栈显示区域单击"可编辑样条线"前面的三角箭头，选择
"线段"次对象层级，如图 4-115 所示。

（8）在"前"视口选择侧面图形左侧的垂直线段，如图 4-116 所示。

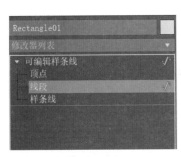

图 4-115

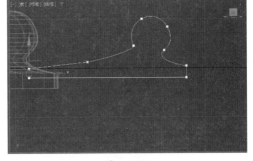

图 4-116

（9）单击主工具栏的 "选择并移动"按钮。

（10）在"前"视口沿着 X 轴左右移动选择的线段。当移动线段的时候，使用"倒角剖面"修改器得到的几何体也动态更新，如图 4-117 所示。

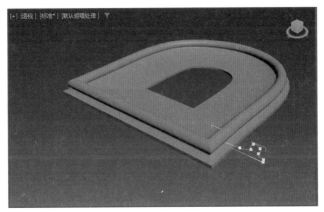

图 4-117

（11）在"修改"命令面板的堆栈显示区域单击"可编辑样条线"，回到最上层。

例 4-25：倒角剖面制作的动画效果。

（1）启动 3ds Max 2023，在场景中创建一个星星和一个椭圆，如图 4-118 所示。星星和椭圆的大小没有关系，只要比例合适即可。

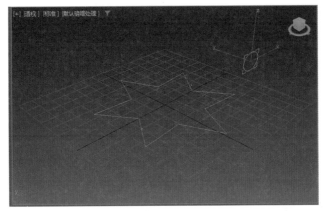

图 4-118

（2）选择星星，进入"修改"命令面板，从"修改器列表"中选择"倒角剖面"修改器，单击命令面板上的"拾取剖面"按钮,然后单击椭圆,结果如图4-119所示。

(3)按快捷键N打开自动关键点,将时间滑块移动到100帧。

(4)在堆栈列表中单击"倒角剖面"左边的三角,展开层级列表,选择剖面Gizom。

(5)单击主工具栏的 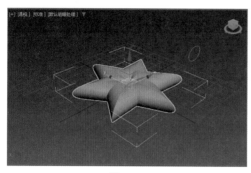"选择并旋转"按钮,在"前"视口中任意旋转剖面Gizom,图4-120所示的是其中的一帧。

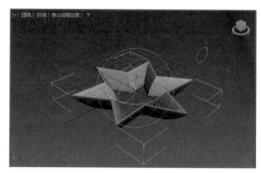

图 4-119　　　　　　　　　　　　　　　图 4-120

(6)单击 ▶"播放动画"按钮,播放动画。观察完毕后,单击 ▮▮"停止动画"按钮停止播放动画。该例子的最后效果保存在本书网络资源的Samples-04-16.max文件中。

说明:在"倒角剖面"修改器中,如果想尝试更精细的调整,可以使用"改进"卷展栏进行编辑,如图4-121所示。

4.5.5　"晶格"修改器

"晶格"修改器可以用于将网格物体线框化,也可以将图形的线段或边转换为圆柱形结构,并在顶点上产生可选的关节多面体。常利用此工具来制作笼子、网兜等,或是展示建筑的内部结构。图4-122所示就是应用"晶格"修改器制作出来的几何体。

图 4-121

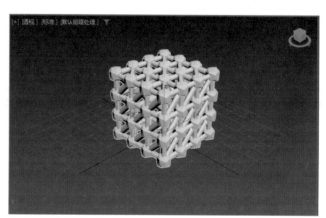

图 4-122

例 4-26：使用晶格修改器。

（1）启动 3ds Max 2023 或者用"文件"|"重置"命令，将 3ds Max 重置为默认模板。

（2）在"创建"命令面板中选择"几何球体"按钮，在"顶"视口创建一个几何球体，参数设置如图 4-123 所示。

（3）切换至"修改"命令面板，从"修改器列表"中选择"晶格"修改器，"晶格"修改器出现在修改器堆栈中，如图 4-124 所示。

（4）在"修改"命令面板的"参数"卷展栏的"支柱"区域，将支柱截面的"半径"设置为 50.0mm，支柱截面的"边数"设置为 4，如图 4-125 所示。

图 4-123　　　　　　　　图 4-124　　　　　　　　图 4-125

（5）在"节点"区域单击"基点面类型"的"八面体"单选按钮，将节点造型的"半径"设置为 120.0mm，"分段"数设置为 5，如图 4-126 所示。

（6）最终效果如图 4-127 所示。

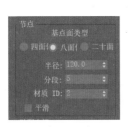

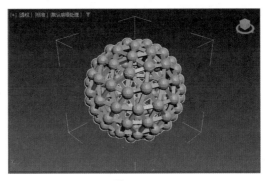

图 4-126　　　　　　　　　　　　图 4-127

4.6　面　片　建　模

这一节将学习建立三维几何体。首先学习面片建模，面片建模是将二维图形结合起来创建三维几何体的方法。在面片建模中，将使用两个特殊的修改器，即"横截面"修改器和"曲面"修改器。

4.6.1　面片建模基础

其实面片是根据样条线边界形成的 Bezier 表面。面片建模有很多优点，而且可以参数化地调整网络的密度，但它不直观。

1. 面片的构架

可以用各种方法来创建样条线构架，如手工绘制样条线，或者使用标准的二维图形和"横截面"修改器。

可以给样条线构架应用"曲面"修改器来创建面片表面。"曲面"修改器用来分析样条线构架，并在满足样条线构架要求的所有区域创建面片表面。

2. 对样条线的要求

可以用 3 ～ 4 个边来创建面片。作为边的样条线顶点必须分布在每个边上，而且要求每个边的顶点必须相交。样条线构架类似于一个网，每个区域有 3 ～ 4 个边。

3. "横截面"修改器

"横截面"修改器自动根据一系列样条线创建样条线构架。该修改器自动在样条线顶点间创建交叉的样条线，从而形成合法的面片构架。为了使"横截面"修改器更有效地工作，每个样条线最好有相同的顶点数。

在应用"横截面"修改器之前，必须将样条线结合到一起形成一个二维图形。"横截面"修改器在样条线上创建的顶点类型可以是线性、平滑、Bezier 和 Bezier 角点中的任何一个。顶点类型影响表面的平滑程度。

如图 4-128 所示，左边是线性顶点类型，右边是平滑顶点类型。

4. "曲面"修改器

定义好样条线构架后，就可以应用"曲面"修改器。如图 4-129 所示，右边是应用"曲面"修改器之后的图形，左边是应用"曲面"修改器之前的效果。"曲面"修改器在构架上生成 Bezier 表面。表面的创建参数包括表面法线的反转、删除内部面片和设置插值步数。

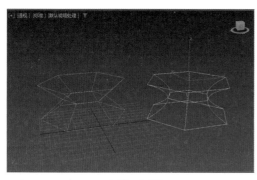 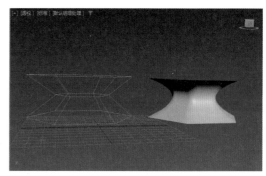

图　4-128　　　　　　　　　　　图　4-129

表面法线是指定表面的外侧，对视口显示和最后渲染的结果影响很大。

默认情况下可删除内部面片，由于内部表面完全被外部表面包容，因此可以安全地将它删除。

表面插值下面的步数设置是非常重要的属性，它参数化地调整面片网格的密度。如果一个面片表面被转换成可编辑的网络，那么网络的密度将与面片表面的密度匹配。用户可以复制几个面片模型，并给定不同的差值设置，然后将它转换成网格对象来观察多边形数目的差异。

4.6.2 创建和编辑面片表面

例 4-27：创建帽子的模型。

（1）启动 3da Max 2023，或者在菜单栏选择"文件"|"重置"命令，将 3ds Max 重置为默认模板。

（2）在菜单栏选择"文件"|"打开"命令，然后从本书的网络资源中打开文件Samples-04-17.max。文件中包含了4条样条线和一个帽子，如图4-130所示，帽子是建模中的参考图形。

（3）在"场景资源管理器"中选择Circle01，这是定义帽沿的外圆。

（4）在"修改"命令面板的"修改器列表"中选择"编辑样条线"修改器。

（5）在"修改"命令面板的"几何体"卷展栏中单击"附加"按钮。

（6）在"场景资源管理器"中依次单击Circle02、Circle03和Circle04，此时列表中只剩下Circle01，如图4-131所示。

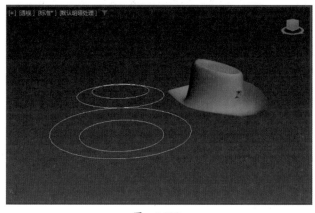

图 4-130

图 4-131

（7）在"透视"视口右击结束附加模式。

（8）在"修改"命令面板的"修改器列表"中选择"横截面"修改器。这时出现了一些样条线将圆连接起来，以便应用"曲面"修改器。

（9）在"参数"卷展栏分别选中"线性"和"平滑"单选按钮，其效果如图4-132和图4-133所示，后两种在视图上与"平滑"选项相同。

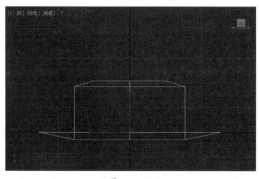

图 4-132

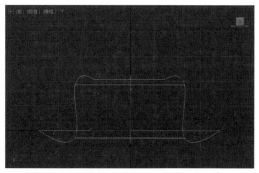

图 4-133

（10）在"参数"卷展栏选择Bezier。

（11）在"修改"命令面板的"修改器列表"中选择"曲面"修改器，如图4-134所示。这样就得到了帽子的基本图形，如图4-135所示。

注意：步骤（8）～步骤（10）也可以用另一种方法实现。在"编辑样条线"修改器对应的"几何体"卷展栏中单击"横截面"按钮。然后依次单击Circle01、Circle02、Circle03和Circle04。

（12）在命令面板的"参数"卷展栏勾选"翻转法线"和"移除内部面片"复选框，如图4-136所示。

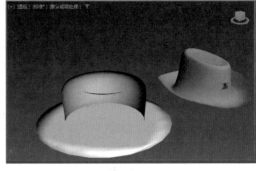

图 4-134　　　　　　　　　　　　　　　图 4-135

（13）在"修改"命令面板的"修改器列表"中选择"编辑面片"修改器。

（14）在修改器堆栈显示区域单击"编辑面片"修改器左边的三角，展开次对象层级。

（15）在修改器堆栈显示区域单击"面片"次对象层级，如图 4-137 所示。

图 4-136　　　　　　　　　　　　　　　图 4-137

（16）在视口导航控制区域单击"弧形旋转"按钮。

（17）调整"透视"视口的显示，使其类似于图 4-138 所示。可以看出，在帽沿下面有填充区域，这是因为"曲面"修改器在构架中的第一个和最后一个样条线上生成了面。

在下面的步骤中，将删除不需要的表面。

（18）按 F3 键切换到"线框"模式。

（19）在"透视"视口选择 Circle01 上的表面，如图 4-139 所示。

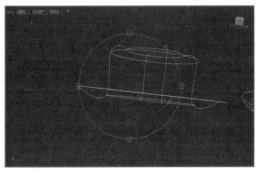

图 4-138　　　　　　　　　　　　　　　图 4-139

（20）按 Delete 键，表面被删除了。

（21）按 F3 键返回到"默认明暗处理"模式，如图 4-140 所示。下面继续调整帽子。

（22）在修改器堆栈的显示区域单击"顶点"次对象层级，如图 4-141 所示。

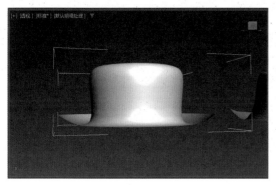

图　4-140　　　　　　　　　　　图　4-141

（23）在视口右击激活它，在视口导航控制区域单击 "最大化显示"按钮。

（24）在"前"视口使用区域选择方式选择帽子顶部的顶点。

（25）按空格键锁定选择的顶点。

（26）单击主工具栏的 "选择并均匀缩放"按钮。

（27）在主工具栏单击 "使用选择中心"按钮。

（28）在"前"视口将鼠标光标放置在变换 Gizmo 的 X 轴上，然后将选择的顶点缩放约 70%。在进行缩放的时候，缩放数值显示在状态栏中。

（29）在"前"视口按 L 键激活"左"视口。

（30）按 F3 键切换"默认明暗显示"模式。

（31）在"左"视口沿着 X 轴将选择的顶点缩放 80%。

（32）在主工具栏的"选择并旋转"按钮上右击。

（33）在出现的"旋转变换输入"对话框中，将"偏移：屏幕"区域的 Z 区域数值改为 -8。

（34）关闭"旋转变换输入"对话框。

（35）按空格键解除选择顶点的锁定。

（36）在"左"视口按 F 键激活"前"视口。

（37）在"前"视口选择帽沿外圈的顶点，如图 4-142 所示。

（38）在主工具栏的 "选择并移动"按钮上右击。

（39）在出现的"旋转变换输入"对话框中，将"偏移"区域的 Y 区域数值改为 7。

（40）关闭"旋转变换输入"对话框，这时的帽子如图 4-143 所示。

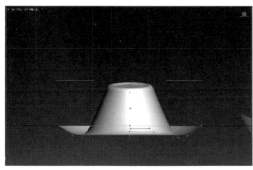
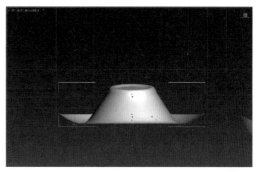

图　4-142　　　　　　　　　　　图　4-143

（41）在"前"视口选择每个 Bezier 句柄，将其移动成如图 4-144 所示。

（42）在"前"视口按 L 键激活"左"视口。

（43）在"左"视口选择前面的顶点，如图 4-145 所示。

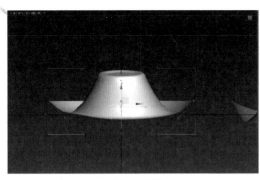
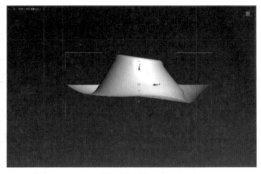

图 4-144　　　　　　　　　　　　　图 4-145

（44）在主工具栏的 ✛ "选择并移动"按钮上右击。

（45）在出现的"旋转变换输入"对话框中，将"偏移"区域的 Y 区域数值改为 7，如图 4-146 所示。

（46）继续编辑帽子，直到满意为止。

（47）在修改器显示区域单击"面片编辑"修改器，返回到最上层。图 4-147 所示的就是帽子的最后效果。

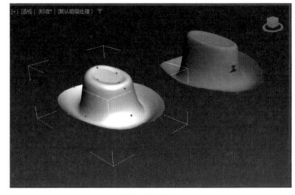

图 4-146　　　　　　　　　　　　　图 4-147

小　结

二维图形由一个或者多个样条线组成，样条线的最基本元素是顶点，在样条线上相邻两个顶点中间的部分是线段。可以通过改变顶点的类型来控制曲线的光滑度。

所有二维图形都有相同的"渲染"和"差值"卷展栏。如果二维图形被设置成可以渲染的，就可以指定它的厚度和网格密度。插值设置控制渲染结果的近似程度。

线工具创建一般的二维图形，其他的标准二维图形工具可创建参数化的二维图形。

二维图形的次对象包括样条线、线段和顶点。要访问线的次对象，需要选择"修改"命令面板。要访问参数化的二维图形的次对象，需要应用"编辑样条线"修改器，或者将它转换成可编辑样条线。

应用"挤出""倒角""倒角剖面""车削"和"晶格"修改器，可以将二维图形转换成三维几何体。

面片建模生成基于 Bezier 的表面。创建一个样条线构架，再应用一个表面修改器即可创建表面。面片建模的一个很大优点就是可以调整网格的密度。

习　题

●●●●●●●●●

一、判断题

1. 可编辑样条线和编辑样条线在用法上没有什么区别。（　　）
2. 在二维图形的差补中，当"优化"复选框被勾选后，"步数"的设置不起作用。（　　）
3. 在二维图形的插补中，当"自适应"复选框被勾选后，"步数"的设置不起作用。（　　）
4. 在二维图形的插补中，当"自适应"复选框被勾选后，直线样条线的"步数"被设置为 0。（　　）
5. 在二维图形的插补中，当"自适应"复选框被勾选后，"优化"和"步数"的设置不起作用。（　　）
6. 作为运动路径的样条线的第一点决定运动的起始位置。（　　）
7. "车削"修改器的次对象不能用来制作动画。（　　）
8. "倒角"修改器不能生成曲面倒角的文字。（　　）
9. 对二维图形制作的动画效果不能够带到由它形成的三维几何体中。（　　）
10. 对二维图形设置渲染属性可以渲染线框图，但是不一定节省面。（　　）

二、选择题

1.（　　）不是样条线的术语。
    A. 顶点　　　　　　B. 样条线　　　　　C. 线段　　　　　　D. 面
2. 在样条线编辑中，（　　）顶点类型可以产生没有控制手柄且顶点两边曲率相等的曲线。
    A. 角点　　　　　　B. Bezier　　　　　C. 平滑　　　　　　D. Bezier 角点
3. 在二维图形的插补中，当"自适应"复选框被勾选后，3ds Max 自动计算图形中每个样条线段的步数。从当前点到下一点之间的角度超过（　　）时，就设置步数。
    A. 2°　　　　　　　B. 1°　　　　　　　C. 3°　　　　　　　D. 5°
4. 样条线上的第一点影响下面的（　　）对象。
    A. 放样　　　　　　B. 分布　　　　　　C. 布尔　　　　　　D. 基本
5. 对样条线进行布尔运算之前，应确保样条线满足一些要求，（　　）项要求是布尔运算中不需要的。
    A. 样条线必须是同一个二维图形的一部分
    B. 样条线必须封闭
    C. 样条线本身不能自交
    D. 样条线之间必须相互重叠
    E. 一个样条线需要完全被另外一个样条线包围
6.（　　）不属于基本几何体。
    A. 球体　　　　　　B. 圆柱体　　　　　C. 立方体　　　　　D. 多面体
7. Helix 是二维建模中的（　　）。
    A. 直线　　　　　　B. 椭圆形　　　　　C. 矩形　　　　　　D. 螺旋线
8. 下面二维图形之间肯定不能进行布尔运算的是（　　）。
    A. 有重叠部分的两个圆
    B. 一个圆和一个螺旋线，它们之间有重叠的部分
    C. 一个圆和一个矩形，它们之间有重叠的部分

D. 一个圆和一个多边形，它们之间有重叠的部分

E. 一个样条线完全被另外一个样条线包围

9. 二维图形（　　）是多条样条线。

A. 弧　　　　　　　B. 螺旋线　　　　　　C. 多边形　　　　　　D. 同心圆

10. 二维图形（　　）是空间曲线。

A. 弧　　　　　　　B. 螺旋线　　　　　　C. 多边形　　　　　　D. 同心圆

三、思考题

1. 3ds Max 2023 提供了哪几种二维图形？如何创建这些二维图形？如何改变二维图形的参数设置？

2. 编辑样条线的次对象有哪几种类型？

3. 在 3ds Max 中，二维图形有哪几种顶点类型？各有什么特点？

4. 如何使用二维图形的布尔运算？

5. 在样条线层级使用轮廓操作功能，当输入的轮廓数据为正值或负值时，对于之后的样条线布尔减操作有何不同影响？

6. 可以使用哪些方法将不可渲染的二维图形变成可渲染的三维图形，各种方法的特点是什么？

7. "车削"和"倒角剖面"的次对象是什么？如何使用它们的次对象设置动画？

8. 如何使用面片建模工具建模？

9. 尝试制作国徽上的五角星模型。

第 5 章 ┃ 修改器和复合对象

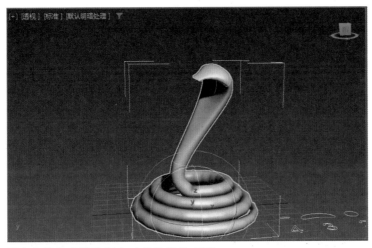

本章的主要内容是修改器和复合对象的相关应用。

首先介绍修改器的概念，然后讲述几种常见的高级修改器的使用。灵活应用复合对象，可以提高创建复杂不规则模型的效率。这些都是 3ds Max 建模中的重要内容。

本章重点内容：

● 给场景的几何体增加修改器，并熟练使用几个常用的修改器。

● 在修改器堆栈显示区域访问不同的层次。

● 创建布尔、放样和连接等复合对象。

● 理解复合对象建模的方法。

5.1 修 改 器

修改器是用来修改场景中几何体的工具。3ds Max 自带了许多修改器，每个修改器都有自己的参数集合和功能。本节介绍与修改器相关的知识。

修改器可以塑形和编辑对象，它们可以更改对象的几何形状及其属性。修改器不仅可以用于二维图形，也可以用于样条线、三维等各种图形。修改器分为选择修改器、世界空间修改器和对象空间修改器，上一章所运用到的修改器大部分属于对象空间修改器。

● 世界空间修改器：世界空间修改器的作用与对象空间修改器一样，但作用的方式和对象略有不同。世界空间修改器不需要绑定到单独的空间扭曲 gizmo，它们更利于修改单个对象或选择集。应用世界空间修改器就像应用标准对象空间修改器一样，通过"修改"面板中的"修改器列表"就可以访问世界空间修改器。世界空间修改器大部分后面跟有WSM，以便和同名的对象空间修改器区分，如图 5-1 所示。

● 对象空间修改器：直接影响局部空间中的几何体。应用对象空间修改器时，修改器直接显示在对象的上方，堆栈显示区域中修改器的顺序可以影响几何体结果。大多数时候使用的都是对象空间修改器。

修改器与变换不同，变换不依赖于对象的内部结构，它们总是作用于世界空间。对象可以应用任何数目的修改器，但是通常只能有一组变换。此外，一个修改器可以应用到场景中一个或者多个对象，根据参数的设置来修改对象。同一对象也可以被应用多个修改器，后一个修改器接收前一个修改器传递过来的参数。修改器的次序对最后结果影响很大。

在"修改器列表"中可以找到 3ds Max 的修改器。命令面板上有一个修改器堆栈显示区域，显示了所有应用给几何体的修改器，下面就来介绍这个区域。

5.1.1 修改器堆栈显示区域

修改器显示区域其实就是一个列表，它包含基本对象和作用于其上的修改器。通过这个区域可以方便地访问基本对象和它的修改器。如图 5-2 所示，基本对象 Box 增加了"编辑网格"Taper 和 Bend 修改器。

图 5-1

图 5-2

如果在堆栈显示区域选择了修改器，那么它的参数将显示在"修改"命令面板的下半部分。

例 5-1：使用修改器。

（1）启动 3ds Max 2023，或者在菜单栏选择"文件"|"重置"命令，将 3ds Max 重置为默认模板。

（2）在菜单栏选择"文件"|"打开"命令，然后从本书的网络资源中打开文件 Samples-05-01.max。文件中包含两个锥，其中左边的锥体已经被应用 Bend 和 Taper 修改器，如图 5-3 所示。

（3）在"前"视口选择左边的锥。

（4）在"修改"命令面板，从修改器堆栈显示区域可以看出，先增加 Bend 修改器，后增加 Taper 修改器，如图 5-4 所示。

（5）在修改器堆栈显示区域单击 Taper，然后将它拖曳到右边的锥上。这时 Taper 修改器被应用到第 2 个锥上，如图 5-5 所示。

（6）在"透视"视口选择左边的锥。

（7）在修改器堆栈显示区域单击 Bend，将它拖曳到右边的锥上。

（8）在"透视"视口的空白区域单击，取消右边锥的选择（Cone 2）。现在两个锥都应用了相同的修改器，但是由于次序不同，其作用效果也不同，如图 5-6 所示。

（9）在"透视"视口选择左边的锥（Cone1）。

（10）在修改器堆栈显示区域单击 Bend，然后将它拖曳到 Taper 修改器的上面，如图 5-7 所示。

现在修改器的次序一样，因此两个锥的效果类似。

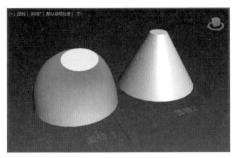

图 5-3

图 5-4

图 5-5

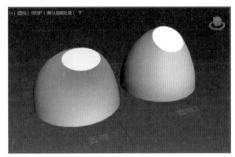

图 5-6

（11）在"透视"视口选择右边的锥。

（12）在修改器堆栈显示区域左边的 Bend 右击。

（13）在弹出的快捷菜单上选择"删除"，如图 5-8 所示。Bend 修改器被删掉了。

（14）在"透视"视口选择左边的锥。

（15）在修改器堆栈显示区域右击，然后在弹出的快捷菜单上选择"塌陷全部"命令，如图 5-9 所示。

图 5-7

图 5-8

图 5-9

（16）在出现的"警告"对话框中单击"是"按钮，如图 5-10 所示。

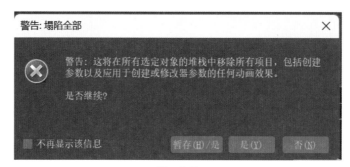

图 5-10

修改器和基本对象被塌陷成"可编辑网格",如图 5-11 所示。

5.1.2 FFD 修改器

　　FFD 修改器用于变形几何体。它是由一组称为格子的控制点组成,通过移动控制点,其下面的几何体也跟着变形。3ds Max 2023 共提供了 3 种 FFD 修改器,每种提供不同的晶格分辨率,分别为 2×2×2、3×3×3 和 4×4×4。例如,3×3×3 修改器提供每一维度具有 3 个控制点的晶格,晶格每一侧产生 9 个控制点。此外,还提供了两种更易配置的 FFD 修改器,即"FFD(长方体)"修改器和"FFD(圆柱体)"修改器。应用这些修改器可以在晶格上设置任意数目的点,从而在变形模型时提供更大的灵活性,如图 5-12 所示。

　　FFD 的次对象层级如图 5-13 所示。

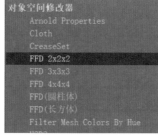

图　5-11　　　　　　　　　图　5-12　　　　　　　　　图　5-13

FFD 修改器有 3 个次对象层级。

● 控制点:单独或者成组变换控制点。当控制点变换时,其下面的几何体也跟着变化。

● 晶格:独立于几何体变换的格子,以便改变修改器的影响。

● 设置体积:变换格子控制点,以便更好地适配几何体。当进行这些调整时,对象不变形。

"FFD 参数"卷展栏如图 5-14 所示。

"FFD 参数"卷展栏包含 3 个主要区域。

● "显示"区域控制是否在视口中显示格子,还可以按没有变形的样子显示格子。

● "变形"区域可以指定修改器是否影响格子外面的几何体。

● "控制点"区域可以将所有控制点重置到原始位置,并使格子自动适应几何体。

例 5-2:使用 FFD 修改器。

(1)启动 3ds Max 2023,或者在菜单栏选择"文件"|"重置"命令,将 3ds Max 重置为初始模板。

(2)在菜单栏选择"文件"|"打开"命令,然后从本书的网络资源中打开文件 Samples-05-02.max。文件中包含了两个对象,如图 5-15 所示。

图 5-14

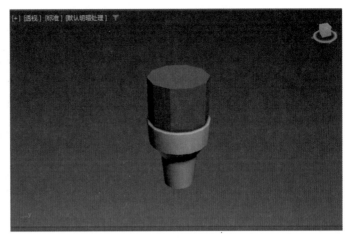

图 5-15

（3）在"透视"视口选择上面的对象。

（4）选择 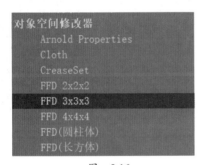"修改"命令面板，在"修改器列表"中选择 FFD 3×3×3 修改器，如图 5-16 所示。

（5）单击修改器显示区域内 FFD 3×3×3 左边的三角箭头，展开层级。

（6）在修改器堆栈的显示区域单击选择"控制点"次对象层级，如图 5-17 所示。

图 5-16

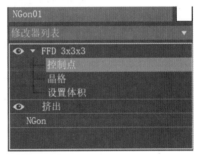

图 5-17

（7）在"前"视口使用区域选择的方式选择顶部的控制点，如图 5-18 所示。

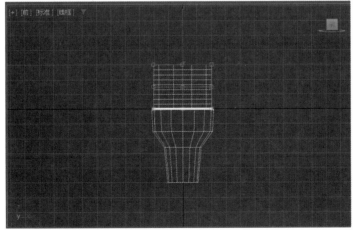

图 5-18

（8）在主工具栏中单击 "选择并均匀缩放"按钮。

（9）在"顶"视口将光标放在"变换轴"的 XY 坐标系交点处，如图 5-19 所示；然后缩放控制点，直到它们离得很近为止，如图 5-20 所示。

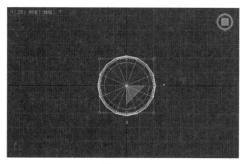
图　5-19

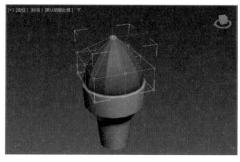
图　5-20

（10）在"前"视口选择所有中间层次的控制点，如图 5-21 所示。

（11）在"透视"视口上右击激活它。

（12）在"透视"视口将光标放在变换坐标系的 XY 交点处，然后放大控制点至如图 5-22 所示。

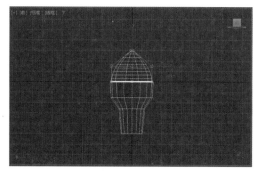
图　5-21

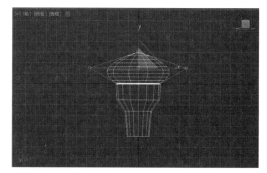
图　5-22

（13）单击主工具栏的"选择并旋转"按钮。

（14）在"透视"视口将选择的控制点旋转大约 45°，如图 5-23 所示。

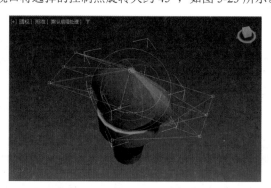
图　5-23

（15）在修改器堆栈显示区域单击 FFD 3×3×3 修改器，返回到对象的最上层。

5.1.3　"噪波"修改器

"噪波"修改器可以随机变形几何体，设置每个坐标方向的强度，也可以设置动画，因此表面变形可以随着时间改变。变化的速率受"参数"卷展栏中"动画"区域中的"频率"影响，如图 5-24 所示。

"种子"数值可改变随机图案。如果两个参数相同的基本对象应用一样参数的"噪波"修改器，那么变形效果将是一样的。这时改变"种子"数值将使它们的效果不一样。

例 5-3：使用"噪波"修改器。

（1）启动 3ds Max 2023，或者在菜单栏选择"文件"|"重置"命令，将 3ds Max 重置为默认模板。

（2）在菜单栏选择"文件"|"打开"命令，然后从本书的网络资源中打开文件 Samples-05-03.max。文件中包含了一个简单的盒子，如图 5-25 所示。

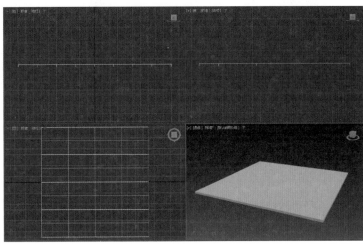

图　5-24　　　　　　　　　　　　　图　5-25

（3）在"前"视口单击选择盒子。

（4）选择"修改"命令面板，在"修改器列表"中选择"噪波"修改器。

（5）在"修改"命令面板的"参数"卷展栏将"强度"区域的 Z 数值设置为 50.0，这样盒子就变形了，如图 5-26 所示。

（6）在修改器堆栈的显示区域单击 Noise（噪波）左边的三角箭头，展开 Noise 修改器的次对象层级，如图 5-27 所示。

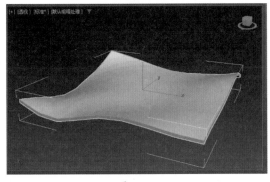

图　5-26　　　　　　　　　　　　　图　5-27

（7）在修改器显示区域单击选择"中心"次对象层级。

（8）在"透视"视口将鼠标光标放在变换 Gizmo 的区域标记上，然后在 XY 平面移动"中心"，如图 5-28 所示。移动 Noise"中心"，也改变盒子的效果。

（9）按 Ctrl+Z 撤销上一步操作，这样可将 Noise 的"中心"恢复到它的原始位置。

（10）在修改器堆栈显示区域单击 Noise 标签，返回 Noise 主层级，在"修改"命令面板的"参数"卷展栏勾选"分形"复选框。

（11）在修改器堆栈的显示区域单击选定 Box，如图 5-29 所示。在命令面板中显示盒子的"参数"卷展栏。

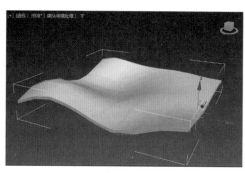
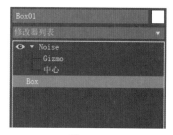

图　5-28　　　　　　　　　　　图　5-29

（12）在"参数"卷展栏将"长度分段"和"宽度分段"设置为 20。如图 5-30 所示，注意观察盒子形状的改变。

（13）在修改器堆栈显示区域单击 Noise 修改器，返回到修改器的最顶层。

（14）在"参数"卷展栏的"动画"区域勾选"动画噪波"复选框。

（15）在动画控制区域单击▶"播放动画"按钮。注意观察动画效果。

（16）在动画控制区域单击◄◄"转至开始"按钮。

（17）在"修改"命令面板的修改器显示区域单击关闭 Noise 左边的眼睛，如图 5-31 所示。修改器仍然存在，但是没有噪波效果了。在视口中仍然可以看到它的作用区域的黄框，如图 5-32 所示。

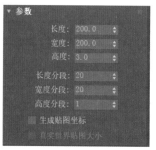

图　5-30　　　　　　　　　　　图　5-31

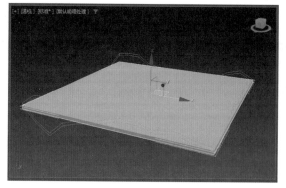

图　5-32

3ds Max 2023 标准教程

（18）在修改器堆栈的显示区域单击 🔳 "堆栈中移除修改器"按钮，这样就删除了 Noise 修改器，盒子仍然在原始的位置。

5.1.4　"弯曲"修改器

"弯曲"修改器用于对对象进行弯曲处理，可以调节弯曲的角度和方向，以及坐标轴向，还可以将弯曲修改限制在一定区域内。这一节将举例说明如何灵活使用"弯曲"修改器建立模型或者制作动画。

例 5-4：由平面弯曲成球。

（1）启动 3ds Max 2023，或者在菜单栏选择"文件"|"重置"，将 3ds Max 重置为默认模板。

（2）在"创建"命令面板中单击"平面"按钮。在"透视"视口中创建一个长宽都为 140，长度和宽度方向分段数都为 25 的平面，如图 5-33 所示。

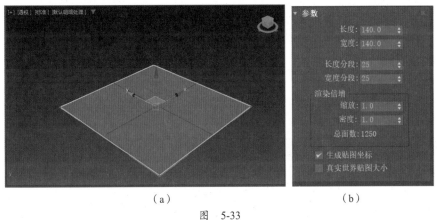

（a）　　　　　　　　　　　　（b）

图　5-33

（3）切换至"修改"命令面板，给平面增加一个"弯曲"修改器，沿 X 轴将平面弯曲360°，如图 5-34 所示。

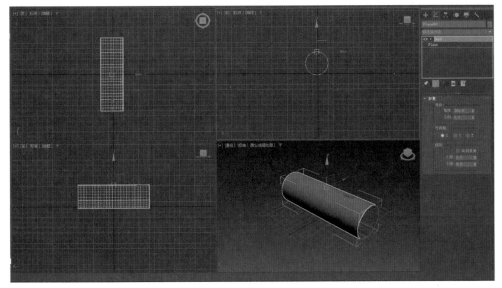

图　5-34

（4）再给平面增加一个"弯曲"修改器，沿 Y 轴将平面弯曲 180°，如图 5-35 所示。

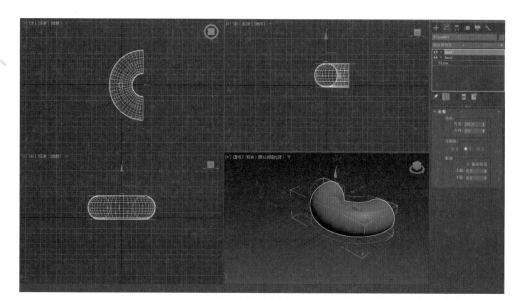

图 5-35

（5）在修改器堆栈显示区域单击最上层 Bend（弯曲）左边的三角箭头，打开次对象层级，选择"中心"次对象层级，然后在"顶"视口中沿着 X 轴向左移动"中心"，直到平面看起来与球类似为止，如图 5-36 所示。

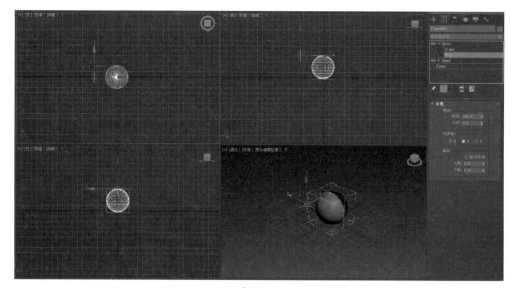

图 5-36

该例子的最后效果见本书网络资源的 Samples-05-04.max 文件。

5.2 复合对象

复合对象是将两个或者多个对象结合起来形成的对象，常见的复合对象包括布尔、放样和连接等。

5.2.1 布尔

1. 布尔运算的概念和基本操作

1）布尔对象和运算对象

布尔对象是根据几何体的空间位置结合两个三维对象形成的对象。每个参与结合的对象被称为运算对象。通常参与运算的两个布尔对象应该有相交的部分。有效的运算操作包括以下3种。

● 生成代表两个几何体总体的对象。

● 从一个对象上删除与另外一个对象相交的部分。

● 生成代表两个对象相交部分的对象。

2）布尔运算的类型

在布尔运算中常用的3种操作如下。

● 并集：生成代表两个几何体总体的对象。

● 差集：从一个对象上删除与另外一个对象相交的部分。可以从第一个对象上减去与第二个对象相交的部分，也可以从第二个对象上减去与第一个对象相交的部分。

● 交集：生成代表两个对象相交部分的对象。

差集操作的一个变形是"切割"。切割后的对象上没有运算对象B的任何网格。例如，如果拿一个圆柱切割盒子，那么在盒子上将不保留圆柱的曲面，而是创建一个有孔的对象，如图5-37所示。"切割"下面还有一些其他选项，将在具体操作中介绍。

3）创建布尔运算的方法

要创建布尔运算，需要先选择一个运算对象，然后通过"复合对象"面板或者"创建"命令面板中的"复合对象"类型来访问布尔工具，其中Pro Boolean和"布尔"都可以用于构建布尔对象，二者卷展栏略有不同，如图5-38所示，图5-38（a）是Pro Boolean的卷展栏，图5-38（b）是"布尔"的卷展栏。

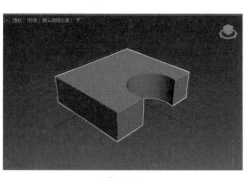

图 5-37

（a）　　　　　（b）

图　5-38

在用户界面中，运算对象称为A和B，当进行布尔运算时，选择的对象被当作运算对象A，后加入的对象变成了运算对象 B。

选择对象 B 之前，需要指定操作类型是并集、差集还是交集。一旦选择了对象 B，就自动完成布尔运算，视口也会更新。

技巧：可以在选择运算对象 B 之后，再选择运算对象 A。

说明：将布尔对象作为一个运算对象进行布尔运算，可以创建嵌套的布尔运算。

4）"布尔"的卷展栏

在"布尔"的选项下，有 3 个小的卷展栏。

第一个为"名称和颜色"，包含对象的名字和颜色。

第二个为"布尔运算"卷展栏，用来陈列操作对象及其操作图标。单击"添加操作对象"按钮可以从视口或"场景资源管理器"中将操作对象添加到复合对象。"操作对象"列表显示复合对象的操作对象。彩色图标显示当前布尔操作，通过单击眼睛图标可以打开和关闭每个操作对象的可见性。可以右击列表中的操作对象来访问以下命令："移除操作对象""创建新的布尔""重命名""禁用"和"单放"。使用"创建新的布尔"可在复合对象内创建子布尔。"移除操作对象"将所选操作对象从复合对象中移除。"打开布尔操作资源管理器"按钮可以访问"布尔操作资源管理器"窗口。

第三个为"运算对象参数"卷展栏。

第一部分展现了部分运算。

● 并集：结合两个对象，相交或重叠的部分被丢弃。

● 相交：两个对象的重叠部分保留，剩余几部分被丢弃。

● 差集：从最初选定对象移除后选择的对象。

● 合并：组合两个对象，而不移除任何原始对象的部分。在相交对象的位置创建新边。

● 附加：将多个对象合并成一个对象，而不影响各对象的拓扑；各对象实质上是复合对象中的独立元素。

● 插入：从对象 A 中减去对象 B，对象 B 的图形不受此操作的影响。

● 盖印：启用此选项可在操作对象与原始网格之间插入相交边，而不移除或添加面。"盖印"只分割面，并将新边添加到基础（最初选定）对象的网格中。

● 切面：启用"切面"选项可执行指定的布尔操作，但不会将操作对象的面添加到原始网格中。选定运算对象的面未添加到布尔结果中。可以使用该选项在网格中剪切一个洞，或获取网格在另一对象内部的部分。

第二部分是"材质"组。"应用操作对象材质"是指将已添加操作对象的材质应用于整个复合对象，"保留原始材质"是指保留应用到复合对象的现有材质。

第三部分是"显示"组。"结果"是默认的选项，它只显示运算的最后结果；"运算对象"是显示运算对象 A 和运算对象 B，就像布尔运算前一样；"选定的运算对象"是指显示选定的操作对象，操作对象的轮廓会以一种显示当前所执行布尔操作的颜色标出；"显示为明暗处理"是指在视口中显示已明暗处理的操作对象，此选项会关闭颜色编码显示。

5）表面拓扑关系的要求

表面拓扑关系指对象的表面特征。表面特征对布尔运算能否成功影响很大。对运算对象的拓扑关系有如下几点要求。

● 运算对象的复杂程度类似。如果在网格密度差别很大的对象之间进行布尔运算，可能会产生细长的面，从而导致不正确的渲染。

● 在运算对象上最好没有重叠或者丢失的表面。

● 表面法线方向应该一致。

2. 编辑布尔对象

当创建完布尔对象后，运算对象显示在修改器堆栈显示区域。

可以通过"修改"命令面板编辑布尔对象和它们的运算对象。在修改器堆栈显示区域，布尔对象显示在层级的最顶层。可以展开布尔层级显示运算对象，这样就可以访问当前布尔对象或者嵌套布尔对象中的运算对象。可以改变布尔对象的创建参数，也可以给运算对象增加修改器，视口中会更新布尔运算对象的任何改变。

可以从布尔运算中分离出运算对象。分离的对象可以是原来对象的复制品，也可以是原来对象的关联复制品。如果采用复制方式分离的对象，那么它将与原始对象无关。如果采用关联方式分离的对象，那么对分离对象进行的任何改变都将影响布尔对象。采用关联方式分离对象是编辑布尔对象的一个简单方法，这样就不需要频繁使用"修改"命令面板中的层级列表。

对象被分离后仍然处于原来的位置，因此需要移动对象才能看得清楚。

3. 创建布尔加运算

例5-5：布尔加运算。

（1）启动3ds Max，或者在菜单栏选择"文件"|"重置"命令，将3ds Max重置为默认模板。

（2）在菜单栏选择"文件"|"打开"命令，然后从本书的网络资源中打开文件Samples-05-05.max。文件中包含了3个相交的盒子，如图5-39所示。

（3）在"透视"视口选择大的盒子。

（4）在"创建"命令面板，从下拉式列表中选择"复合对象"选项，如图5-40所示。

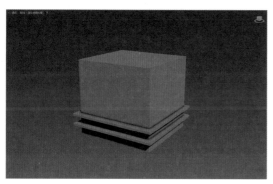

图 5-39

图 5-40

（5）在"对象类型"卷展栏单击"布尔"按钮。

（6）在"运算对象参数"卷展栏单击"并集"按钮。

（7）在"布尔参数"卷展栏单击"添加运算对象"按钮，在"透视"视口单击下面的两个盒子，可以看到两个盒子都出现在运算对象中，如图5-41所示。

（8）在"场景资源管理器"中关掉Box003和Box004前面的眼睛，这时可以从"透视"视口观察到后两个盒子被合并到第一个大盒子上，如图5-42所示。

图 5-41

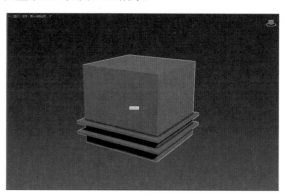

图 5-42

注意：第一个运算对象即成为了最后的合并体，后面的运算对象不受影响，仍独立存在。

4. 创建布尔减运算

例 5-6：布尔减运算。

（1）继续例 5-5 的练习，在"场景资源管理器"可以看到还有两个隐藏的对象 Arch1 和 Arch02，单击它们前面的眼睛，使它们显示出来。这里可以观察到两个类似拱门的对象，如图 5-43 所示。

（2）在"场景资源管理器"列表中选择 Box02。

（3）在"创建"命令面板，从下拉式列表中选择"复合对象"选项。

（4）在"对象类型"卷展栏单击"布尔"按钮。

（5）在"运算对象参数"卷展栏单击"差集"按钮。

（6）在"布尔参数"卷展栏单击"添加运算对象"按钮，在"透视"视口单击两个拱门，可以看到两个拱门都出现在了运算对象中，如图 5-44 所示。

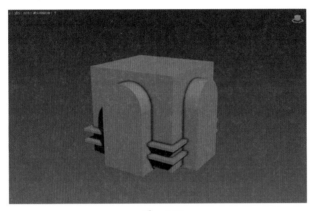

图　5-43

图　5-44

（7）在"透视"视口中右击结束布尔操作。

（8）最后的布尔对象如图 5-45 所示。

5.2.2　放样

放样是创建 3D 对象的重要方法之一，可以创建作为路径的图形对象以及任意数量的横截面图形。

1. 放样基础

1）放样的相关术语

路径和横截面都是二维图形，但是在用户界面内分别称为路径和图形。图 5-46 形象地解释了这些概念。

2）创建放样对象

在创建放样对象之前必须先选择一个截面图形或者路径。如果先选择路径，那么开始的截面图形将被移动到路径上，以使它的局部坐标系 Z 轴与路径的起点相切。如果先选择截面图形，将移动路径，以使它的切线与截面图形局部坐标系的 Z 轴对齐。

指定的第一个截面图形将沿着整个路径扫描，并填满这个图形。要给放样对象增加其他截面图形，必须先选择放样对象，然后指定截面图形在路径上的位置，最后选择要加入的截面图形。

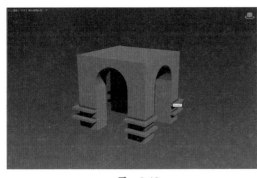

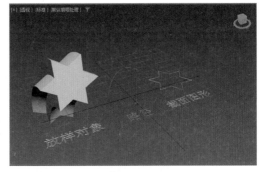

图　5-45　　　　　　　　　　　　　　　　　　图　5-46

插值在截面图形之间创建表面。3ds Max 使用每个截面图形的表面创建放样对象的表面。如果截面图形的第一点相差很远，将创建扭曲的放样表面。也可以在给放样对象增加截面图形后，旋转某个截面图形来控制扭转。

有 3 种方法可以指定截面图形在路径上的位置。指定截面图形位置时使用的是"路径参数"卷展栏，如图 5-47 所示。

（1）百分比：用路径的百分比指定横截面的位置。

（2）距离：用从路径开始的绝对距离指定横截面的位置。

（3）路径步数：用表示路径样条线的节点和步数来指定位置。

在创建放样对象的时候，还可以使用"蒙皮参数"卷展栏，如图 5-48 所示。可以通过设置"蒙皮参数"调整放样的如下几个方面。

（1）指定放样对象的顶和底是否封闭。

（2）使用"图形步数"设置放样对象截面图形节点之间的网格密度。

（3）使用"路径步数"设置放样对象沿着路径方向截面图形之间的网格密度。

（4）在两个截面图形之间的默认插值设置是光滑的，也可以将插值设置为"线性插值"。

3）编辑放样对象

可以在"修改"命令面板编辑放样对象。"放样"（Loft）显示在修改器堆栈显示区域的最顶层，如图 5-49 所示。在 Loft 的层级中，"图形"和"路径"是次对象。

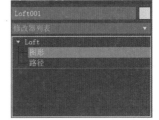

图　5-47　　　　　　　　　图　5-48　　　　　　　　　图　5-49

选择进入"图形"次对象层级，然后在视口中选择要编辑的截面图形，可以改变截面图形在路径上的位置，或者访问截面图形的创建参数。

选择进入"路径"次对象层级，在修改器堆栈中就显示了用作路径的 Arc 对象。选择 Arc 对象就可以编辑它，改变路径长度以及变化方式，也可以用来复制或关联复制路径得到一个新的二维图形等，如图 5-50 所示。

可以使用"图形"次对象访问"比较"对话框，如图 5-51 所示。

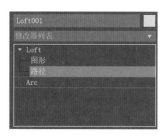

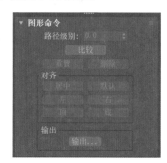

图 5-50　　　　　　　　　　　　　　图 5-51

这个对话框用来比较放样对象中不同截面图形的起点和位置。前面已经提到，如果截面图形的起点，也就是第一点没有对齐，放样对象的表面将是扭曲的。将截面图形放入该对话框，可以方便地对放样图形进行调整。同样，如果在视口中对放样图形进行旋转调整，"比较"对话框中的图形也会自动更新。

编辑路径和截面图形的一个简单方法是放样时采用"关联"选项。这样，就可以在对象层次交互编辑放样对象中的截面图形和路径。如果放样时采用了"复制"选项，那么编辑场景中的二维图形将不影响放样对象。

2. 使用放样创建一条眼镜蛇

例 5-7：眼镜蛇模型

（1）启动 3ds Max 2023，或者在菜单栏选择"文件"|"重置"命令，将 3ds Max 重置为默认模板。

（2）在菜单栏中选择"文件"|"打开"命令，然后从本书的网络资源中打开文件 Samples-05-06.max。文件中包含了几个二维图形，如图 5-52 所示。

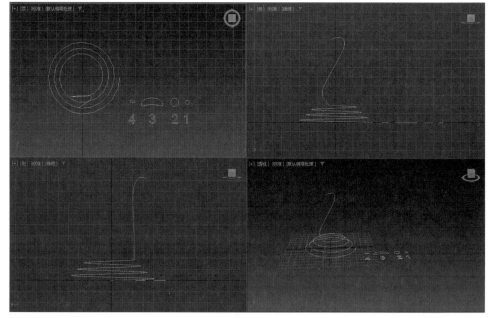

图 5-52

（3）在"透视"视口中选择较大的螺旋线。

（4）在"创建"命令面板的下拉式列表中选择"复合对象"选项。

（5）在"对象类型"卷展栏中单击"放样"按钮。

路径的起始点是眼镜蛇的尾巴，因此应该放置小的圆。

（6）在"创建方法"卷展栏单击"获取图形"按钮。

（7）在"透视"视口单击小圆（标记为1）。这时沿着整个路径的长度方向放置了小圆。

（8）在"路径参数"卷展栏将"路径"设置为10.0。这样就将下一个截面图形的位置指定到路径10%的地方。

（9）在"蒙皮参数"卷展栏的"显示"区域不勾选"蒙皮"复选框。这样将便于观察截面图形和百分比标记，如图5-53所示。图中的黄色图案▬就是百分比标记。

（10）在"创建方法"卷展栏单击"获取图形"按钮。

（11）在"透视"视口单击较大的圆（标记为2）。

（12）在"路径参数"卷展栏将"路径"设置为90%。

这是再次增加第二个图形的地方。

（13）在"创建方法"卷展栏单击"获取图形"按钮。

（14）在"透视"视口中再次单击较大的圆（标记为2）。

（15）在"路径参数"卷展栏将"路径"设置为93%。

（16）在"创建方法"卷展栏单击"获取图形"按钮。

（17）在"透视"视口单击较大的椭圆（标记为3）。

（18）在"路径参数"卷展栏将"路径"设置为100%，这样就确定了较大椭圆的位置。

（19）在"创建方法"卷展栏单击"获取图形"按钮。

（20）在"透视"视口中单击较小的椭圆（标记为4），如图5-54所示。

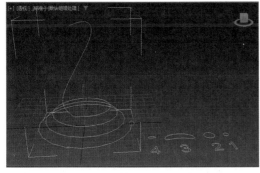
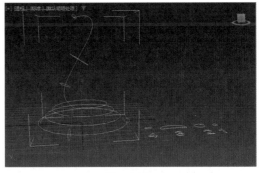

图　5-53　　　　　　　　　　　　　　　图　5-54

（21）在激活的视口右击结束创建操作。放样的结果如图5-55所示。

下面调整放样对象。眼镜蛇头部的比例不太合适，需要将第三个截面图形向蛇头移一下。

例5-8：调整放样对象。

（1）继续例5-7的练习，或者从本书的网络资源中打开文件Samples-05-07.max。

（2）在"透视"口中单击选中放样的眼镜蛇。在"蒙皮参数"卷展栏的"显示"区域不勾选"蒙皮"复选框。

（3）在"修改"命令面板的修改器堆栈显示区域单击Loft左边的三角箭头，展开层级列表。

（4）在修改器堆栈显示区域单击选择"图形"次对象层级，如图5-56所示。

（5）在"透视"视口将鼠标光标放在放样对象中第3个截面图形上，然后单击选择它。被选择的截面图形变成了红颜色，如图5-57所示。

在"图形命令"卷展栏的"路径级别"数值显示为93.0，如图5-58所示。

图　5-55

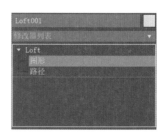

图　5-56

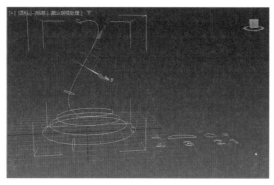

图　5-57

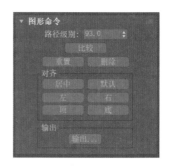

图　5-58

（6）在"图形命令"卷展栏将"路径级别"的数值改为98.0。这时，截面图形被沿着路径向前移动了，眼镜蛇的头部外观明显改善，如图5-59所示。

（7）在"透视"视口选择放样中的第4个截面图形。

（8）在主工具栏的 ⟳ "选择并旋转"按钮上右击。

（9）在弹出的"旋转变换输出"对话框的"偏移"区域，将X值改为45。这样就旋转了最后的图形，改变了放样对象的外观。

（10）关闭"旋转变换输出"对话框。这时蛇头的顶部略微向内倾斜，如图5-60所示。

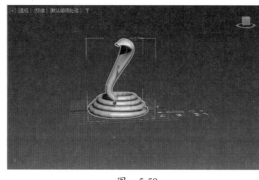

图　5-59

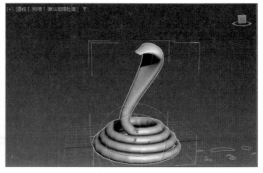

图　5-60

（11）在"图形命令"卷展栏单击"比较"按钮。

（12）在出现的"比较"对话框单击 ▣ "拾取图形"按钮。

（13）在"透视"视口分别单击放样对象中的4个截面图形。

（14）单击"比较"对话框中的"最大化显示"按钮，如图5-61所示。

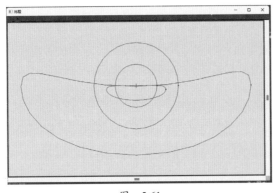

图　5-61

截面图形都被显示在"比较"对话框中，图中的方框代表截面图形的第 1 点，如果第 1 点没有对齐，放样对象可能是扭曲的。

（15）关闭"比较"对话框。

（16）在修改器显示区域单击 Loft，返回到对象的最顶层。

（17）最后完成的效果见本书网络资源的 Samples-05-07.max 文件。

小　结

在 3ds Max 中，修改器是编辑场景对象的主要工具。给对象增加修改器后，就可以通过参数设置来改变对象。

要减少文件并简化场景，可以将修改器堆栈的显示区域塌陷成可编辑的网格，但是这样做将删除所有修改器和与修改器相关的动画。

3ds Max 中有几个复合对象类型。可根据几何体的相对位置生成复合的对象，有效的布尔操作包括并集、差集和交集。

放样是沿着路径扫描截面图形生成放样几何体。沿着路径的不同位置可以放置多个图形，在截面图形之间插值生成放样表面。

连接复合对象在网格运算对象的孔之间创建网格表面。如果两个运算对象上有多个孔，那么将生成多个表面。

习　题

一、判断题

1. 在 3ds Max 中修改器的次序对最后的结果没有影响。（　　）

2. 噪波可以沿三个轴中的任意一个改变对象的节点。（　　）

3. 应用在对象局部坐标系的修改器受对象轴心点的影响。（　　）

4. "面挤出"是一个动画修改器。它影响传递到堆栈中的面，并沿法线方向拉伸面建立侧面。（　　）

5. 在复合对象中，布尔运算使用两个或者多个对象来创建一个对象，新对象是初始对象的交、并或者差。（　　）

6. 在复合对象中，连接运算根据一个有孔的基本对象和一个或者多个有孔的目标对象来创建连接的新对象。（　　）

7. 在放样中，所使用的每个截面图形必须有相同的开口或者封闭属性，也就是说，要么所有的截面都是封闭的，要么所有的截面都是不封闭的。（　　　）

8. 复合对象的运算对象由两个或者多个对象组成，它们仍然是可以编辑的运算对象，每个运算对象都可以像其他对象一样被变换、编辑和动画。（　　　）

二、选择题

1. "曲面"修改器生成的对象类型是（　　　）。

    A. 面片   B. NURBS   C. NURMS   D. 网格

2. 下列选项中不属于选择集修改器的是（　　　）。

    A. "编辑面片"   B. "网格选择"   C. "放样"   D. "编辑网格"

3. 能够实现弯曲物体的修改器是（　　　）。

    A. "弯曲"   B. "噪波"   C. "扭曲"   D. "锥化"

4. 要修改子物体上的点时应该选择此对象中的（　　　）。

    A. 顶点   B. 多边形   C. 边   D. 元素

5. 可以在对象的一端对称缩放对象截面的编辑器为（　　　）。

    A. "贴图缩放器"   B. "影响区域"   C. "弯曲"   D. "锥化"

6. 放样的最基本元素是（　　　）。

    A. 截面图形和路径   B. 路径和第一点   C. 路径和路径的层次   D. 变形曲线和动画

7. 将二维图形和三维图形结合在一起的运算名称为（　　　）。

    A. 连接   B. 变形   C. 布尔   D. 图形合并

8. 在一个几何体上分布另外一个几何体的运算名称为（　　　）。

    A. 连接   B. 变形   C. 散布   D. 一致

9. 布尔运算中实现合并运算的选项为（　　　）。

    A. 差集（A-B）   B. 切割   C. 交集   D. 并集

10. 在放样时，默认情况下截面图形上的（　　　）放在路径上。

    A. 第一点   B. 中心点   C. 轴心点   D. 最后一点

三、思考题

1. 如何给场景的几何体增加修改器？

2. 如何创建布尔运算对象？

3. 简述放样的基本过程。

4. 如何使用"FFD"修改器建立模型？

5. 如何使用"噪波"修改器建立模型？如何设置"噪波"修改器的动画效果？

6. 什么样的二维图形是合法的放样路径？什么样的二维图形是合法的截面图形？

7. 尝试制作图 5-62 所示的花瓣模型，最后效果可在 Samples-05-08max 文件中查看。

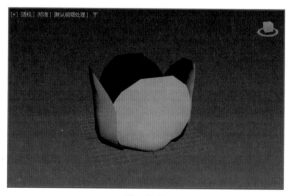

图　5-62

第6章 | 多边形建模

不管是否为游戏建模，优化模型并得到正确的细节都是成功设计产品的关键。模型中不需要的细节也将增加渲染时间。

模型中使用多少细节是合适的呢？这就是建模的艺术性所在，人眼的经验在这里起着重要的作用。如果角色在背景中快速奔跑，或者喷气式飞机在高高的天空快速飞过，那么这样的模型就不需要太多的细节。

本章重点内容：

- 区别 3ds Max 2023 的各种建模工具。
- 使用网格对象的各个次对象层级。
- 理解网格次对象建模和修改器建模的区别。
- 在次对象层级进行正确选择。
- 使用和理解不同的修改器。
- 使用网格平滑和增加细节。

6.1 3ds Max 的表面

在 3ds Max 中建模时，可以选择如下 3 种表面形式之一：

（1）网格。

（2）面片。

（3）NURBS（不均匀有理 B 样条）。

1. 网格

最简单的网格是由空间 3 个离散点定义的面。尽管它很简单，但的确是 3ds Max 中复杂网格的基础。本章后面的部分将介绍网格的各个部分，并详细讨论如何处理网格。

2. 面片

当给对象应用"编辑面片"修改器或者将它们转换成可编辑面片对象时，3ds Max 将几何体转换成一组独立的面片。每个面片由连接边界的 3 个或 4 个点组成，这些点可定义一个表面。

3. NURBS

NURBS 代表不均匀有理 B 样条（Non-Uniform Rational B-Splines）。

不均匀（Non-Uniform）意味着可以给对象上的控制点施加不同的影响，从而产生不规则的表面。

有理（Rational）意味着代表曲线或者表面的等式被表示成两个多项式的比，而不是简单的求和多项式。有理函数可以很好地表示如圆锥、球等重要曲线和曲面模型。

B-Spline（Basis Spline，基本样条线）是一个由 3 个或者多个控制点定义的样条线。这些点不在样条线上，与使用 Line 或者其他标准二维图形工具创建的样条线不同。后者创建的是 Bezier 曲线，它是 B-Splines 的一个特殊形式。

使用 NURBS 就可以用数学定义创建精确的表面。许多现代的汽车设计都是基于 NURBS 来创建平滑和流线型的表面。

6.2　对象和次对象

· · · · · · · · · · ·

3ds Max 的所有场景都是建立在对象的基础上，每个对象又由一些次对象组成。一旦开始编辑对象的组成部分，就不能变换整个对象。

6.2.1　次对象层级

例 6-1：组成 3ds Max 对象的基本部分。

（1）启动或者重置 3ds Max。

（2）单击"创建"命令面板的"球"按钮，在"顶"视口创建一个半径约为 50 个单位的球。

（3）切换到 "修改"命令面板，在"修改器列表"下拉式列表中选择"编辑网格"修改器。现在 3ds Max 认为球是由一组次对象组成的，而不是由参数定义的。

（4）在"修改"命令面板的修改器堆栈显示区域单击 Sphere，如图 6-1 所示。

卷展栏现在恢复到原始状态，命令面板上出现了球的参数。使用 3ds Max 的堆栈可以对对象进行一系列非破坏性的编辑。这就意味着可以随时返回编辑修改的早期状态。

（5）在"顶"视口中右击，然后从弹出的快捷菜单中选择"转换为"|"转换为可编辑网格"命令，如图 6-2 所示。

这时修改器堆栈的显示区域只显示"可编辑网格"。命令面板上的卷展栏类似于编辑网格，球的参数化定义已经丢失，如图 6-3 所示。

图　6-1

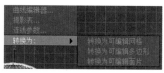
图　6-2

图　6-3

6.2.2　"可编辑网格"与"编辑网格"的比较

"编辑网格"修改器主要用来将标准几何体、Bezier 面片或者 NURBS 曲面转换成可以编辑的网格对象。增加"编辑网格"修改器后就在堆栈的显示区域增加了层，模型仍然保持它的原始属性，并且可以通过在堆栈显示区域选择合适的层来处理对象。

将模型塌陷成"可编辑网格"后，堆栈显示区域只有"可编辑网格"，应用给对象的所有修改器和对象的基本参数都丢失了，只能在网格次对象层级编辑。当完成建模操作后，将模型转换成"可编辑网格"是一个很好的习惯，这样可以大大节省系统资源。如果模型需要输出给实时的游戏引擎，就必须要塌陷成"可编辑网格"。

在后面的练习中将讨论这两种方法的不同之处。

6.2.3 网格次对象层级

一旦对象塌陷成"可编辑网格"或者应用了"编辑网格"修改器，就可以使用下面的次对象层级。

（1）■ 顶点：顶点是空间上的点，它是对象最基本的层次。当移动或者编辑顶点时，它们的面也会受影响。对象形状的任何改变都会导致重新安排顶点。在 3ds Max 中有很多编辑方法，但是最基本的是顶点编辑。移动顶点将会导致几何体形状的变化，如图 6-4 所示。

（2）■ 边：边是一条可见或者不可见的线，它连接两个顶点形成面的边。两个面可以共享一个边，如图 6-5 所示。处理边的方法与处理顶点类似，在网格编辑中经常使用。

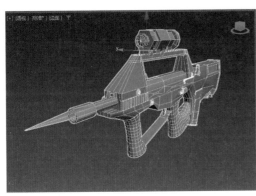

图　6-4

图　6-5

（3）■ 面：面是由 3 个顶点形成的三角形。在没有面的情况下，顶点可以单独存在，但是在没有顶点的情况下，面不能单独存在。在渲染结果中只能看到面，而不能看到顶点和边。面是多边形和元素的最小单位，可以被指定平滑组，以便与相临的面平滑。

（4）■ 多边形：在可见的线框边界内的面形成了多边形。多边形是面编辑的便捷方法。

此外，某些实时渲染引擎常使用多边形，而不是 3ds Max 中的三角形面。

（5）■ 元素：元素是网格对象中一组连续的表面，如茶壶就是由 4 个不同元素组成的几何体，如图 6-6 所示。

当一个独立的对象被使用"附加"选项附加到另外一个对象上后，这两个对象就变成新对象的元素。

例 6-2：在次对象层级工作。

（1）启动 3ds Max，或者在菜单栏选择"文件""重置"命令，将 3ds Max 重置为默认模板。

（2）在菜单栏选择"文件"|"打开"命令，然后在本书的网络资源中打开文件 Samples-06-01.max

（3）在"透视"视口中单击选择枪，如图 6-7 所示。

图　6-6

图　6-7

（4）单击主工具栏的 ✛ "选择并移动"按钮。

（5）在"透视"视口四处移动枪，好像一个对象似的。

（6）单击主工具栏的"撤销"按钮。

（7）在"修改"命令面板单击"选择"卷展栏下面的 ⦂⦂ "顶点"按钮。

（8）在"透视"视口选择枪最前端的点，然后四处移动该顶点，会发现只有一个顶点受变换的影响，如图6-8所示。

（9）按 Ctrl+Z 键取消前面的移动操作。

（10）单击"选择"卷展栏下面的 ◁ "边"按钮。

（11）在透视视口选择枪头顶部的边，然后四处移动它。这时选择的边以及组成边的两个顶点被移动，如图6-9所示。

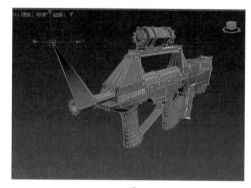

图 6-8

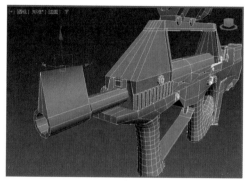

图 6-9

（12）按 Ctrl+Z 键取消对选择边的移动。

（13）单击"选择"卷展栏下面的 ◁ "面"按钮。

（14）在透视视口选择枪头顶部瞄准镜的面，然后四处移动它，这时面及组成面的3个顶点被移动了，如图6-10所示。

（15）按 Ctrl+Z 键撤销对选择面的移动。

（16）单击"选择"卷展栏下面的 ▢ "多边形"按钮。

（17）在透视视口的空白地方单击，取消对面的选择。

（18）在透视视口选择机枪底部的多边形，这次机枪底部的多边形被选择了，如图6-11所示。

图 6-10

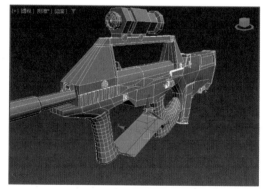

图 6-11

（19）单击"选择"卷展栏下面的 ◈ "元素"按钮。

（20）在透视视口选择机枪尾顶部的边，然后四处移动它，如图6-12所示。由于机枪尾是一个独立的元素，因此它们一起移动。

6.2.4 常用的次对象编辑选项

1. 命名的选择集

无论是在对象层次还是在次对象层级，选择集都是非常有用的工具。因为经常需要编辑同一组顶点，使用选择集后可以给顶点定义一个命名的选择集，这样就可以通过命名的选择集快速选择顶点了。通常在主工具栏中命名选择集。

2. 次对象的背面选项

在次对象层级选择时，经常会选择到几何体另外一面的次对象，这些次对象是不可见的，通常也不是编辑中所需要的。

在 3ds Max 的"选择"卷展栏中勾选"忽略背面"复选框，可以解决这个问题，如图 6-13 所示。

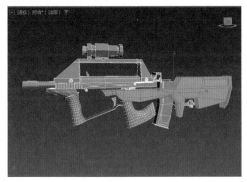

图 6-12

图 6-13

背离激活视口的所有次对象将不会被选择。

6.3 低消耗多边形建模基础

常见的低消耗网格建模的方法是盒子建模。盒子建模技术的流程是首先创建基本的几何体（如盒子），然后将盒子转换成"可编辑网格"，这样就可以在次对象层级处理几何体了。通过变换和拉伸次对象使盒子逐渐接近最终的目标对象。

在次对象层级变换是典型的低消耗多边形建模技术。可以通过移动、旋转和缩放顶点、边和面来改变几何体的模型。

6.3.1 处理面

通常使用"编辑几何体"卷展栏中面的"挤出"和"倒角"来处理表面。可以通过输入数值或者在视口中交互拖曳来创建拉伸或者倒角的效果，如图 6-14 所示。

1. 挤出

增加几何体复杂程度最基本的方法是增加更多的面，挤出就是增加面的一种方法，图 6-15 给出了面拉伸前后的效果。

2. 倒角

倒角首先将面拉伸到需要的高度，然后再缩小或者放大拉伸后

图 6-14

的面，图 6-16 给出了使用倒角后的效果。

3. 助手界面

助手界面是用于"可编辑多边形网格"曲面工具的设置。这些设置用于交互式操作模式，在这种模式下，可以快捷地调整设置并立即在视口中查看结果，可以单击图标█开启此功能，开启后如图 6-17 所示。

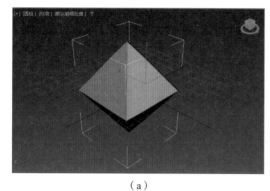
（a）

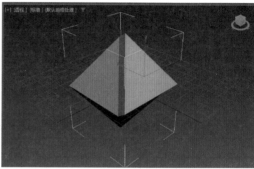
（b）

图　6-15

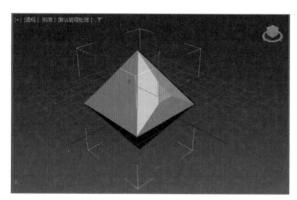

图　6-16

图　6-17

可以使用熟悉的基于鼠标的方法调整助手设置，这些方法包括单击并拖动微调器、下拉式列表和键盘输入。与助手界面进行交互的细节如下。

助手标签在顶部显示为黑色背景白色文本，当鼠标光标不在任何控件上方时，该标签指定功能名称如"倒角"，如图 6-18 所示；当鼠标光标位于控件上方时，该标签将显示控件名称如"高度"，如图 6-19 所示。

助手最初显示在选定的子对象附近。如果更改选择、移动对象或在视口中导航，助手将随之移动。但是，如果在视口中导航时使对象超出其边，助手将留在视口内。要重新定位助手，可以拖动其标题，之后它将留在相对于选择对象的位置。此偏移将应用于所有对象的所有助手。

默认情况下，一个数值控件以按钮形式显示。该按钮包含描述控件的图标以及当前值，如"倒角"助手中的"高度"控件，如图 6-20 所示。

当鼠标光标位于控件上方时，图标变为一对上下箭头，如图 6-21 所示。

这对箭头用于 3ds Max 中的标准微调器控件，上下拖动可减小或增大数值，也可以单击任一箭头以较小的增量更改数值。

注意：在拖动过程中，右击可恢复先前的数值。要增大或减小更改幅度，可分别采用按住Ctrl 键或 Alt 键拖动的方式。另外，还可以右击箭头将数值重置为 0 或合理的默认值，具体取决于控件。

当鼠标光标位于显示值上方时,它将变为文本光标。要使用键盘编辑数值,请单击或双击,然后输入新值。按 Enter 键可完成编辑并接受新值,按 Esc 键取消并退出。

撤销操作(Ctrl+Z 键)通常适用于通过任一方法所做的更改。

表示选项的控件(如"倒角"中的"组""局部法线""按多边形")显示为一个图标,该图标显示活动选项及一个向下箭头,如图 6-22 所示。重复单击该图标,可循环浏览选项。单击箭头,可从列表中选择选项。

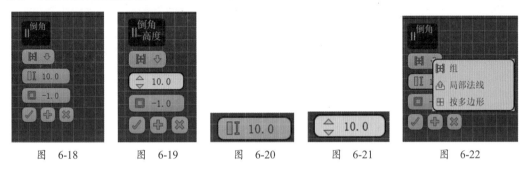

图 6-18　　　图 6-19　　　图 6-20　　　图 6-21　　　图 6-22

选项设置可能带有一些附加控件,这些控件只在某个特定选项处于活动状态时才可用。如图 6-23 所示,"拾取多边形 1"不处于活动状态,此时助手按钮为黑色,但将鼠标放在其上仍可查看空间名称。

有些控件是可以启用或禁用的切换开关,就像标准界面中的复选框。这些控件的助手按钮上有一个复选标记。如果该复选标记框为空方框,则表示开关处于禁用状态,如图 6-24 所示;如果该复选标记显示为对号,则表示开关处于启用状态,如图 6-25 所示。

另一种控件类型是"拾取"按钮,如"沿样条线挤出"中的"拾取样条线"控件。要使用"拾取"按钮,请先单击该按钮 ,这一操作如同在卷展栏上单击"沿样条线挤出"按钮,此按钮会变为蓝色,如图 6-26 所示。要拾取另一个对象,重复以上过程即可。

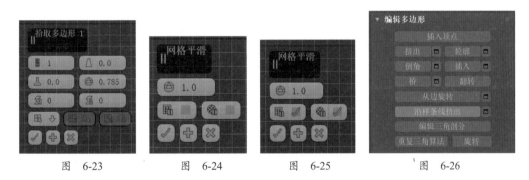

图 6-23　　　图 6-24　　　图 6-25　　　图 6-26

注意:"拾取"按钮可记住当前拾取的每个对象。例如,如果对一个多边形对象使用"沿样条线挤出",然后选择另一个对象,则需要重新拾取样条线;但如果返回第一个多边形对象,仍会拾取之前使用的样条线。

6.3.2　处理边

1. 通过分割边来创建顶点

创建顶点最简单的方法是分割。直接创建完面和多边形后,可以通过分割和细分边来生成顶点。在 3ds Max 中可以创建单独的顶点,但是这些点与网格对象没有关系,如图 6-27 所示。

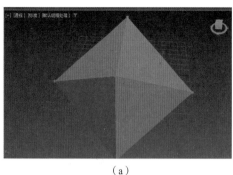

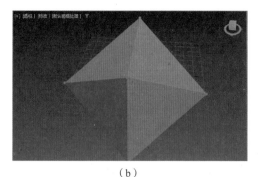

（a）　　　　　　　　　　　　　　　（b）

图　6-27

　　分割边后就生成一个新的顶点和两个边。默认情况下，这两个边是不可见的。如果要编辑一个不可见的边，需要先将它设置为可见的。右击打开"对象属性"对话框，在"显示属性"区域中勾选"仅边"复选框，如图 6-28 所示。

2. 切割边

　　切割边的更精确方法是使用"编辑几何体"卷展栏下面的"切片平面"按钮，如图 6-29 所示，它在切割边的同时也在各个连续的表面上交互绘制新边。

图　6-28　　　　　　　　　　　　图　6-29

6.3.3　处理顶点

　　建立低消耗多边形模型使用的一个重要技术是顶点合并。例如，在人体建模时，通常建立一半模型，然后通过镜像得到另外一半模型。图 6-30 给出了一个处理茶壶顶点的例子，图 6-31 为处理后的样子。

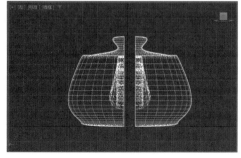

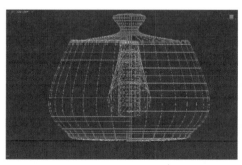

图　6-30　　　　　　　　　　　　　　图　6-31

当采用镜像方式复制茶壶的另外一面时，两侧模型的顶点应该是一样的。可以通过调整位置使两侧面相交部分的顶点重合，选择所有接缝处的顶点，然后单击"选定项"按钮。这样，这些顶点被合并在一起，如图6-32所示。

注意："实例"镜像操作后的对象不能进行焊接操作，因为"实例"镜像后的物体不可附加，如图6-33所示，需要选择镜像操作中的"复制"选项。

图 6-32　　　　　　　　　图 6-33

在"选定项"右边的数值输入区决定能够被合并顶点之间的距离。如果顶点是重合在一起的，那么这个距离可以设置得小一点；如果需要合并的顶点之间的距离较大，那么这个数值需要设置得大一些。

在合并顶点的时候，有时使用"目标"选项要方便些。一旦打开了"目标"选项，就可以通过拖曳的方法合并顶点。

6.3.4　修改可以编辑的网格对象

例6-3：使用面挤出选项。

（1）启动3ds Max 2023，或者在菜单栏选择"文件"|"重置"命令，将3ds Max重置为默认模板。

（2）在菜单栏选择"文件"|"打开"命令，然后从本书的网络资源中打开文件Samples-06-02.max。打开后的场景如图6-34所示。

说明："对象属性"对话框中的"仅边"复选框已经取消勾选，"仅边"的视口属性已经被设置到用户视口。这样的设置可以使对网格对象的观察更清楚些。

（3）在"透视"视口中选择飞机。

（4）在"修改"命令面板，单击"选择"卷展栏的"多边形"按钮。

（5）在"透视"视口选择座舱区域的两个多边形，如图6-35所示。

观察"选择"卷展栏的底部，可以确认选择的面是否正确，这特别适用于次对象的选择，如图6-36所示。

（6）在"编辑多边形"卷展栏将"挤出"的数值改为23 ，选择的面被拉伸了，座舱盖有了大致的形状，如图6-37所示。

（7）单击"选择"卷展栏的 "顶点"按钮。

图 6-34

图 6-35

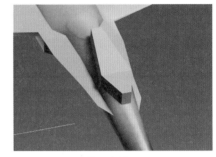

图 6-37

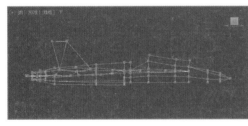

命名选择：

复制　　粘贴

选择了 4 个面

图 6-36

图 6-37

（8）在"前"视口使用区域的方式选择顶部的顶点，如图 6-38 所示。

（9）在"前"视口调整顶点，使其类似于图 6-39 所示。

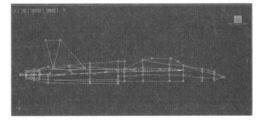

图 6-38

图 6-39

（10）单击主工具栏的 "选择并均匀缩放"按钮。

（11）在"右"视口使用区域的方式选择顶部剩余的两个顶点，如图 6-40（a）所示，并沿着 X 轴缩放它们，直到与图 6-40（b）所示类似为止。现在有了座舱，如图 6-41 所示。

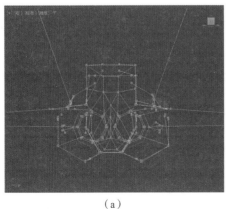

（a）

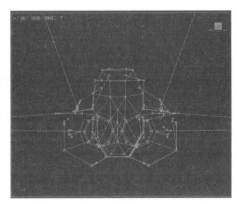

（b）

图 6-40

如果得到的结果与想象的不一样，那么可以在菜单栏选择"文件"|"打开"命令，然后从本书的网络资源中打开文件 Samples-04-02fmax，该文件就是用户最终得到的结果。

6.3.5 反转边

当使用多于 3 个边的多边形建模时，内部边有不同的形式。如一个简单的四边形内部边有两种形式，如图 6-42 所示。

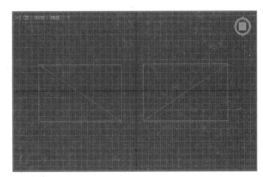

图 6-41   图 6-42

将内部边从一组顶点改变到另外一组顶点称为反转边。图 6-42 所示是一个很简单的图形，因此很容易看清楚内部边。如果在复杂的三维模型上，边界的方向就变得非常重要。图 6-43 所示是被拉伸多边形的正确边界，如果反转了顶部边界，将会得到明显不同的效果，如图 6-44 所示。

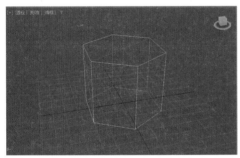
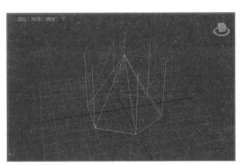

图 6-43   图 6-44

说明：尽管两个图明显不同，但是顶点位置并没有明显改变。

例 6-4：反转边。

（1）继续例 6-3 的练习，或者在菜单栏选择"文件"|"打开"命令，然后从本书网络资源中打开文件 Samples-06-03.max。

（2）单击视口导航控制区域"弧形旋转子对象"按钮。

（3）在"透视"视口绕着机舱旋转视口，会发现机舱两侧是不对称的，如图 6-45 所示。

从图 6-45 中可以看出，长长的小三角形使机舱看起来一个不自然的皱折。在游戏引擎中，这类三角形会出现问题。反转边可以解决这个问题。

（4）在"透视"视口选择飞机。

（5）选择"修改"命令面板，单击"选择"卷展栏的"边"按钮。

（6）单击"编辑几何体"卷展栏中的"改向"按钮。

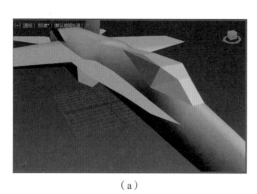
（a）

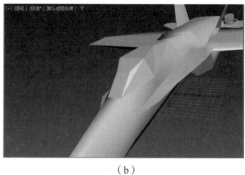
（b）

图　6-45

（7）在"透视"视口选择飞机座舱左侧前半部分的边，如图 6-46 所示。

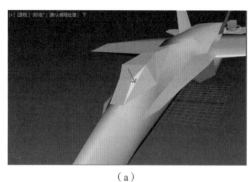
（a）

（b）

图　6-46

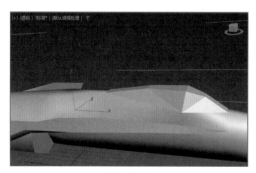

图　6-47

现在座舱看起来好多了，下面来设置右边的边。

在视口导航控制区域选择"弧形旋转子对象"按钮。在透视视口绕着飞机旋转视口，以便观察座舱的右侧。在"改向" 改向 仍然打开的情况下，单击定义座舱后面小三角形的边，如图 6-47 所示。

现在座舱完全对称了。如果得到的结果与想象的不一样，那么可以在菜单栏选择"文件"|"打开"命令，然后从本书的网络资源中打开文件 Samples-06-03.max，该文件就是用户最终得到的结果。

6.3.6 增加和简化几何体

例 6-5：边界细分和合并顶点。

（1）启动 3ds Max 2023，或者在菜单栏选择"文件"|"重置"命令，将 3ds Max 重置为默认模板。

（2）在菜单栏选择"文件"|"打开"命令，然后从本书的网络资源中打开文件 Samples-06-04.max。

（3）在"工具"命令面板单击"更多"按钮。

（4）在"工具"对话框中选择"多边形计数器"选项，然后单击"确定"按钮，如图6-48所示。

（5）在"透视"视口选择飞机。"多边形计数器"对话框显示多边形数是414，如图6-49所示。

图 6-48

图 6-49

（6）在"修改"命令面板的"选择"卷展栏中单击区"边"按钮。

（7）勾选"选择"卷展栏中的"忽略背面"复选框，可避免修改看不到的面。

（8）在"编辑几何体"卷展栏中单击"拆分"按钮。

（9）在"顶"视口中单击图6-50所示的3个边。

新的顶点出现在3个边的中间。

（10）这时"多边形计数器"对话框显示出飞机的多边形数是420。

（11）在"编辑几何体"卷展栏中单击"拆分"按钮关闭它。

（12）在"编辑几何体"卷展栏中单击"改向"按钮。

（13）在"顶"视口反转图6-51中红色的边及与它对称的边。可以看到，尽管增加了3个顶点，但是模型的外观并没有改变。必须通过移动顶点来改变模型。

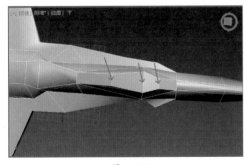

图 6-50

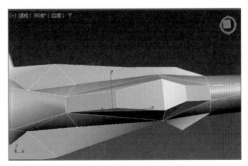

图 6-51

（14）在"编辑几何体"卷展栏单击关闭"改向" 改向 按钮。

下面使用"目标"选项来合并顶点。

（15）在"选择"卷展栏单击"顶点"按钮。

（16）选中图 6-52 所示的一个顶点并右击，在弹出对话框中选择"焊接目标"，如图 6-53 所示，将该顶点拖曳到中心的顶点上。

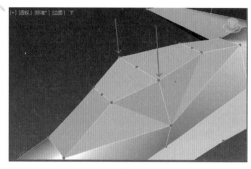

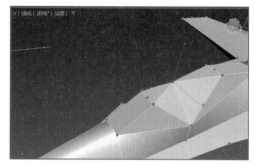

图　6-52　　　　　　　　　　　　　　图　6-53

（17）在另一个顶点上重复此操作，如图 6-53 所示。

技巧：在"前"视口合并顶点要方便一些。

用"目标焊接"合并顶点可以得到准确的结果，但是速度较慢。使用"选定区域"可以快速合并顶点。下面使用"选定区域"合并顶点。

（18）继续前面的练习。在"顶"视口使用区域的方法选择座舱顶的所有顶点，如图 6-54 所示。

（19）在"编辑几何体"卷展栏的"焊接"区将"选定项"的数值改为 20.0。

（20）单击"焊接"区域的"选定项"按钮。一些顶点被合并在一起，座舱盖发生了变化，如图 6-55 所示。

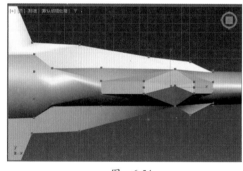

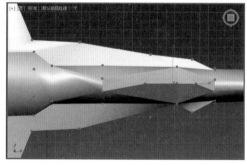

图　6-54　　　　　　　　　　　　　　图　6-55

（21）现在"多边形计数器"对话框显示有 408 个多边形。

如果得到的结果与想象的不一样，可以在菜单栏选择"文件"|"打开"命令，然后从本书的网络资源中打开文件 Samples-06-04f.max，该文件就是用户最终得到的结果。

6.3.7　使用"面挤出"和"倒角"修改器创建推进器的锥体

3ds Max 的重要特征之一就是可以使用多种方法完成同一任务。在下面的练习中，将创建飞机后部推进器的锥体。这次的方法与前面有些不同，前面一直在次对象层级编辑，这次将使用"面挤出"修改器来拉伸面。

增加修改器后堆栈显示区域将会有历史记录，这样即使完成建模后仍可以返回来进行参数化的修改。

例 6-6："面挤出""网格选择"和"编辑网格"修改器。

（1）启动 3ds Max 2023，或者在菜单栏选择"文件""重置"命令，将 3ds Max 重置为默认模板。

（2）在菜单栏选择"文件"|"打开"命令，然后从本书的网络资源中打开文件 Samples-06-05.max。

（3）在"透视"视口选择飞机。

（4）切换至 "修改"命令面板，单击"选择"卷展栏中 "多边形"按钮。

（5）在"透视"视口单击飞机尾部右侧将要生成锥的区域，如图 6-56 所示。

（6）在"修改"命令面板的"修改器列表"中选择"面挤出"修改器。

（7）在"参数"卷展栏将"数量"设置为 20.0，"比例"设置为 80.0，如图 6-57 所示。多边形被从机身拉伸并缩放形成了锥，如图 6-58 所示。

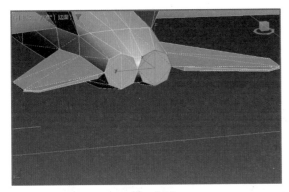

图　6-56　　　　　　　　　　　图　6-57

（8）在"修改器列表"中选择"网格选择"修改器。

（9）在"网格选择参数"卷展栏中单击 "多边形"按钮。

（10）在"透视"视口单击飞机尾部左侧将要生成锥的区域，如图 6-59 所示。

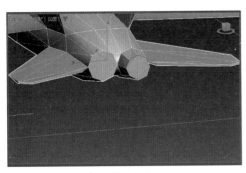

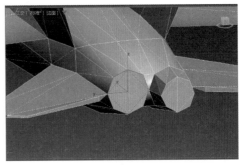

图　6-58　　　　　　　　　　　图　6-59

（11）在修改器堆栈显示区域的"面挤出"修改器上右击，然后从弹出的快捷菜单中选择"复制"命令，如图 6-60 所示。

（12）在修改器堆栈显示区域的"网格选择"修改器上右击，然后从弹出的快捷菜单中选择"粘贴实例"命令。"面挤出"被粘贴在堆栈的显示区域。

如图 6-61 所示，"面挤出"修改器用斜体表示，表明它是关联的修改器。这时的飞机如图 6-62 所示。

图 6-60

图 6-61

从这个操作中可以看到，通过复制修改器可以大大简化操作。

（13）在"修改器列表"中选择"编辑网格"修改器。

（14）单击"选择"卷展栏的 "多边形"按钮。

（15）在"透视"视口选择两个圆锥的末端多边形，如图6-63所示。

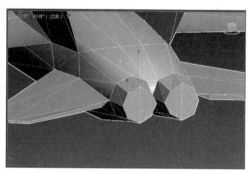

图 6-62

图 6-63

（16）在"编辑几何体"卷展栏将"挤出"设置为 −30，会发现飞机尾部出现了凹陷。

说明：这里最好准确输入 −30 这个数值，如果调整微调器，那么必须以拖动方式将数值调整为 −30，否则可能会产生一组面。

（17）在"编辑几何体"卷展栏将"倒角"数值设置为 −5.0。这样就完成了排气锥的建模，飞机的尾部如图6-64所示。

如果需要改变"面挤出"修改器的数值，可以使用修改器堆栈返回到"面挤出"修改器，然后改变其参数。

（18）在修改器堆栈显示区域选择任何一个"面挤出"修改器，如图6-65所示，然后在出现的"警告"对话框中单击"确定"按钮，如图6-66所示。

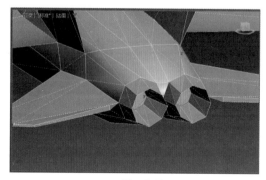

图 6-64

图 6-65

3ds Max 2023 标准教程

156

（19）在命令面板的"参数"卷展栏中将"数量"设置为40.0，"比例"设置为60.0，如图6-67所示。这时的飞机如图6-68所示。

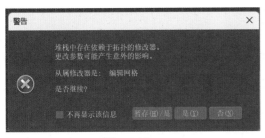

图 6-66

图 6-67

如果得到的结果与想象的不一样，那么可以在菜单栏选择"文件"|"打开"命令，然后从本书的网络资源中打开文件Samples-06-05f.max。该文件就是用户最终得到的结果。

图 6-68

6.3.8 平滑组

平滑组可以融合面之间的边界，产生平滑的表面。它只是一个渲染特性，不改变几何体的面数。通常情况下，3ds Max新创建的几何体都设置了平滑选项，但是使用拉伸方法建立的面没有被指定平滑组，需要人工指定。图6-69所示的飞机没有应用平滑组进行平滑，而图6-70所示的飞机是应用了平滑组进行平滑后的情况。

图 6-69

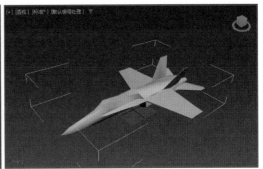

图 6-70

例6-7：使用平滑组。

（1）启动3ds Max 2023，或者在菜单栏选择"文件"|"重置"命令，将3ds Max重置为默认模板。

（2）在菜单栏选择"文件"|"打开"命令，然后从本书的网络资源中打开文件Samples-06-06.max。打开文件后的场景如图6-71所示。这个模型看起来有点奇怪，这是因为所有侧面都被面向同一方向进行处理，即所有多边形都被指定同一个平滑组。

（3）在"透视"视口选择飞机。

（4）在"选择"卷展栏单击 "元素"按钮。

（5）在视口标签上右击，然后在弹出的快捷菜单上选择"边面"命令，这样便于编辑时清楚地观察模型。

（6）在"透视"视口选择两个机翼、两个稳定器、两个方向舵和两个排气锥。

（7）单击"选择"卷展栏的"隐藏"按钮。现在只有机身可见，如图 6-72 所示。

图 6-71　　　　　　　　　　　　　　　　　图 6-72

（8）单击"选择"卷展栏的▣"多边形"按钮。

（9）在视口导航控制区域单击▣"最大化视口切换"按钮，将显示四个视口。

（10）在"透视"视口选择所有座舱罩的多边形，如图 6-73 所示。

（11）在"曲面属性"卷展栏的"平滑组"区域清除 1，然后选择 2，则座舱罩的明暗情况改变了，如图 6-74 所示。

图 6-73　　　　　　　　　　　　　　　图 6-74

（12）在"透视"视口中单击机身外的任何地方，取消对机身的选择。

（13）在"透视"视口的视口标签上右击，然后从弹出的快捷菜单上取消"边面"的选择。现在座舱罩尽管还是平滑的，但是已经可以与机身区分开来，如图 6-75 所示。

如果得到的结果与想象的不一样，那么可以在菜单栏选择"文件"|"打开"命令，然后从本书的网络资源中打开文件 Samples-06-06.max，该文件就是用户最终得到的结果。

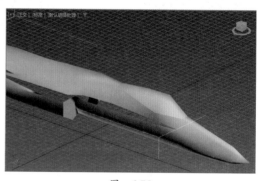

图 6-75

6.3.9　细分表面

即使最后网格很复杂，开始时也最好使用低多边形网格建模。对于电影和视频，通常使用较多的是多边形。这样模型的细节很多，渲染后也比较平滑。将简单模型转换成复杂模型是一件简单的事情，但是反过来却不一样。如果没有优化工具，将复杂多边形模型转换成简单多边形模型就是一件困难的事情。

增加简单多边形网格模型像增加修改器一样简单。可以增加几何体的修改器类型有：

（1）"网格平滑"："网格平滑"修改器通过沿着边和角增加面来平滑几何体。

（2）HSDS（Hierarchal Subdivision Surfaces，表面层级细分）：这个修改器一般作为最终的建模工具，它增加细节并自适应地细化模型。

（3）"细化"：这个修改器可以给选择的面或者整个对象增加面。

这些修改器与平滑组不同，平滑组不增加几何体的复杂度，当然平滑效果也不会比这些修改器好。

例 6-8：平滑简单的多边形模型。

（1）启动 3ds Max 2023，或者在菜单栏选择"文件"|"重置"命令，将 3ds Max 重置为默认模型。

（2）在菜单栏选择"文件"|"打开"命令，然后从本书的网络资源中打开文件 Samples-06-07.max。该文件包含一个简单的人物模型，如图 6-76 所示。

（3）用区域选择选中整个人物模型。

（4）切换至修改命令面板，在"修改器列表"中选择"网格平滑"修改器。可以看到模型平滑了很多，如图 6-77 所示。

注意：此时在"网格平滑"的细分量卷展栏中，"迭代次数"默认为 1。

（5）按 F4 键可以更清晰地观察到平滑效果。

（6）在"网格平滑"的细分量卷展栏中，将"迭代次数"数值改为 2。此时网格变得非常平滑了，如图 6-78 所示。比较使用"网格平滑"修改器平滑前后的模型，可以发现平滑后的模型变得非常细腻平滑。

图　6-76　　　　　　　　　　图　6-77　　　　　　　　　　图　6-78

下面进一步来改进这个模型。

（7）在"局部控制"卷展栏勾选"显示控制网格"复选框，单击■ "顶点"按钮，如图 6-79 所示。

（8）在"透视"视口使用区域选择的方法选择模型肩部的几个点，如图 6-80 所示。

（9）尝试处理一些控制点。当低分辨率的控制点移动时，高分辨率的网格将平滑变形，如图 6-81 所示。

在修改器堆栈显示区域选择"可编辑网格"修改器，可在次对象层级完成该操作。这些选项使盒子建模的功能非常强大。

图　6-79

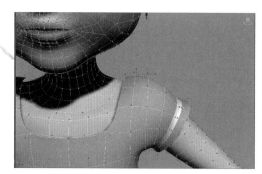

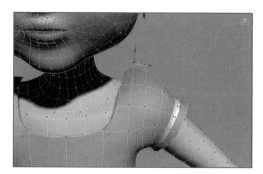

图　6-80　　　　　　　　　　　　　　　　图　6-81

6.4　网格建模创建模型

网格建模是 3ds Max 的重要建模方法。它广泛应用于机械、建筑和游戏等领域，不仅可以建立复杂的模型，而且可以建立简单的模型，计算速度快。下面来说明如何制作足球模型。

例 6-9：足球模型。

（1）启动或者重置 3ds Max。

（2）选择"创建"面板下拉式列表的"扩展几何体"选项，单击命令面板中的"异面体"按钮，在"透视"视口创建一个半径为 1000.0mm 的多面体。

（3）切换到"修改"命令面板，在"异面体"命令面板"参数"卷展栏下选中"系列"区域的"十二面体／二十面体"单选按钮，将"系列参数"区域的 P 值改为 0.36，其他参数不变。

这时多面体如图 6-82 所示，它的面是由 5边形和 6 边形组成，与足球面的构成类似。现在存在的问题是面没有厚度，要给面增加厚度，必须将面先分解。可以使用"编辑网格"或者"可编辑网络"修改器来分解面。

（4）确认选择多面体，给它增加一个"编辑网格"修改器。在命令面板的"选择"卷展栏单击"多边形"按钮，然后在场景中选择所有面。

（5）确认"编辑几何体"卷展栏中"炸开"按钮下面选择了"对象"项，然后单击"炸开"

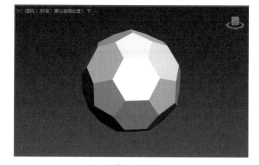

图　6-82

按钮，在弹出的"炸开"对话框中单击"确认"按钮。这样就将球的每个面分解成独立的几何体，如图 6-83 所示。

（6）单击堆栈中的"编辑网格"修改器，返回堆栈的最上层。使用区域选择的方法选择场景中的所有对象，然后给选择的对象增加"网格选择"修改器。

（7）单击"网格选择参数"卷展栏下面的"多边形"按钮，选择场景中所有的面。

（8）给选择的面增加"面挤出"修改器，将"参数"卷展栏中的"数量"设置为 100.0，"比例"设置为 90，如图 6-84 所示。

现在足球的面有了厚度，但是看起来非常硬，不像真正的足球。

（9）给场景中所选择的几何体增加"网格平滑"修改器，将"细分方法"卷展栏下面的"细分方法"改为"四边形输出"，将"参数"卷展栏下面的"平滑参数"中的"强度"改为0.6，其他参数不变。这时足球变得平滑了，如图 6-85 所示。

（10）适当调整足球各面的颜色，最终结果如图6-86所示。

该例子的最后效果保存在本书网络资源的 Samples-06-08.max 文件中。

图　6-83

（a）

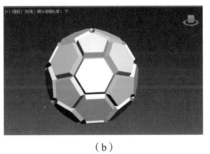

（b）

图　6-84

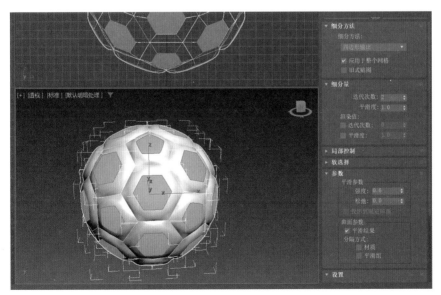

图　6-85

图　6-86

小　结

建模方法非常重要，在这一章中我们已经学习了多边形建模的简单操作，并了解了网格次对象的元素：顶点、边、面、多边形和元素。此外，我们还学习了修改器和变换之间的区别。通过使用如面拉伸、边界细分等技术，可以增加几何体的复杂程度。顶点合并可以减少面数。使用可编辑多边形可以方便地对多边形面进行分割、拉伸，从而创建非常复杂的模型。

习　题

一、判断题

1. "编辑网格"修改器能够访问次对象，但不能给堆栈传递次对象选择集的网格修改器。（　　）

2. "面挤出"是一个动画修改器。它影响传递到堆栈中的面，并沿法线方向拉伸面，建立侧面。（　　）

3. NURBS 是 Non-Uniform Rational Basis Spline 的缩写。（　　）

4. 使用"编辑网格"修改器把节点连接在一起，就一定能够将不封闭的对象封闭起来。（　　）

5. "可编辑网格"类几何体需要通过"可编辑面片"才能转换成 NURBS。（　　）

二、选择题

1. "网格平滑"修改器的（　　）细分方法可以控制节点的权重。

　　A. "经典"　　　　　　B. NURMS　　　　　　C. NURBS　　　　　　D. "四边形输出"

2. （　　）修改器不可以改变几何对象的平滑组。

　　A. "平滑"　　　　　　B. "网格平滑"　　　　C. "编辑网格"　　　　D. "弯曲"

3. 可以使用（　　）修改器改变面的 ID 号。

　　A. "编辑网格"　　　　B. "网格选择"　　　　C. "网格平滑"　　　　D. "编辑样条线"

4. （　　）是编辑网格修改器的选择层次。

　　A. 顶点、边、面、多边形和元素　　　　　　B. 顶点、线段和样条线

　　C. 顶点、边界和面片　　　　　　　　　　　D. 顶点、CV 线和面

5.（　　）修改器能实现分层细分的功能。

    A."编辑网格"　　　　B."编辑面片"　　　　C."网格平滑"　　　　D. HSDS

6.（　　）不能直接转换成 NURBS。

    A. 标准几何体　　　　　　　　　　B. 扩展几何体

    C. 放样几何体　　　　　　　　　　D. 布尔运算得到的几何体

7.（　　）可以将"可编辑网格"对象转换成 NURBS。

    A. 直接转换

    B. 通过"可编辑多边形"

    C. 通过"可编辑面片"

    D. 不能转换

8.（　　）修改器可以将 NURBS 转换成网格（Mesh）。

    A. 编辑网格　　　　B. 编辑面片　　　　C. 编辑样条线　　　　D. 编辑多边形

9.（　　）可以将散布对象转换成 NURBS。

    A. 直接转换

    B. 通过"可编辑多边形"和"可编辑面片"

    C. 通过"可编辑网格"和"可编辑面片"

    D. 通过"可编辑面片"

10.（　　）可以直接转换成 NURBS。

    A. 放样　　　　B. 布尔　　　　C. 散布　　　　D. 变形

三、思考题

1."编辑网格"和"可编辑网格"在用法上有何异同？

2."编辑网格"有哪些次对象层级？

3. 有哪些编辑顶点的常用工具？

4."面挤出"修改器的主要作用是什么？

5."网格选择"修改器的主要作用是什么？

6."网格平滑"修改器的主要作用是什么？

7. HSDS 与"网格平滑"修改器在用法上有什么异同？

8. 尝试制作如图 6-87 所示的花蕊模型，最后效果保存在本书网络资源的 Samples-06-09.max 文件中。

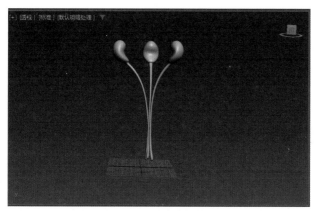

图　6-87

第 7 章 │ 动画和动画技术

本章主要介绍 3ds Max 2023 的基本动画技术和轨迹视图。

本章重点内容：

- 理解关键帧动画的概念。
- 使用轨迹栏编辑关键帧。
- 显示轨迹线。
- 理解基本的动画控制器。
- 使用轨迹视图创建和编辑动画参数。
- 创建对象的链接关系。
- 创建简单的正向运动动画。
- 尝试综合运用约束和链接来制作游龙动画。

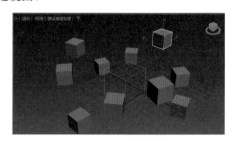

7.1 动 画

动画的传统定义是：逐帧绘制并连续放映的运动图像。这些图像显示的是对象在特定运动中的各种姿势及相应的周围环境，快速播放这些图像，"视觉暂留"原理会使它们快速连续的放映看起来像是一系列光滑流畅的动作。计算机动画计算每对关键帧之间的插值以生成完整的动画。

3ds Max 是一款功能丰富的三维动画软件，其关键帧动画的特点包括多样的插值方式、曲线编辑、变形、路径动画、层次结构和骨骼系统、粒子系统和动力学引擎等，这些使用户能够创建复杂、逼真的动画效果。

7.1.1 关键帧动画的定义、基本控件及制作流程

关键帧动画是一种精妙的动画制作技术，其核心概念在于确定关键时刻的帧，以捕捉动画中的显著事件或重要动作，而将产生的中间帧的工作交由计算机的插值机制来完成。这一方法在动画制作过程中具有高效性，因为动画师只需定义关键帧，无须逐帧绘制每个图像。

以一个简单的平移动画为例，假设一个物体从一个位置移动到另一个位置。在这种场景下，动画师可以设定两个关键帧：一个代表物体的起始位置，另一个代表物体的目标位置。计算机会自动在这两个关键帧之间生成中间帧，使得物体在时间上平滑地从一个位置移动至另一个位置。这样，动画师可以在关注关键动作的同时，通过计算机的辅助，轻松实现动画的连贯流畅。

1. 3ds Max 中的时间控件

动画的帧速率以每秒帧数（FPS）来表示，这在 3ds Max 中代表每秒显示和渲染的帧数。3ds Max 使用内部精度为 1/4800s 来实时存储动画关键帧，因此改变动画的帧速率并不会影响动画计时机制。

（1）主动画控件，如图 7-1 所示。

图 7-1

（2）时间控件：控制当前播放的帧数和更改时间配置，如图 7-2 所示。

（3）关键帧控件：对选定动画对象创建的新动画关键帧、设置默认切线类型和设置关键筛选器，如图 7-3 所示。

图 7-2 图 7-3

（4）时间滑块和轨迹栏，如图 7-4 所示。

图 7-4

2. 插值

3ds Max 支持多种插值方法，如线性插值、贝塞尔插值和样条插值等。这些插值方式允许定义关键帧之间的平滑过渡，以创建自然流畅的动画效果。

线性插值： 线性插值是一种简单直接的插值方法。在线性插值中，动画在关键帧之间的过渡是沿着一条直线进行的，即从一个关键帧值过渡到另一个关键帧值的路径是直线。这种插值方法可以产生简单、直接的过渡效果，但可能不够平滑和自然。

贝塞尔插值： 贝塞尔插值是一种更灵活的插值方法，它允许在关键帧之间调整插值曲线的形状。在贝塞尔插值中，可以为关键帧设置控制点，通过调整这些控制点的位置，可以精细地控制动画的过渡速度和曲线形状，从而创造出更加平滑和定制的动画效果。

样条插值： 样条插值是一种基于曲线的插值方法，可以创建更加光滑和自然的过渡。在样条插值中，关键帧之间的插值曲线由一组控制点和参数化的曲线构成，这些控制点的位置和曲线的形状决定了动画的过渡效果。样条插值与线性插值和贝塞尔插值相比，通常可以产生更流畅的动画效果。

贝塞尔控制器 作为非专用型控制器，能够针对所有动画属性进行应用，其本质是直接对关键帧进行浮点插值。运动捕捉也是非专用型的动画控制器，其本质是将属性参数变化链接到外部设备输入的内容。**约束类的动画控制器** 都是专用型的，只能针对某个特定的动画属性。位置约束仅针对位置，方向 / 朝向约束仅针对旋转。**波形浮点** 是针对某些特定属性的专用型动画控制器，但不是约束器。**贝塞尔和 TCB** 是非专用型动画控制器中使用最广、最基础的动画控制器，可以被应用于所有动画项目，并且只运用它们也足够完成动画制作。除了在 3ds Max 中，在其他动画制作软件中也可以看见贝塞尔和 TCB 的身影。

3. 时间配置

3ds Max 提供了直观的时间轴界面，允许在时间线上放置关键帧以控制对象的动画。读者可以在时间轴上选择和调整关键帧，从而精确控制动画的时序和变化。"时间配置"对话框提供帧速率、时间显示、播放和动画的设置。使用此对话框可以更改动画的长度，或者拉伸或重新缩放动画。还可以使用它来设置活动时间段和动画的开始帧和结束帧。

可以通过状态栏的时间控制区域单击"时间配置"按钮打开。如图 7-5 所示，"时间配置"对话框包含以下几个区域。

帧速率： 包含 4 个选项（图 7-6），分别标记为 NTSC（30 帧 /s）、电影（24 帧 / s）、PAL（25 帧 / s）和自定义可让以每秒帧数（FPS）为单位设置帧速率。前三个单选按钮强制使用该选择的标准 FPS。"自定义"单选按钮可通过调整微调器来指定自己的帧速率。

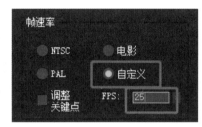

图　7-5　　　　　　　　　　　　　图　7-6

时间显示：指定在时间滑块和整个 3ds Max 中显示时间的方法，分别为帧（以帧为单位）、SMPTE（以 SMPTE 为单位）、帧：TICK（以帧和刻度为单位）、分：秒：TICK（以分钟、秒和刻度为单位），如图 7-7 所示。SMPTE 是电影技术工程师协会的标准，用于测量视频和电视制作的时间。

播放：控制如何在视口中播放动画，可以使用实时播放，也可以指定帧速率。如果机器播放速度跟不上指定的帧速度，那么将丢掉某些帧，如图 7-8 所示。

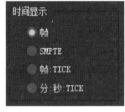

图　7-7　　　　　　　　　　　　　图　7-8

动画：指定激活的时间段，如图 7-9 所示。激活的时间段是可以使用时间滑动块直接访问的帧数。可以在这个区域缩放总帧数。例如，当前的动画有 300 帧，需要将动画变成 500 帧，如果保留原来的关键帧不变，那么就需要缩放时间。

关键帧步幅：控制如何在关键帧之间移动时间滑动块，如图 7-10 所示。

图　7-9　　　　　　　　　　　　　图　7-10

4. 创建关键帧

在 3ds Max 中创建动画可以使用两种基本模式："**自动关键点模式**"和"**设置关键点**"模式。

当"自动关键点"模式打开时，对对象位置、旋转和缩放所做的更改都会自动设置成关键帧（记录）。禁用"自动关键点"后，这些更改将应用到第 0 帧。

在"设置关键点"模式下，可以使用"设置关键点"按钮和"关键点过滤器"为选定对象的各个轨迹创建关键点。与"自动关键点"模式不同，利用"设置关键点"模式可以控制设置关键点的对象以及时间。

5. 播放动画

通常在创建了关键帧后就要观察动画。通过拖曳时间滑块可以观察动画，除此之外，还可以使用时间控制区域的"播放"按钮播放动画。下面介绍时间控制区域（见图7-11）的按钮。

转至开头：单击该按钮后，将时间滑动块移动到当前动画范围的开始帧。如果正在播放动画，那么单击该按钮后动画就停止播放。

上一帧：单击该按钮后，将时间滑动块向前移动一帧。当处于"关键点模式切换"状态时，单击该按钮后，将把时间滑动块移动到选择对象的上一个关键帧。也可以在"转到关键点"区域设置当前帧。

播放动画：用来在激活的视口播放动画。

下一帧：单击该按钮后，将时间滑动块向后移动一帧。当处于"关键点模式切换"状态时，单击该按钮后，将把时间滑动块移动到选择对象的下一个关键帧。

转至结尾：单击该按钮后，将时间滑动块移动到动画范围的末端。

关键点模式切换：启用"关键点模式"可以在动画中的关键帧之间直接跳转。当按下该按钮后，单击"下一帧"和"前一帧"，时间滑动块就在关键帧之间移动。

当前帧输入框（转到帧）："当前帧"显示当前帧的编号或时间，指明时间滑块的位置。也可以在此字段中输入帧编号或时间来转到该帧。

6. 设计动画

作为一个动画师，必须决定要在动画中改变什么，以及在什么时候改变。在开始设计动画之前就需要将一切规划好。设计动画的一个常用工具就是**故事板**。故事板对制作动画非常有帮助，它是一系列草图，描述动画中的关键事件、角色和场景元素。可以按时间顺序创建事件的简单列表。

7. 关键帧动画制作

下面举一个例子，使用前面所讲的知识，设置并编辑飞行器的关键帧动画。

例7-1：飞行器的关键帧动画。

（1）启动3ds Max，选择菜单栏中"文件"|"打开"命令，打开本书网络资源中的Samples-07-01.max文件。该文件中包含了一个飞行器的模型，如图7-12所示。飞行器位于世界坐标系的原点，没有任何动画设置。

| 图　7-11 | 图　7-12 |

（2）拖曳时间滑动块，检查飞行器是否已经设置了动画。

（3）单击"自动关键点"按钮，以便创建关键帧。

（4）在"透视"视口单击选择飞行器。单击主工具栏的 ✛ "选择并移动"按钮。

（5）将时间滑动块移动至第50帧，在状态栏的键盘输入区域的X处键入275.0，如图7-13所示。

图　7-13

（6）单击"自动关键点"按钮，关闭该模式。

（7）在动画控制区域单击"播放动画"按钮，播放动画。在前 50 帧，飞行器沿着 X 轴移动了 275 个单位。第 50 帧后飞行器就停止了运动，这是因为 50 帧以后没有关键帧。

（8）在动画控制区域单击"转至开头"按钮，停止播放动画，并把时间滑动块移动到第 0 帧。

注意观察"轨迹栏"，如图 7-14 所示。在第 0 帧和第 50 帧处创建了两个关键帧。当创建第 50 帧处的关键帧时，自动在第 0 帧创建了关键帧。

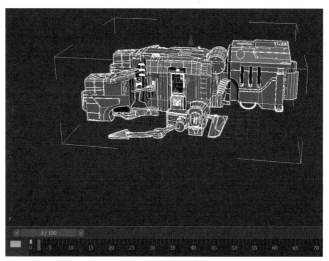

图　7-14

说明：如果没有选择对象，轨迹栏将不显示对象的关键帧。

（9）在前视口的空白地方单击，取消对象的选择。飞行器移动关键帧的动画完成。在动画控制区域单击"播放动画"按钮，播放动画。

7.1.2　编辑关键帧

关键帧由时间和数值两项内容组成。编辑关键帧常常涉及改变时间和数值。3ds Max 提供了几种访问和编辑关键帧的方法。

1. 视口

使用 3ds Max 工作的时候总是需要定义时间。常用的设置当前时间的方法是拖曳时间滑块。当时间滑块放在关键帧之上的时候，对象就被一个白色方框环绕。如果当前时间与关键帧一致，就可以打开动画按钮来改变动画数值。

2. 轨迹栏

轨迹栏位于时间滑块的下面。当一个动画对象被选择后，关键帧以一个红色小矩形显示在轨迹栏中。轨迹栏可以方便地访问和改变关键帧的数值。

3. 运动面板

可以改变关键帧的数值。

4. 轨迹视图

制作动画的主要工作区域。基本上在 3ds Max 中的任何动画都可以通过轨迹视图进行编辑。不管使用哪种方法编辑关键帧，结果都是一样的。下面介绍使用轨迹栏来编辑关键帧。

例 7-2：使用轨迹栏来编辑关键帧。

（1）启动 3ds Max，选择菜单栏中"文件"|"打开"命令，打开网络资源中的 Samples-07-02.max 文件。该文件中包含了一个已经被设置了动画的球，球的动画中有两个关键帧。第 1 个在第 0 帧，第 2 个在第 50 帧。

（2）在"前"视口单击选择球。

（3）在轨迹栏上第 50 帧的关键帧处右击。弹出一个菜单，如图 7-15 所示。

（4）从弹出的菜单上选择"Sphere01：Y 位置"命令，出现"Sphere01：Y 位置"对话框，如图 7-16 所示。

图 7-16 包含如下信息：

● 标记为 1 的区域指明当前的关键帧，这里是第 2 个关键帧。

● 标记为 2 的区域代表第 2 个关键帧所处的时间位置和对应的 Y 轴向位置。

● 标记为 3 的区域中，"输入"和"输出"按钮是关键帧的切线类型，它控制关键帧处动画的平滑程度。后面还要详细介绍切线类型。

（5）关闭"Sphere01：Y 位置"对话框。

（6）在动画控制区域，单击"播放动画"按钮，在激活的视口中播放动画，观察球的运动轨迹。

关键帧对话框也可以用来改变关键帧的时间。

（7）在动画控制区域，单击"停止播放动画"按钮，停止播放动画。在轨迹栏上第 50 帧处右击。

（8）在弹出的菜单上选择"Sphere01：X 位置"命令。

（9）在出现的"Sphere01：X 位置"对话框中向下拖曳"时间"微调器按钮，将时间帧调到 30，如图 7-17 所示。这时对应"Sphere01：X 位置"的关键点移动到了第 30 帧，同时在第 30 帧位置处出现了一个红色的关键点标志。

技巧：也可以直接在时间栏输入要移动的时间位置来设置关键点的移动。

（10）关闭对话框。

（11）在轨迹栏上第 50 帧处右击，如图 7-18 所示。由于"Sphere01：X 位置"的关键点移动到了第 30 帧，所以在第 50 帧处"Sphere01：X 位置"选项消失了。也可以直接在轨迹栏上改变关键帧的位置。

图 7-15

图 7-16

图 7-17

图 7-18

（12）将鼠标光标放在第 30 帧。

（13）单击并向右拖曳关键帧。当将关键帧拖曳的偏离当前位置时，新的位置显示在状态栏上。

（14）将关键帧移动到第 50 帧。

　　说明：拖曳关键帧的时候，关键帧的值保持不变，只改变时间。此外，关键帧偏移的数值只在状态行显示。当释放鼠标后，状态行的显示消失。在轨迹栏中快速复制关键帧的方法是按下 Shift 键后移动关键帧。复制关键帧后增加了一个关键帧，但是两个关键帧的数值仍然是相等的。

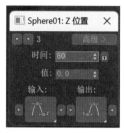

图 7-19

（15）在轨迹栏选择第 50 帧处的关键帧。

（16）按下 Shift 键，将关键帧移动到第 80 帧。将关键帧第 50 帧复制到了第 80 帧。这两个关键帧的数值相等。

（17）在第 80 帧处右击，在弹出的菜单上选择"Sphere01：Z 位置"命令。

（18）在"Sphere01：Z 位置"对话框中，将值设置为 0.0，如图 7-19 所示。第 80 帧是第 3 个关键帧，它显示在关键帧信息区域。

（19）关闭"Sphere01：Z 位置"对话框。

（20）在动画控制区域单击"播放动画"按钮，播放动画。注意观察球运动的轨迹。

7.2　动画技术

　　在例 7-2 中，我们使用轨迹栏调整动画，但是轨迹栏的功能远不如轨迹视图。轨迹视图是非模式对话框，在进行其他工作的时候，它仍然可以打开放在屏幕上。

　　轨迹视图显示场景中所有对象以及它们的参数列表、相应的动画关键帧。它允许单独改变关键帧的数值和它们的时间，也可以同时编辑多个关键帧。使用轨迹视图，可以改变被设置了动画参数的控制器，从而改变 3ds Max 在两个关键帧之间的插值方法。还可以利用轨迹视图改变对象关键帧范围之外的运动特征来产生重复运动。

7.2.1　使用轨迹视图

　　轨迹视图提供两种基于图形的不同编辑器，用于查看和修改场景中的动画数据。另外，可以使用轨迹视图来编辑和管理动画控制器，以便插补或控制场景中对象的所有关键点和参数。

　　轨迹视图使用两种模式："**曲线编辑器**"模式和"**摄影表**"模式。"曲线编辑器"模式将动画显示为功能曲线，而"摄影表"模式将动画显示为包含关键点和范围的电子表格。关键点是带颜色的代码，便于辨认。一些轨迹视图功能（如移动和删除关键点）也可以在时间滑块附近的轨迹栏上进行访问，还可以展开轨迹栏来显示曲线。默认情况下，"曲线编辑器"和"摄影表"命令打开后为浮动窗口，可以将其停靠在界面底部的视口下面，也可以在视口中打开它们。可以命名轨迹视图布局，并将其存储在缓冲区中，供以后重用。轨迹视图布局使用 3ds Max 场景文件存储。

　　轨迹视图的典型用法包括：

（1）显示场景中对象及其参数的列表。

（2）更改关键点的值。

（3）更改关键点的时间。

（4）更改控制器范围。

（5）更改关键点间的插值。

（6）编辑多个关键点的范围。

（7）编辑时间块。

（8）向场景中加入声音。

（9）创建并管理场景的注释。

（10）更改关键点范围外的动画行为。

（11）更改动画参数的控制器。

（12）选择对象、顶点和层次。

（13）在"修改"面板中导航修改器堆栈"轨迹视图层次"中选择"修改器"选项。

注：在轨迹视图中，创建轨迹的目的是用于动画顶点。BezierPoint3 控制器是默认的顶点插值控制器。

1. 访问轨迹视图

可以从"图表编辑器"菜单、四元组菜单或者主工具栏访问"轨迹视图"对话框。这三种方法中的任何一种都可以打开"轨迹视图"对话框，但是它们包含的信息量有所不同。使用四元组菜单可以打开选择对象的"轨迹视图"对话框，这意味着在"轨迹视图"对话框中只显示选择对象的信息。这样可以清楚地调整当前对象的动画。它也可以被另外命名，这样就可以使用菜单栏快速地访问已经命名的"轨迹视图"对话框。

下面就来尝试各种打开"轨迹视图"对话框的方法。

例 7-3：打开"轨迹视图"对话框的方法。

第一种方法：

（1）启动 3ds Max，选择菜单栏"文件"|"打开"命令，打开本书网络资源中的 Samples-07-03.max 文件。这个文件中包含了前面练习中使用的动画球。

（2）选择菜单栏中"图形编辑器"|"轨迹视图 - 曲线编辑器"命令或者"图形编辑器"|"轨迹视图 - 摄影表"命令，如图 7-20 所示。

显示"轨迹视图 - 曲线编辑器"对话框，如图 7-21 所示。

或者"轨迹视图 - 摄影表"对话框，如图 7-22 所示。

（3）单击按钮，关闭对话框。

图 7-20

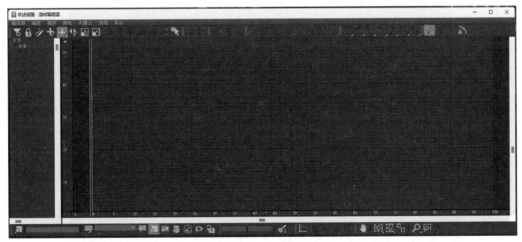

图 7-21

第二种方法：

（1）在主工具栏单击"曲线编辑器"按钮，显示"轨迹视图 - 曲线编辑器"对话框。

（2）单击按钮，关闭"轨迹视图 - 曲线编辑器"对话框。

第三种方法：

图　7-22

（1）在"透视"视口单击选择小球。

（2）在小球上右击，弹出的四元组菜单如图 7-23 所示。选择菜单上"曲线编辑器"命令，显示"轨迹视图–曲线编辑器"对话框。

2. 轨迹视图的工作区

轨迹视图工作台的两个主要部分是"关键点"窗口和"控制器"窗口。

轨迹视图的左侧称为"控制器窗口"，如图 7-24 所示，显示场景中所有元素的"层次"列表。每个对象和环境效果及其关联的可设置动画参数都显示在列表中。从该列表中选择条目可对动画参数更改。可以手动展开或折叠该列表，也可以自动展开它以确定窗口中的显示。

轨迹视图的右侧称为"关键点"窗口，如图 7-24 所示，以图表形式显示随时间对参数应用的变化。"自动关键点"模式启用时，对任何一个参数所做的任何更改都会显示为"轨迹视图"右侧的一个关键点。选择关键点可对一个或多个特定关键点应用更改。

图　7-23

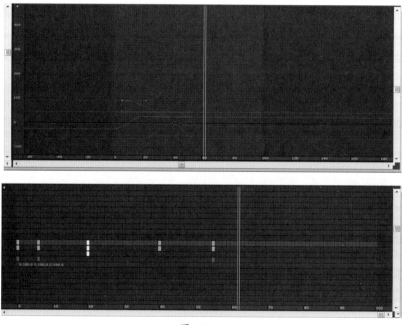

图　7-24

例 7-4：使用轨迹视图。

（1）启动 3ds Max，选择菜单栏中"文件"|"打开"命令，打开网络资源中的 Samples-07-03. max 文件。

（2）单击主工具栏的"曲线编辑器"按钮。

小球是场景中唯一的一个对象，因此层级列表中只显示了小球。

（3）在轨迹视图的层级中单击"Sphere01"左边的加号（+）。

层级列表中显示出了动画的参数，如图7-25所示。

在默认的情况下，轨迹视图处于"曲线编辑器"模式。可以通过菜单栏改变这个模式。

（4）在"轨迹视图"对话框中选择"编辑器"菜单下的"摄影表"命令，如图7-26所示。

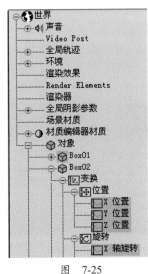

图　7-25

图　7-26

这样"轨迹视图"就变成了"摄影表"模式。

（5）通过单击"Sphere01"左边的加号（+）展开层级列表。

例 7-5：使用编辑窗口。

（1）继续前面的练习。单击"轨迹视图"视图导航控制区域的"框选水平范围"按钮。

（2）在"轨迹视图"的层级列表中单击选择"变换"选项。编辑窗口中的变换轨迹变成了白色，如图7-27所示，表明选择了该轨迹。变换控制器由位置、旋转和缩放3个控制器组成。其中只有位置轨迹被设置了动画。

图　7-27

（3）在"轨迹视图"的层级列表中单击"位置"选项。位置轨迹上有3个关键帧。

（4）在"轨迹视图"的编辑窗口的第2个关键帧上右击。出现"Sphere01\X 位置"或"Sphere01\Y 位置"或"Sphere01\Z 位置"对话框。该对话框与通过轨迹栏得到的对话框相同。

（5）单击按钮，关闭"Sphere01\X 位置"或"Sphere01\Y 位置"或"Sphere01\Z 位置"对话框。

在"轨迹视图"的编辑窗口中可以移动和复制关键帧。

例 7-6：移动和复制关键帧。

（1）在"轨迹视图"的编辑窗口中，将光标放在第 50 帧上。

（2）将第 50 帧拖曳到 40 的位置。

（3）按 Ctrl+Z 键，撤销关键的移动。

（4）按住 Shift 键将第 50 帧处的关键帧拖曳到第 40 帧，这样就复制了关键帧。

（5）按 Ctrl+Z 键，撤销关键帧的复制。

可以通过拖曳范围栏来移动所有动画的关键帧。当场景中有多个对象，而且需要相对于其他对象来改变其中一个对象的时间的时候，这个功能非常有用。

例 7-7：使用范围栏。

（1）进入摄影表模式，单击"轨迹视图"工具栏中"编辑范围"按钮。

"轨迹视图"的编辑区域显示小球动画的范围栏。

（2）在"轨迹视图"的编辑区域，将光标放置在范围栏的最上层（Sphere01 层次）。这时光标的形状发生了改变，表明可左右移动范围栏，如图 7-28 所示。

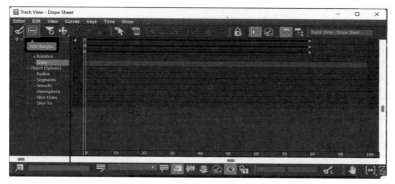

图　7-28

（3）将范围栏的开始处向右拖曳 20。状态栏中显示选择关键帧的新位置，如图 7-29 所示。

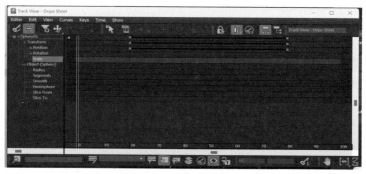

图　7-29

注意：只有当鼠标光标为双箭头的时候才是移动。如果是单箭头，拖曳鼠标的结果就是缩放关键帧的范围。

（4）在动画控制区域单击"播放动画"按钮。茶壶从第 20 帧开始运动。

（5）在动画控制区域单击"停止播放动画"按钮。

（6）在"轨迹视图"的编辑区域，将光标放置在范围栏的最上层（Sphere01 层次）。这时光标的形状发生了改变，表明左右移动范围栏。

（7）将范围栏的开始处向左拖曳 20 帧。这样就将范围栏的起点拖曳到了第 0 帧。要观察两个关键帧之间的运动情况，需要使用曲线。在曲线模式，也可以移动、复制和删除关键帧。

例 7-8：使用曲线模式。

（1）启动 3ds Max，选择菜单栏中"文件"|"打开"命令，打开网络资源中的 Samples-07-03.max 文件。

（2）在"透视"视口单击选择球。

（3）在球上右击。

（4）从弹出的"四元组"菜单上选择"曲线编辑器"命令。打开一个"轨迹视图"窗口，层级列表中只有球。

在曲线模式下，编辑区域的水平方向代表时间，垂直方向代表关键帧的数值。对象沿着 X 轴的变化用红色曲线表示，沿着 Z 轴的变化用绿色曲线表示，沿着 Z 轴的变化用蓝色曲线表示。由于球在 Y 轴方向没有变化，因此蓝色曲线与水平轴重合。

（5）在编辑区域选择代表 X 轴变化的红色曲线上第 80 帧处的关键帧。

代表关键帧的点变成白色的，表明该关键帧被选择了。选择关键帧所在的时间（帧数）和关键的值显示在"轨迹视图"底部的时间区域和数值区域，如图 7-30 所示。

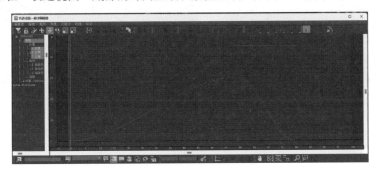

图　7-30

在图 7-30 中，左边的时间区域显示的数值是 80，右边的数值区域显示的数值是 45.000。用户可以在这个区域输入新的数值。

（6）在时间区域键入 60，在数值区域键入 50。

在第 80 帧处的所有关键（X、Y 和 Z 三个轴向）都被移到了第 60。对于现在使用的默认控制器来讲，三个轴向的关键帧必须在同一位置，但是关键帧的数值可以不同。

（7）按住轨迹视图工具栏中的"移动关键帧"按钮。

（8）从弹出的按钮上选择"水平移动"按钮。

（9）在"轨迹视图"的编辑区域，将 X 轴的关键帧从第 60 帧移动到第 80 帧。

由于使用了水平移动工具，因此只能沿着水平方向移动。

例 7-9：轨迹视图的实际应用。

下面举例介绍使用曲线编辑器的对象参数复制功能制作动画，Samples-07-04f.avi 如图 7-31 所示。

（1）启动或者重新设置 3ds Max。单击"系统"按钮，单击"环形阵列"按钮，在"透视"视图中通过拖曳创建一个环形阵列，然后将"半径"设置为 80，"振幅"设置为 30，将"周期"设置为 3，将"相位"设置为 1，将"数量"设置为 10，如图 7-32 和图 7-33 所示。

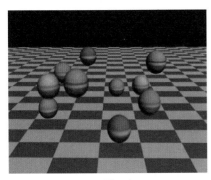

图　7-31

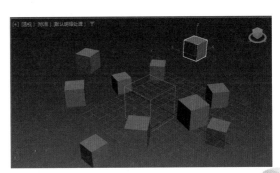

图　7-32

（2）按 N 键，打开"自动关键点"模式。将时间滑动块移动到第 100 帧，将"相位"设置为 5，如图 7-34 所示。

图　7-33　　　　　　　　　　　　图　7-34

（3）单击"播放动画"按钮，播放动画。方块在不停地跳动。

观察完后，单击"停止播放动画"按钮停止播放动画。

（4）再次按 N 键，关闭动画按钮。单击"几何体"按钮，然后单击"球"按钮，在"透视"视图中创建一个半径为 10 的球。球在什么位置没有关系。

（5）单击"曲线编辑器"按钮，打开轨迹视图。逐级打开层级列表，找到"对象"选项并选择它。

（6）右击，在弹出的菜单上选择"复制"命令，见图 7-35。

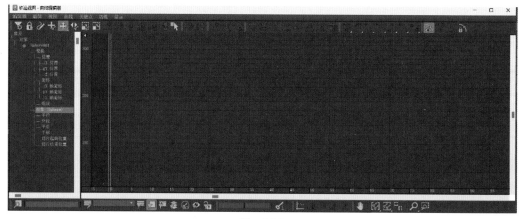

图　7-35

（7）选择场景中的任意一个"立方体"对象，然后逐级打开层级列表，找到并选择它，如图 7-36 中所示。"对象（Box）"。

（8）右击，在弹出的菜单上选择"粘贴"命令，弹出"粘贴"对话框。在"粘贴"对话框中勾选"替换所有实例"复选框，单击"确定"按钮，如图 7-37 所示。

（9）这时场景中的盒子都变成了球体。选择最初创建的小球，删除它。为了实现更为美观的效果，可将各个小球更改外观，这里不再赘述，最终效果如图 7-38 所示。

（10）单击"播放动画"按钮，播放动画。众多颜色各异的小球不停地跳动。观察完后，单击"停止播放动画"按钮停止播放动画。

（11）该例子的最后结果保存在网络资源的文件 Samples-07-04f.max 中。

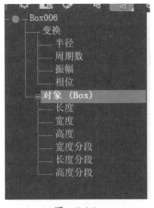

图　7-36　　　　　　　　　　　　　　　图　7-37

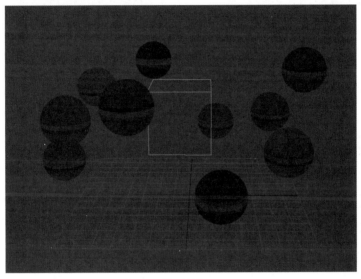

图　7-38

7.2.2　轨迹线

轨迹线是一条对象位置随着时间变化的曲线。曲线上的白色标记代表帧，曲线上的方框代表关键帧。

轨迹线对分析位置动画和调整关键帧的数值非常有用。通过使用"运动"面板上的选项，可以在次对象层级访问关键帧。可以沿着轨迹线移动关键帧，也可以在轨迹线上增加或者删除关键帧。选择菜单栏中的"视图"|"显示关键点时间"命令就可以显示出关键的时间。

需要说明的是，轨迹线只表示位移动画，其他动画类型没有轨迹线。可以用两种方法来显示轨迹线。

（1）单击"对象属性"对话框中的"轨迹"命令。

（2）单击"显示"面板中的"轨迹"按钮。

下面举例说明如何使用轨迹线。

1. 显示轨迹线

例 7-10：显示轨迹线。

（1）启动 3ds Max，选择菜单栏中"文件"|"打开"命令，打开网络资源中的 Samples-07-

05.max 文件。

（2）在动画控制区域单击"播放动画"按钮。球弹跳了 3 次。

（3）在动画控制区域单击"停止播放动画"按钮。

（4）在"透视"视口选择球。

（5）在命令面板中单击按钮▣，进入"显示"面板，在"显示属性"卷展栏勾选"运动路径"复选框，如图 7-39 所示。在"透视"视口中显示了球运动的轨迹线。

（6）拖曳时间滑动块。球沿着轨迹线运动。

2. 显示关键帧的时间

继续前面的练习，点击曲线，选择菜单栏中"视图"|"显示关键点时间"命令，视口中显示了关键帧的帧号，如图 7-40 所示。

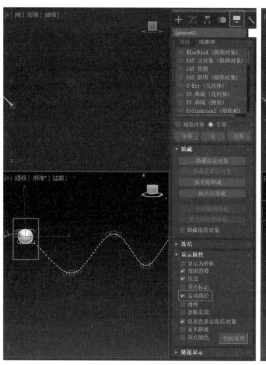

图　7-39

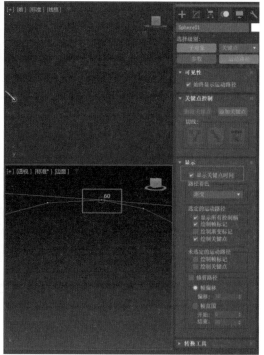

图　7-40

3. 编辑轨迹线

可以从视口中编辑轨迹线，从而改变对象的运动。轨迹线上的关键帧用白色方框表示。通过处理这些方框，可以改变关键帧的数值。只有在运动命令面板的次对象层级才能访问关键帧。

例 7-11：编辑轨迹线。

（1）继续前面的练习，确认球仍然被选择，并且在视口中显示了它的轨迹线。

（2）到运动命令面板的"运动路径"标签单击"子对象"按钮。

（3）在"前"视口使用窗口的选择方法选择顶部的 3 个关键帧。

（4）单击主工具栏的"选择并移动"按钮。在"透视"视口将所选择的关键帧沿着 Z 轴向下移动约 20 个单位。移动结果如图 7-41 所示。在移动时可以观察状态行中的数值来确定移动的距离。

（5）在动画控制区域单击"播放动画"按钮。球按调整后的轨迹线运动。

（6）在动画控制区域单击"停正播放动画"按钮。

（7）在轨迹栏的第 100 处右击。

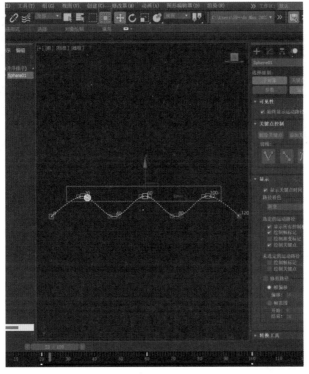

图 7-41

（8）在弹出的快捷菜单中选择"Shere01：Z 位置"命令，显示"Sphere01：Z 位置"对话框，如图 7-42 和图 7-43 所示。

图　7-42

图　7-43

（9）在该对话框将"Z 值"设置为 20。第 6 个关键帧，也就是第 100 帧处的"Z 值"被设置为 20。

（10）关闭"Sphere01：Z 位置"对话框。

4. 增加关键帧和删除关键帧

例 7-12：增加和删除关键帧。

（1）启动 3ds Max，选择菜单栏中"文件""打开"命令，打开网络资源中的 Samples-07-05.max 文件。

（2）在"透视"视口中选择球。到运动命令面板，单击"子对象"按钮。

（3）在"轨迹"卷展栏上单击"添加关键点"按钮。

（4）在"透视"视口中最后两个关键帧之间单击。这样就增加了一个关键帧，如图 7-44 所示。

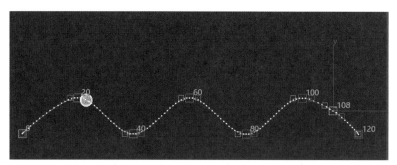

图 7-44

（5）在"关键点控制"卷展栏上再次单击"添加关键点"按钮，关闭它。

（6）单击主工具栏中的"选择并移动"按钮。

（7）在"透视"视口选择新的关键帧，然后将它沿着轴移动一段距离。

（8）在动画控制区域单击"播放动画"按钮。球按调整后的轨迹线运动。

（9）在动画控制区域单击"停止播放动画"按钮。

（10）确认新的关键帧仍然被选择。单击"关键点控制"卷展栏的"删除关键点"按钮，如图 7-45 和图 7-46 所示，选择的关键点被删除。

图 7-45   图 7-46

（11）单击"子对象"按钮，返回到对象层次

（12）单击运动命令面板的"参数"标签，场景中的轨迹线消失了。

5. 轨迹线和关键的应用

本实例实现 DISCREET 几个英文字母按照一定的顺序从地球后飞出的效果。设置动画时，除了使用基本的关键帧动画之外，还使用了轨迹线编辑。

例 7-13：轨迹线和关键帧应用。

（1）启动或者重置 3ds Max，选择菜单栏中"文件"|"打开"命令，打开网络资源中的 Samples-07-06.max 文件，如图 7-47 所示。

（2）在"顶"视口中，选择文字 DISCREET，单击"选择并移动"按钮，将文字移动到球体的后面，并调节使其在"透视"视口中不可见。

（3）将时间滑块拖到第 20，打开"自动关键点"模式。将文字从球体后移动到球体前，并调整其位置。

（4）单击"自动关键点"按钮，关闭动画记录。这时单击"播放动画"按钮在"透视"视图播放动画，可以看到随着时间滑块的移动，字体从球体后出现。

（5）单击"显示"按钮，在"显示属性"卷展栏中勾选"运动路径"复选框，如图 7-48 所示。在视图中会显示文字的运动轨迹，如图 7-49 所示。

图　7-47

图　7-48

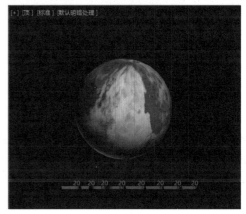

图　7-49

（6）单击"运动"按钮，选择文字"D"，单击"运动路径"按钮，再单击"子对象"按钮，进入子对象编辑，如图 7-50 所示。

（7）单击"添加关键点"按钮，在所选择文字的轨迹线中间单击添加一个关键帧，如图 7-51 所示。

图　7-50

图　7-51

（8）单击"选择并移动"按钮，移动新添加的关键点。用同样的方法修改所有字母的轨迹，最终结果如图 7-52 所示。

注意：在本步骤的操作过程中，一定要先选中文字，再进入子对象，只能在子对象层次中添加并修改关键帧。修改另一个文字时，必须先单击"子对象"按钮，退出子对象编辑层次，然后选中要修改的文字，再进入子对象，添加关键帧。

（9）在界面底部的时间控制区单击"时间配置"按钮，在弹出的对话框中"动画"区域内的"结束时间"中输入 110.单击"确定"按钮。这样就将动画长度设置为 110 帧。

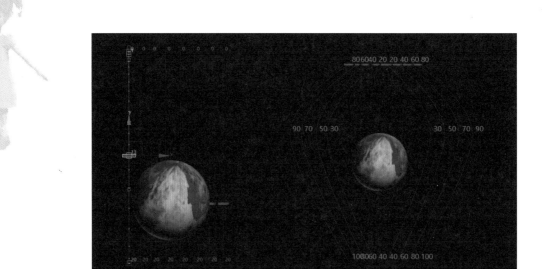

图　7-52

（10）修改每个文字的显示时间。单击"播放动画"按钮播放动画，可以看到所有的文字同时显示。

（11）单击"停止播放动画"按钮，停止播放动画。

（12）在轨迹曲线编辑状态下，按住 Ctrl 键选择字母 C 和 R，在下面的关键帧编辑栏出现 3 个关键帧。选择这 3 个关键帧，同时移动到 20 ～ 40 帧的范围内，如图 7-53 所示。

图　7-53

（13）用同样的方法将字母 S 和第一个字母 E 的关键移动到 40 ～ 60 帧；字母 I 和第二个字母 E 的关键帧移动到 60 ～ 80 帧；字母 D 和 T 的关键帧移动到 80 ～ 100 帧的范围内，如图 7-54 所示。

图　7-54

（14）单击"播放动画"按钮播放动画，这时文字 DISCREET 从球的两边依次出现，如图 7-55 所示是其中的一帧。

图　7-55

（15）最终操作结果见本书网络资源中的文件 Samples-07-06f.max。

7.2.3 改变控制器

3ds Max 中的所有动画都是通过动画控制器执行的，动画控制器的类型决定了插值的算法以及调整方式。它们存储动画键值和程序动画设置，并在动画键值之间进行插值。

每个属性只能有一个控制器，而不同的控制器类型会影响属性的关键帧设置和插值调整。关键帧的参数包括关键帧对应的属性参数，关键帧所在的时间，以及对应的控制器的插值调整参数。属性的控制器会决定"属性"的卷展状态，可被展开的属性（如位置 xyz）无法添加关键帧。然而，如果指定位置为 Bezier 位置，那么就不会出现 x、y、z 属性的卷展选项，而是可以为整个位置属性设置关键帧。在这种情况下，关键帧的属性参数将包括 x、y、z 的参数。

动画控制器有以下类别：

（1）**浮点控制器**：用于对浮点值进行动画处理。

（2）**Point3 控制器**：用于对颜色或 3D 点等三分量值进行动画处理。

（3）**变换控制器**：是最常见的动画控制器，用于移动（位置）、旋转和缩放的动画控制器，也称为变换控制器。尽管 3ds Max 具有许多不同类型的控制器，但大部分动画都由贝塞尔控制器处理。贝塞尔控制器以平滑曲线在关键帧之间进行插值。可以通过轨迹栏或轨迹视图中的键调整这些插值的键插值。通过这种方式，可以控制加速度和其他类型的运动。

（4）**位置 / 旋转 / 缩放控制器**：用于对对象和选择集的常规变换（位置、旋转和缩放）进行动画处理。

（5）**转换脚本控制器**：在一个脚本化矩阵值中包含 PRS 控制器中包含的所有信息。无须使用三个单独的位置、旋转和缩放轨道，而是可以从一个脚本控制器对话框中同时访问三个值。由于转换值由脚本定义，因此更易于动画处理。

（6）**X 参照控制器**：允许从另一个场景文件外部引用任何类型的变换控制器。将此控制器分配给对象时，它会嵌套源控制器，使其只能用于播放。可以单独使用 X 参照控制器，也可以将其与 X 参照对象结合使用。

（7）**MCG 控制器**。

① **MCG Look At 约束**：可以控制对象的方向，使一个轴指向另一个对象或其他对象的加权平均值。使用此选项而不是 Look At 约束来执行一组略有不同的控件，包括将旋转限制为单个世界轴的广告牌选项。

② **MCG 射线到表面位置约束**：可以将对象的位置设置为一个或多个网格表面上的位置，该位置由从另一个对象投射的相交光线确定。如果需要，可以应用曲面的偏移。

③ **MCG 光线到曲面的位置和方向约束**：可以命令应用两个约束，以根据从另一个对象投射到一个或多个网格的光线的交点来设置对象的位置和方向。与 MCG 射线到表面变换约束不同，它不会影响缩放。

④ **MCG 射线到表面变换约束**：可以跟据从另一个对象投射到一个或多个网格上的光线的交点来约束。

⑤ 对象的位置和方向。对象的缩放比例将重置。

⑥ **MCG1 自由度旋转弹簧控制器**：是一种严格的物理约束，它允许物体在有限的范围内（如钟摆）在其局部轴之一上围绕"父"对象旋转。物体仍然可以超出这些限制，但如果超出这些限制，则施加旋转弹簧力将对象推回限制内。

⑦ **MCG3 自由度旋转弹簧控制器**：是一种严格的物理约束，允许物体在有限的范围内围绕所有三个轴上的"父"对象旋转。物体仍然可以超出这些限制，但如果超出这些限制，则施加旋转弹簧力将对象推回限制内。

在 3ds Max 直接使用控制器的两个位置：

（1）**跟踪视图**：控制器在层次结构列表中由各种控制器图标指示。每个控制器都有自己的单独图标。在曲线编辑器或原始图纸模式下，使用轨迹视图，可以查看和使用所有对象和所有参数的控制器。

（2）**运动面板**：包含用于处理转换控制器的特殊工具。"运动"面板包含许多与曲线编辑器相同的控制器功能，以及使用特殊控制器（如 IK 求解器）所需的控件。使用"运动"面板，可以查看和使用单个选定对象的变换控制器。

例 7-14：改变控制器。

位置的默认控制器是"位置 XYZ"。用户也能够改变这个默认的控制器。

（1）启动 3ds Max，选择菜单栏中"文件"|"打开"命令，打开网络资源中的 Samples-07-07.max 文件。

（2）在"透视"视口选择球。

（3）在"透视"视口中的球上右击，从弹出菜单中选择"曲线编辑器"命令。这样就为选择的对象打开了"轨迹视图"对话框，如图 7-56 所示。

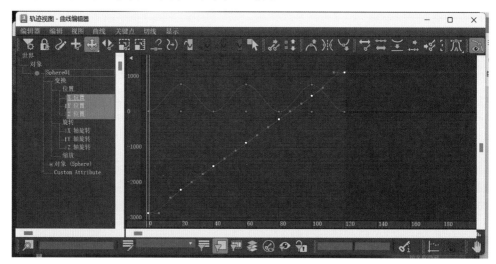

图　7-56

（4）在"轨迹视图"的层级列表区域单击"位置"轨迹。

（5）在"轨迹视图"的"编辑"菜单下选择"控制器"选项中的"指定"命令，这时出现"指定浮点控制器"对话框，如图 7-57 所示。

（6）在"指定浮点控制器"对话框中单击"线性浮点"选项，然后单击"确定"按钮。

"线性位置"控制器在两个关键之间进行线性插值。在通过关键帧时，使用这个控制器的对象的运动不太平滑。使用"线性位置"控制器后，所有插值都是线性的，这时的"轨迹视图"如图 7-58 所示。

（7）关闭"轨迹视图"对话框。

（8）确认球仍然被选择。在激活视口的球上右击，然后在弹出的菜单上选择"对象属性"命令。

（9）在弹出的"对象属性"对话框的"显示属性"区域中勾选"运动路径"复选框，然后单击确定按钮。"透视"视口中显示出了轨迹线，如图 7-59 所示。轨迹线变成了折线。

图　7-57

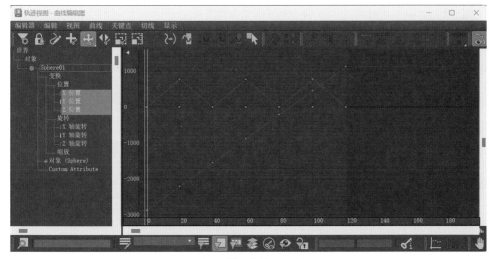

图　7-58

7.2.4　约束

除了控制器之外，3ds Max 还可以使用约束进行动画处理。约束需要一个动画对象和至少一个目标对象。**目标对受约束的对象施加特定的动画限制**。例如，若要快速对沿预定义路径飞行的飞机进行动画处理，可以使用路径约束将飞机的运动限制为样条曲线。可以使用关键帧动画在一段时间内切换约束与其目标的绑定关系。约束包括：附着、曲面、路径、位置、链接、注视和方向，如图 7-60 所示。

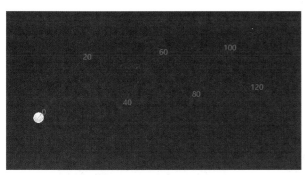

图　7-59

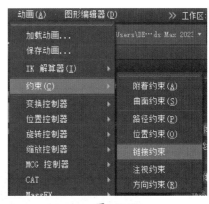

图　7-60

约束的常见用途包括：

（1）在一段时间内将一个对象链接到另一个对象，如角色的手拿起棒球棒。

（2）将对象的位置或旋转链接到一个或多个对象，如一个机器人角色，想要控制它的手臂紧密跟随一只移动的球。

（3）将对象的位置保持在两个或多个对象之间，如一个相机，需要始终位于两个运动物体之间以拍摄它们的互动。

（4）沿路径或多个路径约束对象，如一个车辆沿着曲线路径移动。

（5）将对象约束到曲面，如在一个弯曲的墙壁上放置一张海报，将海报对象约束到墙壁的表面，以确保它始终与墙壁保持接触。

（6）使一个对象指向另一个对象，如应用于头部骨骼，可以使头部始终朝向目标对象，无论目标如何移动。

（7）保持一个对象相对于另一个对象的方向，如一个飞行的无人机，希望它的相机始终朝向机身的前方，以拍摄前方的景象。

3ds Max 中的约束类型包括：

（1）**附着约束**：是一种位置约束，它将对象的位置附加到另一个对象上的面（目标对象不必是网格，但必须可转换为网格），使对象跟着另一个对象运动。

（2）**链接约束**：使对象继承其目标对象的位置、旋转和缩放。实际上，它允许对层次结构关系进行动画处理，以便在整个动画中，场景中的不同对象可以控制应用链接约束的对象的运动。

（3）**注视约束**：控制对象的方向，以便它始终查看另一个对象或多个对象。它锁定对象的旋转，以便其轴之一指向目标对象或目标位置的加权平均值。其轴指向目标，而上节点轴定义哪个轴指向上方。如果两者重合，则可能导致翻转行为。这类似于将目标摄像机笔直指向上方。

（4）**方向约束**：使对象的方向遵循目标对象的方向或多个目标对象的平均方向。

（5）**路径约束**：限制对象沿样条曲线的移动或多个样条之间的平均距离移动。

（6）**位置约束**：使对象跟随目标对象的位置或多个对象的加权平均位置。

（7）**曲面约束**：将一个对象限制为另一个对象的曲面。它的控件包括 U 和 V 位置设置以及对齐选项。

7.2.5 切线类型

默认的插值类型可以确保在关键帧处物体的运动保持平滑。就位置和缩放轨迹而言，预设的控制器分别为"Euler XYZ"和"Bezier 缩放"。倘若采用 Bezier 控制器，能够定制每个关键帧点的切线类型。

切线类型被运用于控制动画曲线在关键帧处的切线方向。就图 7-61 所示，该曲线呈现了一个对象在 0 至 100 帧范围内沿 Z 方向位置变化的情景。通过 Bezier 位置控制器，决定曲线的形状。在此图中，时间被映射在水平方向，而对象在垂直方向的运动则体现在垂直方向上。

在第 2 个关键帧处，物体并不直接从第 2 关键帧移动至第 3 关键帧，而是首先向下运动，然后再向上运动，以确保在第 2 关键帧位置的运动是平滑的。然而，有时也许希望实现不同的运动方式，比如期望在关键帧位置实现平滑的过渡。这种情况下，功能曲线的方向会突然变化，如图 7-62 所示。

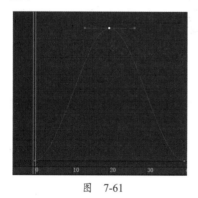
图 7-61

图 7-62

关键帧处的切线类型决定了曲线的特征。实际上，每个关键帧处都有两个切线控制方式：一个用于控制进入关键帧时的切线方向，另一个用于控制离开关键帧时的切线方向。通过混合不同的切线类型，能够实现如下效果：平滑地进入关键帧，以及突然地离开关键帧，如图7-63所示。

1. 可以使用的切线类型

要改变切线类型，需要使用关键帧信息对话框。3ds Max中可以使用的切线类型有如下几种：

"平滑"：默认的切线类型。该切线类型可使曲线在进出关键帧的时候有相同的切线方向。

"线性"：该切线类型可调整切线方向，使其指向前一个关键帧或者后一个关键帧。如果在输入处设置了线性选项，就使切线方向指向前一个关键帧；如果在输出处设置线性选项，就使切线方向指向后一个关键帧。要使曲线上两个关键帧之间的线变成直线，必须将关键帧两侧的"输入"和"输出"都设置成"线性"。

"阶梯式"：该切线类型引起关键帧数值的突变。

"慢速"：该切线类型使邻接关键帧处的切线方向慢速改变。

"快速"：该切线类型使邻接关键帧处的切线方向快速改变。

"样条线"：该切线类型是最灵活的选项。它提供一个Bezier控制句柄来任意调整切线的方向，在功能曲线模式中该切线类型非常有用。可以使用切线句柄调整切线的长度。如果切线长度较长，那么曲线将较长时间保持切线的方向。

自动：自动将切线设置成平直切线。选择自动切线的控制句柄后，就将其转换为"自定义"类型。在关键帧信息对话框的"输入"和"输出"按钮两侧，各有两个小的箭头按钮，这些按钮可以向左或向右复制切线类型，如图7-64所示。

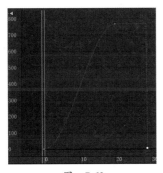

图　7-63

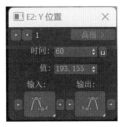

图　7-64

2. 改变切线类型

例7-15：改变茶壶运动轨迹的切线类型。

（1）启动3ds Max，选择菜单栏中"文件"|"打开"命令，打开网络资源中的Samples-07-08.max文件。

（2）在动画控制区域单击"播放动画"按钮。当球通过第60帧处的关键帧时达到最大高度，然后再渐渐地向下回落。

（3）在动画控制区域单击"停止播放动画"按钮。

（4）在"透视"视口选择茶壶，使轨迹栏中显示出动画关键帧。

（5）在茶壶上右击，然后在弹出的菜单上选择"对象属性"命令。

（6）在出现的"对象属性"对话框的"显示属性"区域中，勾选"运动路径"复选框，然后单击"确定"按钮。

（7）在"轨迹栏"上第60帧的关键处右击，在弹出的快捷菜单上选择"Teapot01：位置"命令。

（8）将"Teapot01：位置"对话框移动到窗口右上角，以便清楚地观察轨迹线，如图7-65所示。

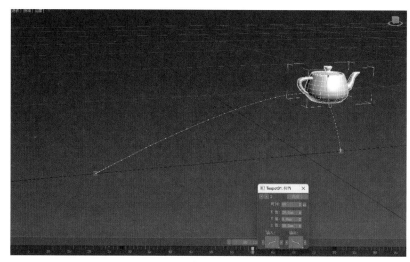

图 7-65

（9）在"Teapot01：位置"对话框中单击"输出"按钮，显示出可以使用的切线类型。

（10）选择"切线"类型。

（11）单击"输入"按钮，选择"切线"类型。

这时的轨迹线变为切线。"切线"类型使切线方向指向前一个或者后一个关键帧，可以看到两个关键帧之间的轨迹线还不是直线。这是因为第 1 个和第 3 个关键帧使用的仍然不是"切线类型。

（12）单击"Teapot01：位置"关键信息对话框左上角向右的箭头，到第 3 个关键帧，也就是第 80 帧处。

（13）将"输入"切线类型设置为"切线"。现在第 2 个和第 3 个关键帧之间的轨迹线变成了线性的。

（14）在"Teapot01：位置"对话框中，单击左上角向左的箭头，到第 2 个关键帧，也就是第 60 帧处。

（15）在"Teapot01：位置"对话框中，单击"输入"切线左边向左的箭头。说明："输入"和"输出"按钮两侧的箭头按钮是用来前后复制切线类型的。

第 2 个关键帧的进入切线类型被复制到第 1 个关键帧的输出切线类型上，这样第 1 个关键帧和第 2 个关键帧之间的轨迹线变成了直线，如图 7-66 所示。

（16）在动画控制区域单击"播放动画"按钮。球在两个关键帧之间按直线运动。

（17）在动画控制区域单击"停止播放动画"按钮。

例 7-16：字母"X"的翻滚效果。

下面通过一个例子来熟悉"曲线编辑器"的使用。

本例子是制作一个字母"X"在地上翻滚的效果，图 7-60 是其翻滚动画中的一帧。这个例子的模型和材质都很简单，使用的关键帧技术也不复杂。在这个例子中使用了"曲线编辑器"的技

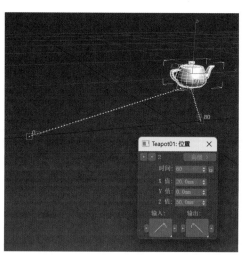

图 7-66

巧。如果不使用"曲线编辑器"，那么几乎不可能完成这个动画。如果能熟练地完成这个动画，那么也就对"曲线编辑器"有了比较深刻的了解。因此，在学习本练习的时候，不要仅仅将注意力集中在完成动画上，而应去深刻理解如何使用"曲线编辑器"的功能。

这个例子需要的模型、材质及字母的生长动画已经设置好了。下面只需要设置字母翻跟头的动画效果。

（1）启动或者重置 3ds Max。从网络资源中打开文件 Samples-07-09.max，场景如图 7-67所示。

（2）设置弯曲的动画。选择字母对象。

（3）单击进入"修改"面板，给字母增加"弯曲"修改器，"弯曲"参数卷展栏出现在命令面板。将面板中的"角度"值设置为 180°，"方向"设置为 90°，"弯曲轴"设置为 Y。字母弯曲后的场景如图 7-68 所示。

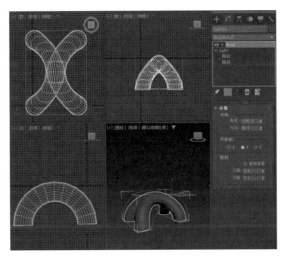

图　7-67　　　　　　　　　　　　　　　　图　7-68

（4）单击"自动关键点"按钮，将时间滑块移动到第 20，然后在"弯曲"参数卷展栏中将"弯曲"参数的"角度"改为 180°。

（5）将时间滑块移动到第 20 帧，单击主工具栏的"选择并移动"按钮，在"左"视图中，沿 X 轴将字母的一端移动至另一端，如图 7-69 所示。

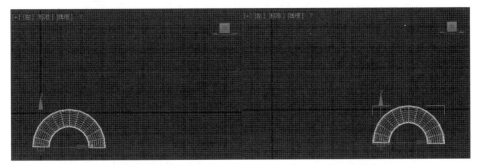

（a）移动前　　　　　　　　　　　　（b）移动后

图　7-69

（6）将弯曲修改器"方向"的数值改为 270°，该操作也可以单击"角度捕捉变换"按钮（或者按 A 键）打开角度锁定，利用主工具栏中的"选择并旋转"按钮，沿 Y 轴，将字母旋转 180°。

（7）单击"播放动画"按钮开始播放动画。

（8）单击"停止播放动画"按钮停止播放动画。

现在的动画看起来很乱，不要紧张，没有做错。下面我们就开始在"曲线编辑器"中调整。

（9）单击主工具栏中的"曲线编辑器"按钮，打开"曲线编辑器"。

单击"对象"前面的"+"号，出现Lot01。单击Loft01前面的"+"号出现"变换""修改对象"选项等。

（10）依次单击"变换"前面的"+"号和"修改对象"前面的"+"号，逐级展开，直到"变换"和"修改对象"下面的子项没有"+"号为止。

（11）单击"位置"标签，然后用鼠标框选曲线编辑器编辑窗口内代表X轴上物体运动轨迹的红线上的第一个关键，右击，出现"Loft01位置"对话框，单击"输入"和"输出"选项按钮，选择"阶梯曲线"。

（12）修改第二个关键帧处的功能曲线。单击数字1左边向右的箭头，到第二个关键帧，单击"输入"和"输出"按钮，选择"阶梯曲线"，如图7-70所示。

（13）修改曲线。单击"修改对象"下面的"弯曲"标签，出现关于方向改变的曲线。曲线上有两个关键帧。在第一个关键帧，右击，出现"Loft01方向"对话框。单击"输入"和"输出"按钮，选择"阶梯曲线"。将关键帧1改为"阶梯曲线"，如图7-71所示。

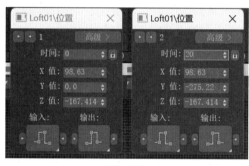

图 7-70

图 7-71

（14）单击数字1左边向右的箭头，到第二个关键帧，单击"输入"和"输出"按钮，选择"阶梯曲线"。

（15）这时的曲线如图7-72所示。

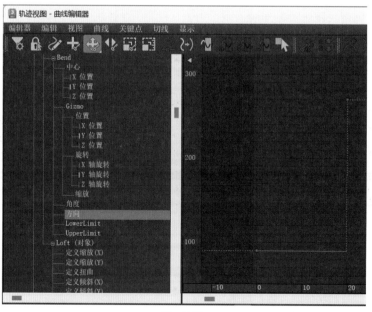

图 7-72

说明：曲线和控制器是 3ds Max 中的重要概念。使用它们可以使许多复杂动画设置变得非常简单。在这个例子中，可以直接在视图中旋转字母，但是，那样设置操作相对复杂。此外，如果要使用曲线编辑器设置对象旋转的动画，那么最好使用 Euler XYZ 控制器。

（16）设置运动的扩展。单击"位置"标签，在菜单栏里选择"编辑"命令，然后选择"控制器"中的"参数曲线超出范围类型"按钮，将出现"参数曲线超出范围类型"对话框，如图 7-73 所示。

（17）单击"相对重复"类型，然后单击"确定"按钮。

（18）单击使用"框显水平范围"按钮和"缩放"工具，增大曲线显示区域。同样，将"相对重复"类型应用到"弯曲"的方向设置，这时的曲线轨迹如图 7-74 所示。

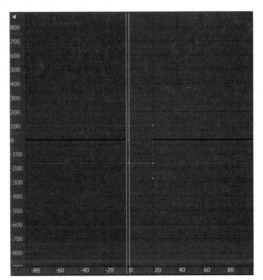

图　7-73　　　　　　　　　　图　7-74

（19）设置弯曲角度的动画。单击弯曲下方的角度，在菜单栏里选择"编辑"命令，然后选择"控制器"中的"参数曲线超出范围类型"按钮，在出现的对话框中选择"往复"类型，然后单击"确定"按钮。这时的功能曲线如图 7-75 所示。

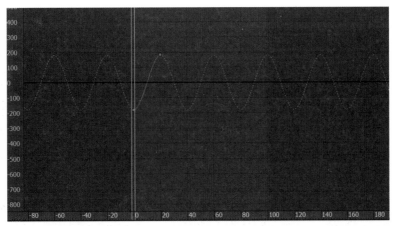

图　7-75

（20）单击"播放动画"按钮，开始播放动画，字母"X"自然地翻滚运动。单击"停止播放动画"按钮停止播放动画。

（21）该例子的最后结果保存在网络资源的文件 Samples-07-09f.max 中。

7.2.6 轴心点

轴心点是对象局部坐标系的原点。轴心点与对象的旋转、缩放以及链接密切相关。3ds Max 提供了几种方法来设置对象轴心点的位置方向。可以在保持对象不动的情况下移动轴心点，也可以在保持轴心点不动的情况下移动对象。改变了轴心点位置后也可以使用 Reset 工具将它恢复到原来的位置。

改变轴心点的工具在"层次"面板下。通过下面的练习，将学习怎样改变轴心点的位置，并观察轴心点位置的改变对变换的影响。

例 7-17：轴心点。

（1）启动 3ds Max，选择菜单栏中"文件"|"打开"命令，打开网络资源中的 Samples-07-10.max 文件。

场景中包含一个简单的对象，该对象的名字是 Bar，它的轴心点在对象的轴心，与世界坐标系的原点重合。

（2）单击主工具栏上的"选择并旋转"按钮。

（3）在主工具栏将参考坐标系设置为局部坐标系，如图 7-76 所示。

（4）在"透视"视口单击选择 Bar，然后绕 Z 轴旋转（注意，不要释放鼠标左键）。该对象绕轴心点旋转。

（5）在不释放鼠标左键的情况下右击，取消旋转。如果已经旋转了对象，可以使用"编辑"菜单栏下面的"撤销"命令撤销旋转。

（6）让对象绕 X 轴和 Y 轴旋转，然后右击取消旋转操作。对象仍然绕轴心点旋转。下面调整轴心点。

（7）在"顶"视口右击，激活它。

（8）单击视图导航控制区域的"最小/最大化视口"按钮，将"顶"视口切换到最大化显示。

（9）转到"层次"命令面板，如图 7-77 所示。

"层次"命令面板被分成了 3 个按钮，它们是"轴"、IK 和"链接信息"，单击任何一个按钮都会使下方的卷展栏上移并打开。下面将讲解"轴"按钮对应的卷展栏。

（10）单击"调整轴"卷展栏的"仅影响轴"按钮。现在可以访问并调整对象的轴心点。

（11）单击主工具栏上的"选择并移动"按钮。

（12）在"顶"视口将轴心点向下移动，移到对象底部的中心，如图 7-78 所示。

图 7-76

图 7-77

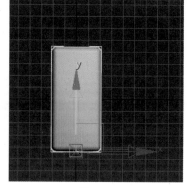

图 7-78

（13）单击"调整轴"卷展栏的"仅影响轴"按钮，关闭它。

（14）单击视图导航控制区域的"最小/最大化视口"按钮，切换成四个视口显示方式。

（15）单击主工具栏上的"选择并旋转"按钮。

（16）在"透视"视口绕 Z 轴旋转 Bar（注意，不要释放鼠标左键）。该对象绕新的轴心点旋转。

（17）在不释放鼠标左键的情况下右击，取消旋转操作。

（18）让对象绕 X 轴和 Y 轴旋转，然后右击取消旋转操作。

7.2.7 对象层次结构和动力学

在 3ds Max 中，可以在对象之间创建父子关系。在默认的情况下，子对象继承父对象的运动，但是这种继承关系也可以被取消。

对象的链接可以简化动画的制作。一组链接的对象被称为连接层级，或称为运动学链。一个对象只能有一个父对象，但是一个父对象可以有多个子对象。

链接对象的工具在主工具栏中。链接对象的时候需要先选择子对象，再选择父对象。链接完对象后，可以使用"选择对象"对话框来检查链接关系。在"选择对象"对话框的对象名列表区域，父对象在顶层，子对象的名称一级级地向右缩进。

1. 使用正向运动学链接对象

在 3ds Max 中，可以运用**正向和反向运动学链接**的方法，将分层动画的对象建立关联。这种技术使得能够创建更为复杂的动画效果，通过控制不同层级的对象之间的相互作用，呈现出更丰富和逼真的动态场景。无论是构建复杂的人物动作还是仿真复杂的机械结构，正向和反向运动学链接都提供了一种强大的工具，用以精细地掌控动画元素的行为和变化。

2. 使用反向运动学（IK）链接对象

IK 即反向动力学，它的作用是从接触点反向运算之前的父关节位置。IK 解算器会给每个子对象（每个顶点）都创建出一个虚拟体，从而通过虚拟体来控制顶点。

通过层次—链接信息，我们可以绑定 / 解绑父子关系的继承性，以及对物体进行约束 / 变换锁定。

例 7-18：创建链接关系。

（1）启动 3ds Max，选择菜单栏中"文件"|"打开"命令，打开网络资源中的 Samples-07-11.max 文件。场景中包含两对需要链接的对象，如图 7-79 所示。其中名字是"Shang bi left"和"Shang bi right"的蓝色对象分别是名字为"Qian bi left"和"Qian bi right"的橙色对象的父对象。

（2）单击主工具栏上的"选择并旋转"按钮。

（3）按 H 键，打开"从场景选择"对话框。

（4）在"从场景选择"对话框中，单击对象名列表区域，然后单击 Select 按钮。

（5）绕任意轴旋转"Shang bi left"，这时"Qian bi left"不跟着旋转。

（6）选择菜单栏中"编辑"|"撤销"命令，撤销旋转操作。

（7）单击主工具栏上的"选择并链接"按钮。

说明：要断开对象之间的链接关系，可使用"断开当前选择链接"按钮。

（8）在"透视"视口中单击"Qian bi left"，拖曳到"Shang bi left"，释放鼠标左键，完成链接操作。下面我们使用"选择对象"对话框检查链接的结果。

（9）单击主工具栏上的"选择对象"按钮。

（10）确认没有选择任何对象，按 H 键，打开"从场景选择"对话框。

（11）在"从场景选择"对话框中选择"显示"|"显示子对象"命令。这时的"从场景选择"对话框结构如图 7-80 所示。图中的结构说明，创建过链接关系的"Qian bi left"是"Shang bi left"的子对象，而未创建链接关系的"Qian bi right"和"Shang bi right"是并列关系。

（12）在"从场景选择"对话框中单击"取消"按钮，关闭该对话框。

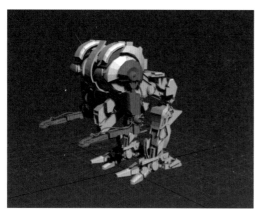

图　7-79　　　　　　　　　　　　　　　　图　7-80

下面测试链接关系是否正确。

（13）单击主工具栏上的"选择并旋转"按钮。

（14）按 H 键，打开"从场景选择"对话框。在"从场景选择"对话框单击对象名列表区域的"Shang bi left"选项，然后单击"确定"按钮。

（15）绕 Z 轴随意旋转"Shang bi left"，这时"Qian bi left"一起跟着旋转。

（16）单击主工具栏上的"选择并移动"按钮。

（17）在"透视"视口沿着 X 轴将"Shang bi left"移动一段距离，"Qian bi left"也跟着移动。

（18）按 Ctrl+Z 组合键两次，撤销应用到"Shang bi left"的变换。

（19）在"透视"视口选择"Qian bi left"。

（20）单击主工具栏上的"选择并旋转"按钮，然后右击，打开"旋转变换输入"对话框。

（21）在"旋转变换输入"对话框中将"偏移"部分的 Z 数值改为 30。

"Shang bi left"不跟着"Qian bi left"旋转，即对子对象的操作不影响父对象。以同样的步骤完成第二对链接对象"Shang bi right"和"Qian bi right"的创建链接关系的操作。

例 7-19：制作游龙动画（约束及链接关系应用）。

（1）启动 3ds Max，或者选择菜单栏"文件"|"重置"命令，将 3ds Max 重置为默认模板。选择菜单栏中"文件"|"打开"命令，打开网络资源中的 Samples-07-12.max 文件，如图 7-81 所示。

图　7-81

提示：如果模型是白模，丢失了材质，那么需要打开精简材质编辑器重新链接材质。这条龙的材质一共有两部分，分别是"龙贴图.psd"和"龙毛发.psd"，如图7-82所示。

打开材质编辑器中的贴图，向第一个材质球的漫反射颜色的位图中贴入龙贴图.psd文件，如图7-83所示。

同样的做法向第二个材质球的漫反射颜色的位图贴入龙毛发.psd，不透明度的位图贴入龙毛发透贴.tga，如图7-84所示。

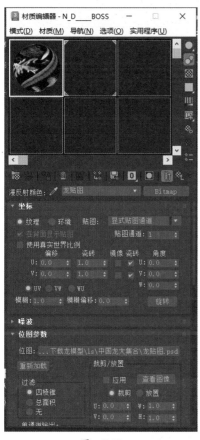

图　7-82

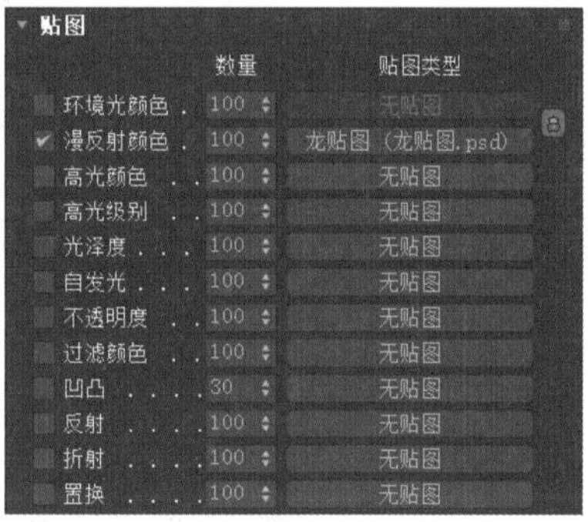

图　7-83

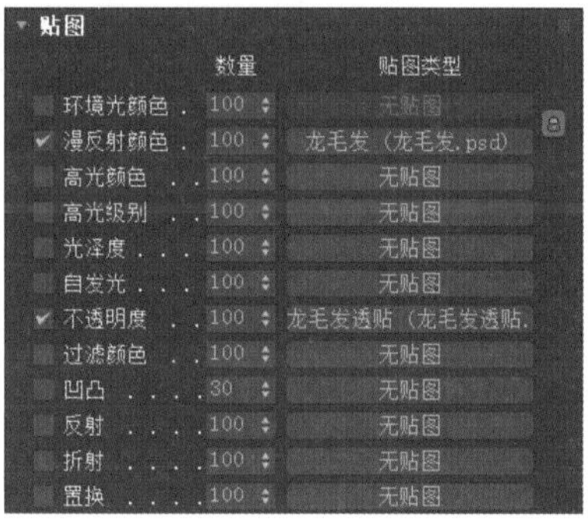

图　7-84

（2）检查准备好材质和模型之后，切换到左视图，如图7-85所示。

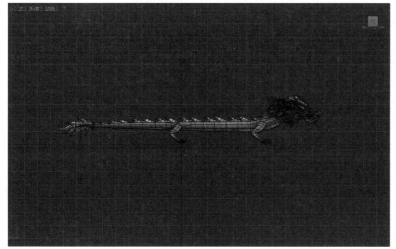

图　7-85

（3）单击创建➕的系统▣按钮，在对象类型中选择"骨骼"按钮，如图 7-86 所示。

（4）从龙的尾部开始单击，直到最右侧龙头，右击结束，就创建好了一根骨骼，如图 7-87 所示。

图　7-86

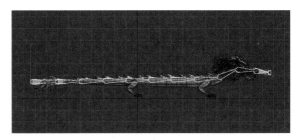

图　7-87

（5）回到"透视"视图，如图 7-88 所示。检查骨骼位置，如果和模型偏离较远需要调整位置。

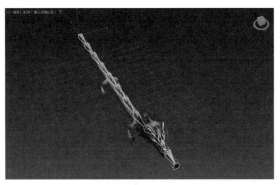

图　7-88

（6）右击模型将其转换为可编辑多边形，如图 7-89 所示。

（7）在"修改器"列表中下拉找到"蒙皮"，如图 7-90 所示。为龙创建"蒙皮"，"蒙皮"卷展栏如图 7-91 所示。

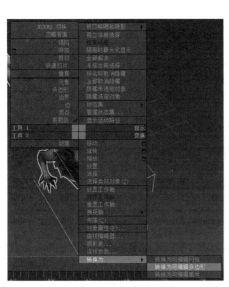

图　7-89

图　7-90

图　7-91

（8）"骨骼"的参数卷展栏如图 7-92 所示。单击"添加" 添加 按钮，打开"选择骨骼"的卷展栏，如图 7-93 所示。

图 7-92

图 7-93

（9）选中所有"Bone"（骨骼），如图 7-94 所示。单击选择按钮，就可以把全部骨骼添加给蒙皮。

此时选中任意骨骼进行旋转，就会发现龙对应的部位会随之旋转。

（10）接下来我们来添加"IK 解算器"，选择菜单栏"动画"|"IK 解算器"命令，然后选择"样条线 IK 解算器"命令，如图 7-95 所示。

（11）出现虚线后，单击龙头处的末端骨骼，若出现十字线（图 7-96），则说明已成功创建。

图 7-94

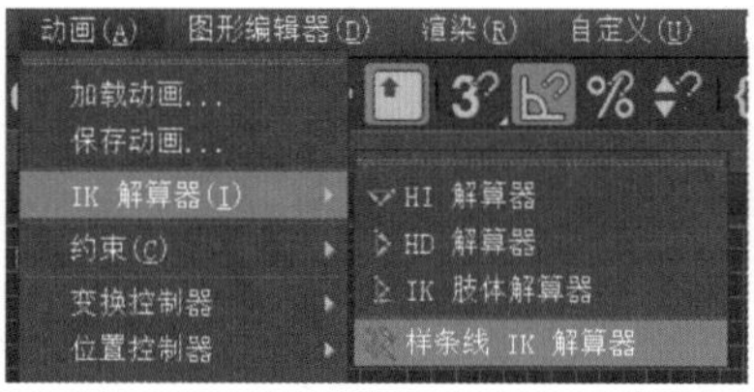

图 7-95

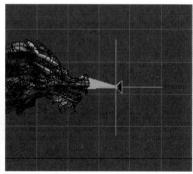

图 7-96

（12）接下来我们来创建龙的运动轨迹。先通过"创建"卷展栏（图 7-97）在场景中创建一条线，如图 7-98 所示。

（13）选择一根骨骼，选择"动画"|"约束"|"路径约束"命令，如图 7-99 所示。出现虚线后单击刚才创建好的线的一端，龙的尾巴就会自动吸附到路径上，如图 7-100 所示。

（14）单击创建好的骨骼，在"样条线 IK 解算器"中单击拾取图形下方的"无"按钮进行拾取（图 7-101），拾取后如图 7-102 所示。

（15）选择路径线条，龙的整个身体就会完全自然吸附到路径上，如图 7-103 所示。

此时单击时间轴的播放动画按钮，就会看到龙已经沿着路径前进飞翔，如图 7-104 所示。本案例的最终效果参见文件"Samples-07-12f"。

图　7-97

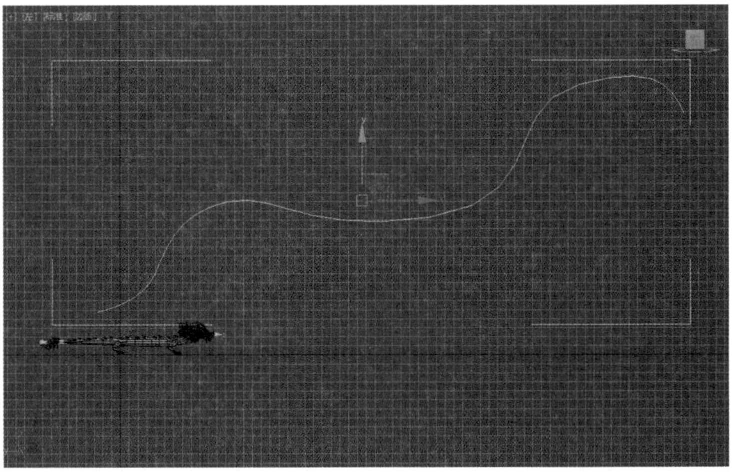

图　7-99

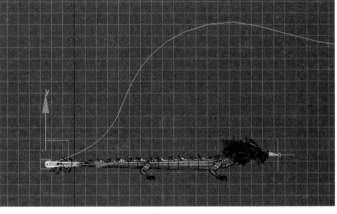

图　7-98

图　7-100

图　7-101

图　7-102

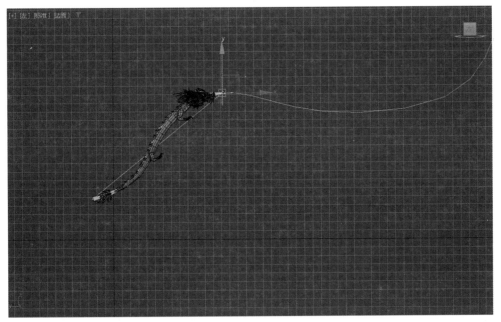

图　7-103

图　7-104

（本案例中龙模型来源自网络 https://www.cgmodel.com/model/132888.html）

小　　结

● ● ● ● ● ● ● ● ●

本章主要讨论如何在 3ds Max 中制作动画，以下为本章的关键点。

（1）关键帧的创建和编辑：在制作动画的时候，只要设置了关键帧，3ds Max 就会在关键帧之间进行插值。"自动关键点"按钮、轨迹栏、运动面板和轨迹视图都可以用来创建和编辑关键帧。

（2）切线类型：通过改变切线类型和控制器，可以调整关键帧之间的插值方法。位移动画的默认控制器是 Bezier。如果使用了这个控制器，就可以显示并编辑轨迹线。

（3）轴心点：轴心点对旋转和缩放动画的效果影响很大。可以使用"轴心点"面板中的工具调整轴心点。

（4）链接和正向运动：可以在对象之间创建链接关系来帮助制作动画。在默认的情况下，子对象继承父对象的变换，因此，一旦建立了链接关系就可以方便地创建子对象跟随父对象运动的动画。

习　题

一、判断题

1. 不可以使用"曲线编辑器"复制标准几何体和扩展几何体的参数。（　　　）

2. 在制作旋转动画的时候，不用考虑轴心点问题。（　　　）

3. 只能在曲线编辑器中给对象指定控制器。（　　　）

4. 采用"线性"插值类型的控制器可在关键帧之间均匀插值。（　　　）

5. 采用"平滑"插值类型的控制器可以调整通过关键帧的曲线的切线，以保证平滑通过关键帧。（　　　）

二、选择题

1. 在 3ds Max 中，动画时间的最小计量单位是（　　　）。

　　A. 1 帧　　　　　　B. 1 s　　　　　　C. 1/2400 s　　　　D. 1/4800 s

2. 在轨迹视图中，给动画增加声音的选项应为（　　　）。

　　A. 环境　　　　　　B. 渲染效果　　　　C. Video Post　　　D. 声音

3. 3ds Max 中可以使用的声音文件格式为（　　　）。

　　A. mp3　　　　　　B. wav　　　　　　C. mid　　　　　　D. raw

4. 要显示对象关键帧的时间，应选择的命令为（　　　）。

　　A."视图"|"显示关键点时间"

　　B."视图"|"显示重影"

　　C."视图"|"显示变换轴"

　　D."视图"|"显示从属关系"

5. 要显示运动对象的轨迹线，应在显示面板中选中（　　　）。

　　A. Edges Only　　　B. Trajectory　　　C. Back face Cull　　D. Vertex Ticks

6. 在建筑动画中许多树木用贴图代替，若移动摄影机的时候希望树木一直朝向摄影机，这时应使用（　　　）。

　　A. 附加控制器　　　B. 注视约束　　　　C. 链接约束控制器　D. 运动捕捉

7. 链接约束控制器可以在（　　　）控制器层级上变更。

　　A. 变换　　　　　　B. 位置　　　　　　C. 旋转　　　　　　D. 放缩

8. 在 3ds Max 中的路径约束控制器可以拾取（　　　）路径。

　　A. 一条　　　　　　B. 两条　　　　　　C. 三条　　　　　　D. 多条

三、思考题

1. 如何将子对象链接到父对象上？如何验证链接关系？

2. 子对象和父对象的运动是否相互影响？如何影响？

3. 什么是正向运动？

4. 实现简单动画有哪些必要的操作步骤？

5. 轨迹视图的作用是什么？有哪些主要区域？

6. Bezier 控制器有几种切线类型？各有什么特点？

7. 解释路径约束控制器的主要参数。

8. 如何制作一个对象沿着某条曲线运动的动画？

第 8 章 ┃ 摄影机和动画控制器

本章将讨论几个与动画相关的重要问题。当布置完场景后，一般要创建摄影机来观察场景。本章首先介绍如何创建与控制摄影机，然后讨论如何用控制器控制摄影机的运动，最后通过代表性的实例进行演示。

本章重点内容：
- 创建并控制摄影机。
- 使用不同种类的摄影机。
- 理解摄影机的参数（镜头的长度、环境的范围和裁剪平面）。
- 使用路径控制器控制摄影机。
- 使用注视约束控制器。
- 使用链接约束控制器。

8.1 摄 影 机

摄影机从特定的观察点表现场景，模拟现实世界中的静止图像、运动图片或视频摄影机，能够进一步增强场景的真实感。

8.1.1 摄影机的类型

1）3ds Max 中有两种类型的摄影机：物理摄影机和传统摄影机。

物理摄影机可以将场景取景与曝光控制和其他模拟真实摄影机的效果集成在一起。物理摄影机是用于基于物理的真实感渲染的最佳摄影机类型。对物理摄影机功能的支持级别取决于使用的渲染器。

传统摄影机具有更简单的界面和更少的控件。传统摄影机是 3ds Max 在 3ds Max 2017 之前的版本中提供的相机类型。

传统摄影机包括目标摄影机和自由摄影机。

目标摄影机可以查看目标对象周围的区域。创建目标摄影机时，会看到一个由两部分组成的图标，表示摄影机及其目标（显示为一个小框）。摄影机和摄影机目标可以独立进行动画处理，因此当摄影机不沿动画路径移动时，目标摄影机更易于使用。

自由摄影机沿摄影机瞄准的方向查看该区域。创建自由摄影机时，会看到一个表示摄影机及其视野的图标。摄影机图标看起来与目标摄影机图标相同，但没有单独的目标图标进行动画处理。当摄影机的位置沿动画路径进行处理时，自由摄影机更易于使用。

提示：透视匹配实用程序允许从背景照片开始，然后创建具有相同视点的相机对象。这对于特定于站点的场景非常有用。

2）摄影机有两个特性：焦距和视野。

焦距：指镜头与感光表面之间的距离，无论是胶片还是视频电子设备，都称为镜头的焦距。焦距会影响拍摄对象在图片中的显示程度。焦距越小，包含图片中的场景越多。焦距越大，场景越少，但显示更远物体的细节越多。焦距始终以毫米为单位。50 mm 镜头是摄影的常见标准。焦距小于 50 mm 的镜头称为短或广角镜头。焦距超过 50 mm 的镜头称为长或长焦镜头。

视野： 视野（FOV）控制场景的可见程度。视场以地平线的度数为单位进行测量。它与镜头的焦距直接相关。例如，50 mm 镜头显示 46°的地平线。镜头越长，FOV 越窄。镜头越短，FOV 越宽。

焦距与透视的关系：

短焦距（宽 FOV）强调透视的失真，使物体看起来很深入，若隐若现。

长焦距（窄 FOV）可减少透视失真，使对象看起来扁平且与观看者平行。

8.1.2 使用摄影机

可以单击"创建"命令面板的"摄影机"按钮创建摄影机。摄影机被创建后被放在当前视口的绘图平面上。

创建摄影机后还可以使用多种方法选择并调整参数。下面举例说明如何创建和使用摄影机。

例 8-1：创建摄影机。

（1）启动 3ds Max，选择菜单栏中"文件"|"打开"命令，打开本书网络资源中的 Samples-08-01.max 文件。

该文件包含一组教室场景模型。

（2）激活"顶"视口。

（3）单击"创建"命令面板的"摄影机"按钮，然后单击"目标"按钮。

（4）在"顶"视口单击创建摄影机的视点，然后拖曳确定摄影机的目标点。待目标点位置满意后释放鼠标键。

（5）右击，结束摄影机的创建模式，如图 8-1 所示。

（6）在视口的空白区域单击，取消摄影机对象的选择。

（7）在激活"顶"视口的情况下按 C 键。"顶"视口变成了摄影机视口，如图 8-2 所示。

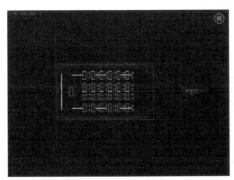

图 8-1

图 8-2

例 8-2：选择摄影机。

（1）启动 3ds Max，选择菜单栏中"文件"|"打开"命令，打开本书网络资源中的 Samples-08-02.max 文件。该文件仅包含一个目标摄影机，如图 8-3 所示。

（2）单击主工具栏的"选择并移动"按钮。

（3）在"顶"视口单击选择摄影机图标。

（4）单击主工具栏中的"选择并移动"按钮，然后在按钮上右击，出现"移动变换输入"对话框。

（5）在"移动变换输入"对话框的"绝对：世界"区域，将 Z 的数值改为 35mm，如图 8-4 所示。

图 8-3　　　　　　　　　　　　　　　图 8-4

（6）确认摄影机仍然被选择，在激活的视口中右击。在出现的菜单栏中选择"选择摄影机目标"选项，如图 8-5 所示。

这样摄影机的目标点就被选择了。

（7）在"移动变换输入"对话框的"偏移：世界"区域将 Z 的数值改为 20。

（8）关闭"移动变换输入"对话框。

（9）在视口的空白区域单击，取消摄影机的选择。

（10）按 H 键，打开"选择对象"对话框。

摄影机和它的目标显示在"选择对象"对话框的文件名列表区域，可以使用这个对话框选择摄影机或者摄影机的目标。

（11）单击"取消"按钮，关闭这个对话框。

例 8-3：设置摄影机视口。

（1）启动 3ds Max，选择"文件"|"打开"命令，打开本书网络资源中的 Samples-08-03.max 文件。该文件中包含了一个圆柱、一个球体和一个摄影机。

（2）在"透视"视口的"视口"标签上单击。

（3）从弹出的菜单中选择"摄影机"|Camera01 命令。现在"透视"视口变成了摄影机视口。也可以使用快捷键激活摄影机视口。

（4）激活左视口，然后按 C 键激活摄影机视口。

现在我们有了两个摄影机视口，如图 8-6 所示。

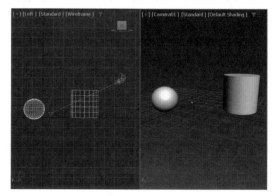

图 8-5　　　　　　　　　　　　　　　图 8-6

8.1.3 摄影机导航控制按钮

当激活摄影机视口后，视口导航控制区域的按钮变成了摄影机视口专用导航控制按钮，如

图 8-7 所示。

图 8-7

下面介绍这些按钮的含义。

1. 推拉摄影机

使用"推拉摄影机"按钮可沿着摄影机的视线移动摄影机。在移动摄
影机的时候,它的镜头长度保持不变,其结果是使摄影机靠近或远离对象。

例 8-4:推拉摄影机。

(1)启动 3ds Max,选择菜单栏中"文件"|"打开"命令,打开本书网络资源中的
Samples-08-04.max 文件。该文件中包含了一个圆柱、一个球体和一个摄影机。

(2)在摄影机视口的 Camera01 视口标签上单击,从弹出的菜单中
选择"选择摄影机"命令,如图 8-8 所示。

技巧:如果在使用视口导航控制按钮的同时选择了摄影机,将可
以在所有视口中同时观察摄影机的变化。

(3)单击摄影机导航控制区域的"推拉摄影机"按钮,在摄影机
视口上下拖曳鼠标。场景对象会变小或者变大,好像摄影机远离或者
靠近对象一样。注意观察"顶"视图中摄影机的运动。

(4)在摄影机视口右击,结束"推拉摄影机"模式。

(5)单击主工具栏上的"撤销"按钮,撤销对摄影机的调整。

2. 推拉目标

使用"推拉目标"按钮可沿着摄影机的视线移动摄影机的目标点,
镜头参数和场景构成不变。摄影机绕轨道旋转是基于目标点的,因此
调整目标点会影响摄影机绕轨道的旋转。

图 8-8

下面继续使用前面的练习来说明它的使用。

例 8-5:推拉目标。

(1)继续前面的练习,确认仍然选择了摄影机。

(2)在摄影机导航控制区域单击"推拉摄影机"按钮

(3)在弹出的按钮中单击"推拉目标"按钮。

(4)在摄影机视口按住鼠标左键上下拖曳。摄影机的目标点沿着视线前后移动。

(5)在摄影机视口右击,结束"推拉目标"模式。

(6)按 Ctrl+Z 键撤销对摄影机目标点的调整。

3. 推拉摄影机 + 目标点

该按钮将沿着视线移动摄影机和目标点。这个效果类似于"推拉摄影机",但是摄影机和目
标点之间的距离保持不变。只有当需要调整摄影机的位置,而又希望保持摄影机绕轨道旋转不
变的时候,才使用这个按钮。

下面继续使用前面的练习来演示这个功能。

例 8-6:推拉摄影机 + 目标点。

(1)继续前面的练习,确认摄影机仍然被选择。

(2)在摄影机导航控制区域单击"推拉摄影机"按钮。

(3)在弹出的按钮中单击"推拉摄影机 + 目标点"按钮。

(4)在摄影机视口按住鼠标左键上下拖曳,摄影机和目标点都跟着移动。

(5)在摄影机视口右击,结束"推拉摄影机 + 目标点"模式。

(6)按 Ctrl+Z 键撤销对摄影机和摄影机目标点的调整。

4. 透视

使用该按钮可移动摄影机使其靠近目标点,同时改变摄影机的透视效果,从而使镜头长度
变化。35mm 到 50mm 的镜头长度可以很好地匹配人类的视觉系统。镜头长度越短,透视变形

就越夸张，从而产生非常有趣的艺术效果；镜头长度越长，透视的效果就越弱，图形的效果就越类似于正交投影。

下面继续使用前面的练习来演示这个功能。

例 8-7：透视。

（1）继续前面的练习，确认仍然选择了摄影机。

（2）在摄影机导航控制区域单击"透视"按钮。

（3）在摄影机视口按住鼠标左键向上拖曳。

说明：如果透视效果改变不大，拖曳的时候按下 Ctrl 键，就放大了拖曳的效果。当向上拖曳鼠标的时候，摄影机靠近对象，透视变形明显。

（4）在摄影机视口按住鼠标左键向下拖曳，透视效果减弱了。

（5）在摄影机视口右击，结束"透视"模式。

（6）按 Ctrl+Z 键撤销对摄影机透视效果的调整。

5. 侧推摄影机

该按钮可使摄影机绕着它的视线旋转，其效果类似于斜着头观察对象。

下面继续使用前面的练习来演示这个功能。

例 8-8：侧推摄影机。

（1）继续前面的练习，确认摄影机仍然被选择。

（2）在摄影机导航控制区域单击"侧滚摄影机"按钮。

（3）在摄影机视口按住鼠标左键左右拖曳，让摄影机绕视线旋转，如图 8-9 所示。

（4）在摄影机视口右击，结束"侧滚摄影机"模式。

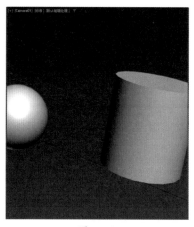

图 8-9

（5）按 Ctrl+Z 键撤销对摄影机滚动的调整。

6. 视野

该按钮的作用效果类似于透视，只是摄影机的位置不发生改变。

下面继续使用前面的练习来演示这个功能。

例 8-9：视野。

（1）继续前面的练习，确认摄影机仍然被选择。

（2）在摄影机导航控制区域单击"视野"按钮。

（3）在摄影机视口按住鼠标左键垂直拖曳。

当光标向上拖曳的时候，视野变窄了，如图 8-10 所示；当鼠标向下移动的时候，视野变宽了。

（4）在摄影机视口右击，结束"视野"模式。

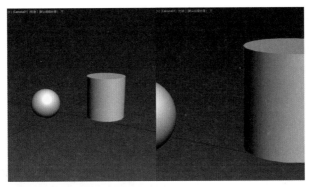

图 8-10

（5）按 Ctrl+Z 键撤销对摄影机视野的调整。

7. 平移摄影机

使用该按钮可使摄影机沿着垂直于它的视线的平面移动，只改变摄影机的位置，而不改变摄影机的参数。当给该功能设置动画效果后，可以模拟行进汽车的效果。场景中的对象可能跑到视野之外。

下面继续使用前面的练习来演示这个功能。

例 8-10：平移摄影机。

（1）继续前面的练习，确认摄影机仍然被选择。

（2）在摄影机导航控制区域单击"平移摄影机"按钮。

（3）在摄影机视口按住鼠标左键水平拖曳，让摄影机在图形平面内水平移动。

（4）在摄影机视口按住鼠标左键垂直拖曳，让摄影机在图形平面内垂直移动。

（5）在摄影机视口右击，结束"平移摄影机"模式。

（6）按 Ctrl+Z 键撤销对摄影机滑动的调整。

技巧：当滑动摄影机的时候，按住 Shift 键可将摄影机的运动约束到视图平面的水平或者垂直平面。

8. 环游摄影机

使用该按钮，可使摄影机围绕着目标点旋转。

下面继续使用前面的练习来演示这个功能。

例 8-11：环游摄影机。

（1）继续前面的练习，确认摄影机仍然被选择。

（2）在摄影机导航控制区域单击"环游摄影机"按钮。

（3）按下 Shift 键，在摄影机视口水平拖曳摄影机。摄影机在水平面上绕目标点旋转。

（4）按下 Shift 键，在摄影机视口垂直拖曳摄影机，让摄影机在垂直面上绕目标点旋转。

（5）在摄影机视口右击，结束"环游摄影机"模式。

（6）按 Ctrl+Z 键撤销对摄影机的调整。

9. 平移摄影机

该按钮是单击"环游摄影机"按钮后弹出的按钮，它使摄影机的目标点绕摄影机旋转。

下面继续使用前面的练习来演示这个功能。

例 8-12：平移摄影机。

（1）继续前面的练习，确认摄影机仍然被选择。

（2）在摄影机导航控制区域单击"环游摄影机"按钮。

（3）在弹出的按钮中单击"平移摄影机"按钮。

（4）在摄影机视口按下鼠标左键上下拖曳。

（5）按下 Shift 键，在摄影机视口水平拖曳摄影机。摄影机的目标点在水平面上绕摄影机旋转。

（6）按下 Shift 键，在摄影机视口垂直拖曳摄影机。

（7）摄影机的目标点在水平面上绕摄影机旋转。

（8）在摄影机视口右击，结束"平移摄影机"模式。

（9）按 Ctrl+Z 键撤销对摄影机的调整。

8.1.4 关闭摄影机的显示

有时需要将场景中的摄影机隐蔽起来，下面继续使用前面的例子来说明如何隐藏摄影机。

例 8-13：关闭摄影机的显示。

（1）确认激活了摄影机视口。

（2）在摄影机的"Camera01"视口标签上单击，在弹出的菜单上单击"选择摄影机"按钮。

（3）到"显示"命令面板，勾选"按类别隐藏"卷展栏中"摄影机"的复选框，如图 8-11 所示。

这样将隐藏场景中的所有摄影机。如果用户只希望隐藏选择的摄影机，那么可以单击"隐藏"卷展栏中的"隐藏选定对象"按钮。

图　8-11

8.2　创建摄影机
· · · · · · · · ·

在 3ds Max 中有两种摄影机类型，即自由摄影机和目标摄影机。两种摄影机的参数相同，但基本用法不同。下面具体介绍这两种摄影机。摄影机可以创建两种渲染效果：景深和运动模糊。

8.2.1 自由摄影机

自由摄影机就像一个真正的摄影机，它能够被推拉、倾斜及自由移动。自由摄影机显示一个视点和一个锥形图标。它的一个用途是在建筑模型中沿着路径漫游。自由摄影机没有目标点，摄影机是唯一的对象。

例 8-14：创建和使用自由摄影机。

当给场景增加自由摄影机的时候，摄影机的最初方向是指向屏幕里面的。这样，摄影机的观察方向就与创建摄影机时使用的视口有关。如果在"顶"视口创建摄影机，那么摄影机的观察方向是世界坐标的负 Z 方向。

（1）启动 3ds Max 或者选择菜单栏"文件"|"重置"命令，将 3ds Max 重置为默认模板。

（2）选择菜单栏"文件"|"打开"命令，从本书网络资源中打开 Samples-08-05.max 文件。

（3）在"创建"命令面板单击选择"自由摄影机"按钮。

（4）在"左"视口中单击，创建一个自由摄影机，如图 8-12 所示。

（5）在"透视"视口中右击，激活它。

（6）按 C 键，切换到摄影机视口，如图 8-13 所示。

208

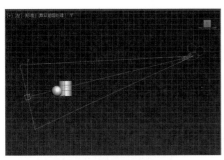

图 8-12

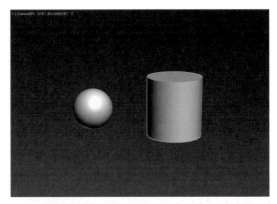

图 8-13

切换到摄影机视口后，视口导航控制区域的按钮就变成"摄影机控制"按钮。通过调整这些按钮就可以改变摄影机的参数。

自由摄影机的一个优点是便于沿着路径或者轨迹线运动。

8.2.2 目标摄影机

目标摄影机的功能与自由摄影机类似，但是它有两个对象。第一个对象是摄影机，第二个对象是目标点。摄影机总是盯着目标点，如图 8-14 所示。目标点是一个非渲染对象，它用来确定摄影机的观察方向。一旦确定了目标点，也就确定了摄影机的观察方向。目标点还有另外一个用途，它可以决定目标距离，从而便于进行 DOF 渲染。

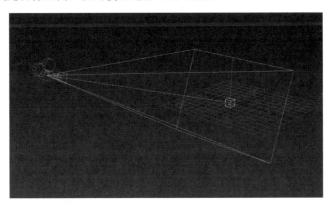

图 8-14

例 8-15：使用目标摄影机。

（1）启动 3ds Max 或者选择菜单栏"文件" | "重置"命令，将 3ds Max 重置为默认模板。

（2）选择菜单栏中"文件" | "打开"命令，从本书网络资源中打开 Samples-08-05.max 文件。

（3）在"创建"命令面板中选择"目标摄影机"按钮。

（4）在"顶"视口中单击并拖曳创建一个目标摄影机，如图 8-15 所示。

（5）在摄影机导航控制区域单击"视野"按钮，然后调整前视口的显示，以便视点和目标点显示在"前"视口中。

（6）确认在"前"视口中选择了摄影机。

（7）单击主工具栏的"选择并移动"按钮。

（8）在"前"视口将摄影机沿着 Y 轴向上移动 16 个单位。

（9）在"前"视口中选择摄影机的目标点。

（10）在"前"视口将目标点沿着 Y 轴向上移动大约 3.5 个单位。

（11）在摄影机视口中右击，激活它。

（12）要将当前的摄影机视口改变成为另外一个摄影机视口，可以在摄影机的"视口"标签上单击，在弹出的菜单上选择另外一个视口。

在图 8-16 中，即是把 Camera01 视口切换成"透视"视口。

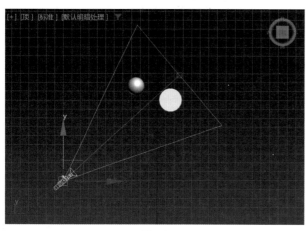

图　8-15

图　8-16

8.2.3　摄影机的参数

创建摄影机后就被指定了默认的参数，但是在实际中经常需要改变这些参数。改变摄影机的参数可以在"修改"命令面板的"参数"卷展栏中进行，如图 8-17 所示。

（1）**镜头和视野**：镜头和视野是相关的，改变镜头的长短，自然会改变摄影机的视野。真正的摄影机的镜头长度和视野是被约束在一起的，但是不同的摄影机和镜头配置将有不同的视野和镜头长度比。影响视野的另外一个因素是图影的纵横比，一般用 X 方向的数值比 Y 方向的数值来表示。例如，如果镜头长度是 20mm，图影纵横比是 2.35，那么视野将是 94°；如果镜头长度是 20mm，图影纵横比是 1.33，那么视野将是 62°。

在 3ds Max 中测量视野的方法有三种，在命令面板中分别用 ⬌、 ⬍ 和 ⬈ 来表示。

● ⬌ 沿水平方向测量视野。这是测量视野的标准方法。

● ⬍ 沿垂直方向测量视野。

● ⬈ 沿对角线测量视野。

在"测量视野"的按钮下面还有一个"正交投影"复选框。如果勾选该复选框，那么将去掉摄影机的透视效果。当通过正交摄影机观察的时候，所有平行线仍然保持平行，没有交点存在。

注意：如果使用正交摄影机，那么将不能使用大气渲染选项。

（2）**备用镜头**：这个区域提供了几个标准摄影机镜头的预设置，如图 8-18 所示。

（3）**显示圆锥体**：激活这个选项后，即使取消了摄影机的选择，也能够显示该摄影机的视野的锥形区域。

（4）**显示地平线**：勾选这个选项后，在摄影机视口会绘制一条线表示地平线。

（5）**环境范围**：可以按离摄影机的远近设置环境范围，如图 8-19 所示，距离的单位就是系统单位。"近距范围"决定场景在什么范围外开始有环境效果；"远距范围"决定环境效果最大的作用范围。勾选"显示"复选框就可以在视口中看到环境的设置。

（6）**剪切平面**：可以设置在 3ds Max 中渲染对象的范围，如图 8-20 所示。在范围外的任何对象都不被渲染。如果没有特别要求，一般不需要改变这个数值的设置。与环境范围的设置类似，"近距剪切"和"远距剪切"根据到摄影机的距离决定远、近裁剪平面。勾选"手动剪切"复选框后，就可以在视口中看到裁剪平面了，如图 8-21 所示（左图为未勾选"手动裁剪"的状态，右图为勾选了"手动裁剪"的效果）。

图 8-17

图 8-18

图 8-19

图 8-20

（a）

（b）

图 8-21

（7）**多过程效果**：多过程效果可以对同一帧进行多遍渲染。这样可以准确渲染"景深"和对象"运动模糊"效果，如图 8-22 所示。勾选"启用"复选框将激活"多过程"渲染效果和

"预览"按钮。"预览"按钮用来测试在摄影机视口中的设置。

"多过程"效果下拉列表框有"景深"效果和"运动模糊"效果两种选择，它们是互斥使用的，默认使用"景深"效果。

对于"景深"和"运动模糊"来讲，它们分别有不同的卷展栏和参数，如图8-23和图8-24所示。

图 8-22　　　　　　　图 8-23　　　　　　　图 8-24

（8）**渲染每个过程的效果**：如果勾选了这个复选框，那么每遍都渲染诸如辉光等特殊效果。该选项适用于"景深"和"运动模糊"效果。

（9）**目标距离**：这个距离是摄影机到目标点的距离。可以通过改变这个距离来使目标点靠近或者远离摄影机。当使用"景深"时，这个距离非常有用。在目标摄影机中，可以通过移动目标点来调整这个距离；但是在自由摄影机中，只有通过这个参数才能改变目标距离。

8.2.4　景深

相机可以产生景深效果。景深是一种多通道效果。在摄影机的"参数"卷展栏上启用它。景深通过在距摄影机焦点（即目标或目标距离）处模糊帧区域来模拟摄影机的景深。与照相类似，景深是一个非常有用的工具。可以通过调整景深来突出场景中的某些对象。

当在"多过程效果"选项中选择"景深"选项时，在摄影机的修改面板中出现一个"景深参数"卷展栏，如图8-23所示。

下面将详细介绍该卷展栏的参数。

1."焦点深度"选项组

"焦点深度"是摄影机到聚焦平面的距离，如图8-25所示。

当使用目标距离复选框被勾选后，将用摄影机的目标距离作为每个过程偏移摄影机的点。如果该选项被关闭，那么可以手工输入距离。

2.采样选项组

这个区域的设置决定图像的最后质量，如图8-26所示。

● 显示过程：如果勾选这个复选框，那么将显示"景深"的多个渲染通道。这样就能够动态观察"景深"的渲染情况。如果不勾选这个复选框，那么在进行全部渲染后再显示渲染的图像。

图 8-25

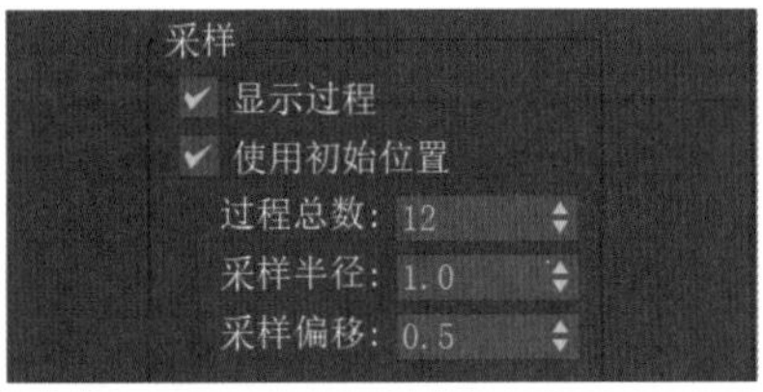

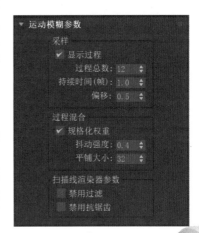

图 8-26

- 使用初始位置：当勾选这个复选框后，多遍渲染的第一遍渲染将从摄影机的当前位置开始。当不勾选这个复选框，程序会根据"采样半径"中的设置来设定第一遍渲染的位置。

- 过程总数：这个参数设置多遍渲染的总遍数。数值越大，渲染遍数越多，渲染时间就越长，最后得到的图像质量就越高。

- 采样半径：这个数值用来设置摄影机从原始半径移动的距离。在每遍渲染的时候稍微移动点，摄影机就可以获得景深的效果。此数值越大，摄影机就移动得越多，创建的景深就越明显；如果摄影机被移动得太远，那么图像可能被变形，而不能使用。

- 采样偏移：使用该参数决定如何在每遍渲染中移动摄影机。该数值越小，摄影机偏离原始位置就越少；该数值越大，摄影机偏离原始位置就越多。

3. 过程混合选项组

- 规格化权重：当这个复选框被勾选后，每遍混合都使用规格化的权重。如果没有勾选该复选框，那么将使用随机权重。

- 抖动强度：这个数值决定每遍渲染抖动的强度。数值越高，抖动得越厉害。抖动是通过混合不同颜色和像素来模拟颜色或者混合图像的方法。

- 平铺大小：这个参数设置在每遍渲染中抖动图案的大小。

4. 扫描线渲染器参数选项组

使用这些控件可以在渲染多过程场景时禁用抗锯齿或锯齿过滤。禁用这些渲染通道可以缩短渲染时间。这些控件只适用于渲染景深效果，不能在视口中进行预览。

8.2.5 运动模糊

与"景深"类似，也可以通过"修改"命令面板来设置摄影机的运动模糊参数。运动模糊是胶片需要定的曝光时间而引起的现象。当一个对象在摄影机之前运动的时候，快门需要打开一定的时间来曝光胶片，而在这个时间内对象还会移动一定的距离，这就使对象在胶片上出现了模糊的现象。相机可以生成运动模糊效果。运动模糊是一种多通道效果。在摄影机的"参数"卷展栏上启用它。运动模糊通过根据场景中的移动偏移渲染通道来模拟摄影机的运动模糊。

下面就来看一下运动模糊的参数。

"运动模糊参数"卷展栏有三个区域，如图8-26所示。它们是"采样"、"过程混合"和"扫描线渲染器参数"，如图8-27所示。下面解释"采样"参数。

- **显示过程**：勾选这个复选框后，显示每遍运动模糊的渲染，这样能够观察整个渲染过程。如果不勾选它，那么在进行完所有渲染后再显示图像，这样可以加快渲染速度。

图 8-27

- **过程总数**：设置多边渲染的总遍数。
- **持续时间（帧）**：以帧为单位设置摄影机快门持续打开的时间。时间越长越模糊。
- **偏移**：提供改变模糊效果位置的方法，取值范围是0.01~0.99。较小的数值使对象的前面模糊，数值0.5使对象的中间模糊，较大的数值使对象的后面模糊。

8.3　摄影机动画

在第7章中，已经使用了默认的控制器类型。在这一节，将学习如何使用"路径约束"控制器。"路径约束"控制器使用一个或者多个图形来定义动画中对象的空间位置。

如果使用默认的"Bezier位置"控制器，需要单击"动画"按钮，然后在非第0帧变换才可以设置动画。当应用了"路径约束"控制器后，就取代了默认的"Bezier位置"控制器，对象的轨迹线变成了指定的路径。

路径可以是任何二维图形。二维图形可以是闭合的图形也可以是不闭合的图形。

8.3.1　路径约束控制器

"路径约束"控制器允许指定多个路径，这样在3ds Max 2023中，对象运动的轨迹线是多个路径的加权混合。例如，如果有两个二维图形分别定义弯弯曲曲的河流的两岸，那么使用"路径约束"控制器可以使船沿着河流的中央行走。

图　8-28

"路径约束"控制器的"路径参数"卷展栏如图8-28所示。下面介绍它的主要参数项。

注意："文本"和"部分"不是用于创建相机路径的推荐形状。通过将样条形状"创建方法"设置为"平滑"或"贝塞尔"而不是"角"，来创建更平滑的摄影机移动。

1. 跟随选项

"跟随"选项使对象的某个局部坐标系与运动的轨迹线相切。与轨迹线相切的默认轴是X，也可以指定任何一个轴与对象运动的轨迹线相切。默认情况下，对象局部坐标系的Z轴与世界坐标系的Z轴平行。如果对摄影机应用了"路径约束"控制器，可以使用"跟随"选项使摄影机的观察方向与运动方向一致。

2. 倾斜选项

"倾斜"选项使对象局部坐标系的Z轴朝向曲线的中心。只有勾选了"跟随"复选框后才能使用该选项。倾斜的角度与"倾斜量"参数相关。该数值越大，倾斜越厉害。倾斜角度也受路径曲线度的影响。曲线越弯曲，倾斜角度越大。

"倾斜"选项可以用来模拟飞机飞行的效果。

3. 平滑度参数

只有勾选"倾斜"复选框，才能设置"平滑度"参数。光滑参数沿着路径均分倾斜角度。该数值越大，倾斜角度越小。

4. 恒定速度选项

在通常情况下，样条线是由几个线段组成的。第一次给对象应用"路径约束"控制器后，对象在每段样条线上运动速度是不一样的。样条线越短，对象运动得越慢；样条线越长，对象运动得越快。复选该选项后，就可以使对象在样条线的所有线段上的运动速度一样。

5. 控制路径运动距离的选项

在"路径参数"卷展栏中还有一个"% 沿路径"选项。该选项指定对象沿着路径运动的百分比。

选择一个路径后，就在当前动画范围的百分比轨迹的两端创建了两个关键帧。关键帧的值为 0 ～ 100，代表路径的百分比。第一个关键帧的值是 0，代表路径的起点；第二个关键帧的值是 100%，代表路径的终点。

就像对其他关键帧操作一样，"百分比"轨迹的关键也可以被移动、复制或者删除。

8.3.2 使用路径约束控制器控制沿路径的运动

当一个对象沿着路径运动的时候，可能需要在某些特定点暂停。假如给摄影机应用了"路径约束"控制器，使其沿着一条路径运动，有时需要停下来四处观察。可以通过创建有同样数值的关键帧来完成这个操作，两个关键帧之间的间隔代表运动停留的时间。

暂停运动的另外一种方法是使用百分比轨迹。在默认的情况下，百分比轨迹使用的是 Bezier 位置控制器。为了使两个关键帧之间的数值相等，需要将第一个关键帧的"输出"切线类型和第二个关键的"输入"切线类型指定为线性。

例 8-16："路径约束"控制器。

（1）启动 3ds Max，选择菜单栏"文件"|"打开"命令，从本书的网络资源中打开 Samples-08-06.max 文件。

场景中包含了一个茶壶和一个有圆角的矩形，如图 8-29 所示。

（2）在"透视"视口单击选择茶壶。

（3）到"运动"命令面板的"参数"标签中打开"指定控制器"卷展栏。

（4）单击选择"位置：路径约束"选项，如图 8-30 所示。

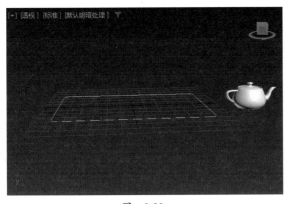

图 8-29　　　　　　　　　　图 8-30

（5）在"指定控制器"卷展栏单击"指定控制器"按钮。出现"指定位置控制器"对话框，如图 8-31 所示。

（6）在"指定位置控制器"对话框中，单击"路径约束"选项，然后单击"确定"按钮。在运动命令面板上出现"路径参数"选项卷展栏。

（7）在"路径参数"卷展栏单击"添加路径"按钮，然后在"透视"视口中单击矩形。

（8）在"透视"视口右击结束"添加路径"操作。现在矩形被增加到路径列表中，如图 8-32 所示。

（9）反复拖曳时间滑动块，观察茶壶的运动，茶壶沿着路径运动。

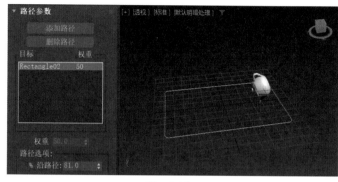

图 8-31　　　　　　　　　　　　　　　图 8-32

现在茶壶沿着路径运动的时间是 100 帧。当拖曳时间滑动块的时候，"路径选项"区域的"% 沿路径"数值跟着改变。该数值指明当前帧完成运动的百分比。

下面学习使用"跟随"选项。

例 8-17："跟随"选项。

（1）单击动画控制区域的"播放动画"按钮。

注意观察没有勾选"跟随"复选框时茶壶运动的方向。茶壶沿着有圆角的矩形运动，壶嘴始终指向正 X 方向。

（2）在"路径参数"卷展栏，勾选"跟随"复选框，茶壶的壶嘴指向了路径方向。

（3）在"路径参数"卷展栏选择"Y"单选按钮。

现在茶壶的局部坐标轴的 Y 轴指向了路径方向。

（4）在"路径参数"卷展栏勾选"翻转"复选框，如图 8-33 所示。

局部坐标系 Y 轴的负方向指向了运动的方向。

（5）单击动画控制区域的"停止播放动画"按钮。

下面学习使用"倾斜"选项。

例 8-18："倾斜"选项。

（1）启动 3ds Max，选择菜单栏中"文件"|"打开"命令，从本书的网络资源中打开 Samples-08-07.max 文件。

场景中包含一个茶壶和一个有圆角的矩形，如图 8-34 所示。茶壶已经被指定了控制器并设置了动画。

图 8-33

（2）在"透视"视口单击选择茶壶。

（3）到"运动"命令面板，勾选"路径参数"卷展栏中"路径选项"区域的"倾斜"复选框，如图 8-35 所示。

（4）单击动画控制区域的"播放动画"按钮。茶壶在矩形的圆角处向里倾斜，但是倾斜过度。

（5）在"路径选项"区域将"倾斜量"设置为 0.1，使倾斜的角度变小。前面已经提到，"倾斜量"数值越小，倾斜的角度就越小。矩形的圆角半径同样会影响对象的倾斜。半径越小，倾斜角度就越大。

（6）单击动画控制区域的"停止播放动画"按钮。

（7）在"透视"视口单击选定矩形。

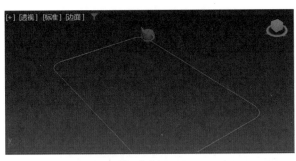

图 8-34　　　　　　　　　　　　　　　　　图 8-35

（8）到"修改"命令面板的"参数"卷展栏，将"角半径"的值改为 100.0 mm，如图 8-36 所示。

（9）来回拖曳时间滑动块，以便观察动画效果。

茶壶的倾斜角度变大了。

下面改变"平滑度"参数。

例 8-19："平滑度"参数设置。

（1）在"透视"视口单击选定茶壶。

（2）到"运动"命令面板，在"路径参数"卷展栏的"路径选项"区域，将"平滑度"的值设置为 0.1。

（3）来回拖曳时间滑动块，以便观察动画效果。

茶壶在圆角处突然倾斜，如图 8-37 所示。

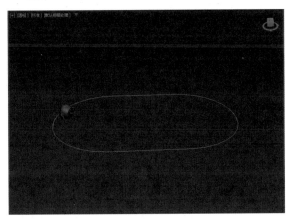

图 8-36　　　　　　　　　　　　图 8-37

8.4　使摄影机沿路径移动

给摄影机指定了路径控制器后，通常需要调整摄影机沿着路径运动的时间。可以使用轨迹栏或者轨迹视图来完成这个工作。

如果使用轨迹视图调整时间，最好使用曲线编辑器。当使用曲线编辑器观察百分比曲线的时候，可以看到在两个关键帧之间百分比是如何变化的，如图 8-38 所示，这样可以方便动画的处理。设置了摄影机沿着路径运动的动画，就可以调整摄影机的观察方向，模拟观察者四处观看的效果。

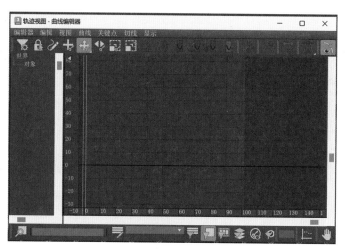

图 8-38

例 8-20："路径约束"控制器。

下面创建一个自由摄影机，并给位置轨迹指定一个"路径约束"控制器，然后再调整摄影机的位置和观察方向。

（1）启动 3ds Max，选择菜单栏中"文件" | "打开"命令，从本书的网络资源中打开 Samples-08-08.max 文件。

场景中包含了一条样条线，如图 8-39 所示。该样条线将被作为摄影机的路径。

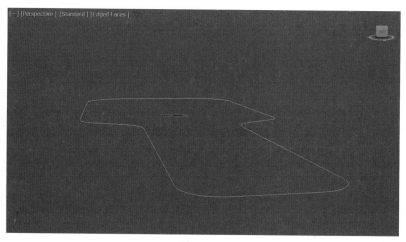

图 8-39

说明：作为摄影机路径的样条线应该尽量避免有尖角，以避免摄影机方向的突然改变。

下面给场景创建一个自由摄影机。可以在"透视"视口创建自由摄影机，但最好在正交视口创建自由摄影机。自由摄影机的默认观察方向是激活绘图平面的负 Z 轴方向。创建之后必须变换摄影机的观察方向。

（2）打开"创建"命令面板的"摄影机"标签，单击"对象类型"卷展栏下面的"自由"按钮。

（3）在"前"视口单击，创建一个自由摄影机，如图 8-40 所示。

（4）在"前"视口右击结束摄影机的创建操作。

下面给摄影机指定一个"路径约束"控制器。

由于 3ds Max 是面向对象的程序，因此给摄影机指定路径控制器与给几何体指定路径控制器的过程是一样的。

（1）确认选择了摄影机，到"运动"命令面板，打开"指定控制器"卷展栏。

（2）单击"位置：位置 XYZ"选项，如图 8-41 所示。

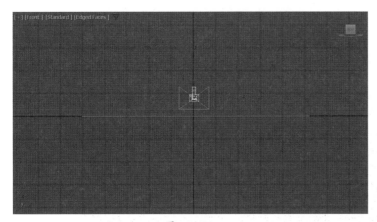

图 8-40   图 8-41

（3）在"指定控制器"卷展栏中，单击"指定控制器"按钮。

（4）在"指定控制器"对话框，单击"路径约束"选项，然后单击"确定"按钮，关闭该对话框。

（5）在命令面板的"路径参数"卷展栏，单击"添加路径"按钮。

（6）按 H 键，打开"拾取对象"对话框。在"拾取对象"对话框单击 Camera Path，然后单击"拾取"按钮，关闭"拾取对象"对话框。这时摄影机移动到作为路径的样条线上，如图 8-42 所示。

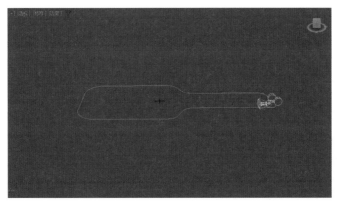

图 8-42

（7）来回拖曳时间滑动块，观察动画的效果。现在摄影机的动画还有两个问题：第一是方向不对，第二是方向不随着路径改变。

首先，来解决第二个问题。

（8）在"路径参数"卷展栏的"路径选项"区域勾选"跟随"复选框。

（9）来回拖曳时间滑动块，以观察动画的效果。现在摄影机的方向随着路径改变，但是观察方向仍然不对。下面就来解决这个问题。

（10）在"路径参数"卷展栏的"轴"区域选择"X"单选按钮。

（11）来回拖曳时间滑动块，观察动画的效果。现在摄影机的观察方向也正确了。

（12）到"显示"命令面板的"隐藏"卷展栏单击"全部取消隐藏"按钮，场景中显示了所有隐藏的对象。

（13）激活"透视"视口，按 C 键，将它改为摄影机视口，在摄影机视口中观察对象，如图 8-43 所示。

图　8-43

（14）单击动画控制区域的"播放动画"按钮，可以看见摄影机在路径上快速运动。

（15）单击动画控制区域的"停止动画"按钮。

下面调整摄影机在路径上的运动速度。

（1）继续前面的练习，或者选择菜单栏中"文件"|"打开"命令，从本书的网络资源中打开 Samples-08-09.max 文件。

（2）来回拖曳时间滑动块，以观察动画的效果。

在默认的 100 帧动画中摄影机正好沿着路径运行一圈。当按每秒 25 帧的速度回放动画的时候，100 帧正好 4s。如果希望运动的速度稍微慢一点，可以将动画时间调整得稍微长一些。

（3）在动画控制区域单击"时间配置"按钮。

（4）在出现的"时间配置"对话框的"动画"区域中，将"长度"的值设置为 1500，如图 8-44 所示。

（5）单击"确定"按钮，关闭"时间配置"对话框。

（6）来回拖曳时间滑动块，以观察动画的效果。

图　8-44

摄影机的运动范围仍然是 100。下面将第 100 帧处的关键帧移动到第 1500 帧。

（7）在"透视"视口单击选择摄影机。

（8）在将鼠标光标放在轨迹栏上第 100 帧处的关键上，然后将这个关键帧移动到第 1500 帧处。

（9）单击动画控制区域的"播放动画"按钮。

现在摄影机的运动范围是 1500 帧。读者可能已经注意到，摄影机在整个路径上的运动速度是不一样的。

（10）单击动画控制区域的"停止动画"按钮，停止播放。

下面调整摄影机的运动速度。

（11）确认仍然选择了摄影机，到"运动"命令面板的"路径选项"区域，勾选"恒定速度"复选框。

（12）单击动画控制区域的"播放动画"按钮，摄影机在路径上匀速运动。

（13）单击动画控制区域的"停止动画"按钮，停止播放。

例 8-21：摄影机暂停的动画。

制作摄影机漫游的动画时，经常需要摄影机走一走、停一停。下面就来设置摄影机暂停的动画。

（1）启动或者重新设置 3ds Max，选择菜单栏中"文件"|"打开"命令，从本书的网络资源中打开 Samples-08-10.max 文件。

该文件包含一组建筑、一个摄影机和一条样条线，摄影机沿着样条线运动，总长度为1500 帧。

（2）将时间滑动块调整到第 200 帧。

下面从这一帧开始将动画暂停 100 帧。

（3）在"透视"视口单击选择摄影机。

（4）在"透视"视口右击，然后在弹出的菜单上选择"曲线编辑器"命令。

这样就为摄影机打开了一个"轨迹视图 - 曲线编辑器"对话框。在"曲线编辑器"的编辑区域显示一个垂直的线，指明当前编辑所示的时间，如图 8-45 所示。

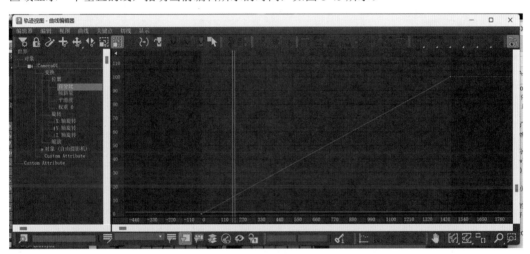

图　8-45

在层级列表区域单击百分比轨迹。

（5）在"轨迹视图－曲线编辑器"的工具栏上单击"添加关键点"按钮。

（6）在"轨迹视图－曲线编辑器"的编辑区域百分比轨迹的当前帧处单击，增加个关键帧，如图 8-46 所示。

（7）在"轨迹视图－曲线编辑器"的编辑区域右击，结束"添加关键点"操作。

（8）在编辑区域选择刚刚增加的关键帧。

（9）如果增加的关键帧不是正好在第 200 帧，那么在"轨迹视图－曲线编辑器"的时间区域键入 200，如图 8-47 所示。

（10）如果关键帧的数值不是 20.0，那么在 Camera01\Percent 对话框的 Value 区域键入20.0。

这意味着摄影机用了 200 帧完成了总运动的 20%。由于希望摄影机在这里暂停 100 帧，因此需要将第 300 帧处的关键帧的值也设置为 20.0。

（11）单击"轨迹视图－曲线编辑器"工具栏中的"移动关键点"按钮，按下 Shift 键，在"轨迹视图－曲线编辑器"的编辑区域将第 200 处的关键帧拖曳到第 300 帧，在复制时保持水平移动。

这样就将第 200 帧处的关键顿复制到了第 300 帧，如图 8-48 所示。

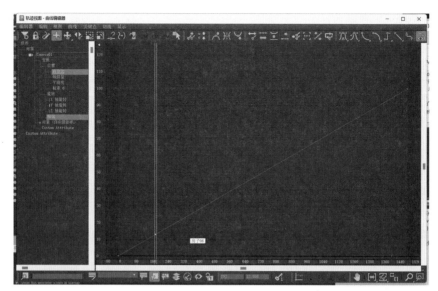

图 8-46

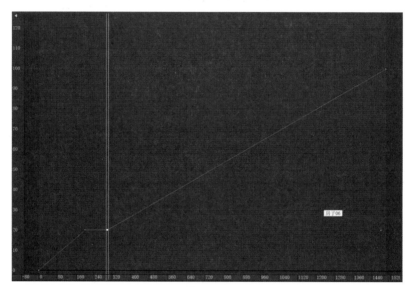

图 8-47

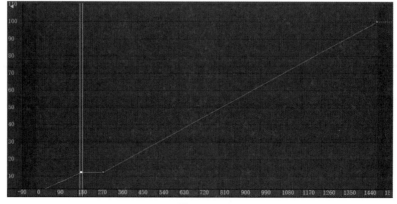

图 8-48

（12）单击动画控制区域的"播放动画"按钮，播放动画。现在摄影机在第 200 到第 300 之间没有运动，完成后的实例见 Samples-08-10f.max。

（13）单击动画控制区域的"停止动画"按钮，停止播放。

说明：如果在第 300 帧处的关键帧数值不是 20，请将它改为 20。

8.5 使摄影机跟随移动的物体

● ● ● ● ● ● ● ● ●

可以使用注视约束控制器使摄影机自动跟随移动对象。

如果摄影机是目标摄影机，则会忽略其先前的目标。如果摄影机是自由摄影机，则它实际上成为目标摄影机。当注视约束控制器生效时，自由摄影机无法围绕其本地 X 轴和 Y 轴旋转，并且由于向上矢量约束而无法垂直对准。

例 8-22："注视约束"控制器。

（1）启动 3ds Max，选择菜单栏中"文件"|"打开"命令，从本书的网络资源中打开 Samples-08-11.max 文件。

场景中有一朵花、一只蝴蝶和一条样条线，如图 8-49 所示。蝴蝶已经被指定为"路径约束"控制器。

图　8-49

（2）来回拖曳时间滑动块，观察动画的效果，可以看到蝴蝶沿着路径运动。

（3）在"透视"视口中单击选择花瓣下面的花托。到"运动"面板，单击打开"指定控制器"卷展栏，单击"旋转"选项，如图 8-50 所示。

（4）单击"指定控制器"卷展栏中的"指定控制器"按钮。

（5）在出现的"指定旋转控制器"对话框中，单击"注视约束"选项如图 8-51 所示，然后单击"确定"按钮。

（6）在"运动"命令面板单击打开"注视约束"卷展栏，单击"添加注视目标"按钮，如图 8-52 所示。

（7）在"透视"视口单击蝴蝶对象。

（8）单击动画控制区域的"播放动画"按钮，播放动画。可以看到花朵一直指向飞舞的蝴蝶。制作好的文件保存在 Samples-08-11f.max 中。

另一种方法是将目标摄影机的目标链接到对象。该控制器使一个对象的某个轴一直朝向另外一个对象。

图 8-50 图 8-51 图 8-52

8.6 链接约束控制器

"链接约束"控制器变换一个对象到另一个对象的层级链接。有了这个控制器,3ds Max 的位置链接不再是固定的了。

下面使用"链接约束"控制器制作传接小球的动画,如图 8-53 所示,这是其中的一帧。

例 8-23:"链接约束"控制器。

(1)启动或者重新设置 3ds Max。选择菜单栏"文件"|"打开"命令,从本书的网络资源中打开 Samples-08-12.max 文件,场景中有四根长方条,如图 8-54 所示。

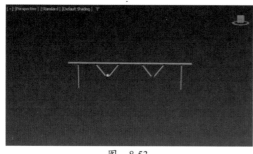

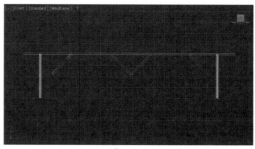

图 8-53 图 8-54

(2)来回拖拽时间滑块,观察动画的效果。可以看到四根长方条来回交接。

(3)下面创建小球。在"创建"命令面板,单击"球体"按钮,在前视图中创建一个半径为 30 个单位的小球,将小球与 Box01 对齐,如图 8-55 所示。

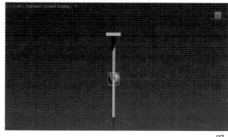

图 8-55

（4）制作小球的动画。选择小球，到"运动"命令面板，单击"参数"按钮，打开"指定控制器"卷展栏。选择"变换"选项，如图 8-56 所示。

（5）单击"指定控制器"按钮，出现"指定变换控制器"对话框，选择"链接约束"选项，单击"确定"按钮，如图 8-57 所示。

（6）打开"链接参数"卷展栏，单击"添加链接"按钮。将时间滑块调整到第 0 帧，选择 Box01；将时间滑块调整到第 20 帧，选择 Box02；将时间滑块调整到第 40 帧，选择 Box03（右数第二个）；将时间滑块调整到第 60 帧，选择 Box04；将时间滑块调整到第 100 帧，选择 Box03；将时间滑块调整到第 120，选择 Box02；将时间滑块调整到第 120，选择 Box01。这时的"链接参数"卷展栏如图 8-58 所示。

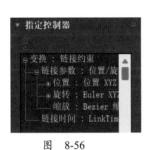
图 8-56

图 8-57

图 8-58

（7）观看动画，然后停止播放。

该例子的最后结果保存在本书网络资源的文件 Samples-08-12fmax 中。

小　结

本章讲解了摄影机的基本用法、调整摄影机参数的方法，以及设置动画的方法等。摄影机动画是建筑漫游中常用的动画技巧，请读者一定认真学习。

我们不但可以调整摄影机的参数，而且可以使用摄影机导航控制按钮直接可视化地调整摄影机。要设置摄影机漫游的动画，最好使用"路径约束"控制器，使摄影机沿着某条路径运动。调整摄影机的运动的时候，最好使用"轨迹视图"的曲线编辑模式。

习　题

一、判断题

1. 摄影机的位置变化不能设置动画。（　　）

2. 摄影机的视野变化不能设置动画。（　　）

3. 自由摄影机常用于设置摄影机沿着路径运动的动画。（　　）

4. 切换到摄影机视图的快捷键是 C。（　　）

5. 摄影机与视图匹配的快捷键是 Ctrl+C。（　　）

6. 在 3ds Max 中，一般使用自由摄影机制作漫游动画。（　　）

二、选择题

1. 3ds Max 2023 中的摄影机有（　　）种类型。
    A. 4　　　　　　　　B. 2　　　　　　　　C. 3　　　　　　　　D. 5

2. 在"轨迹视图"中有（　　）种时间值域外的曲线循环模式。
    A. 6　　　　　　　　B. 5　　　　　　　　C. 8　　　　　　　　D. 4

3. "链接约束"控制器可以在（　　）控制器层级上变更。
    A. 变换　　　　　　B. 位置　　　　　　C. 旋转　　　　　　D. 缩放

4. 球体落地和起跳的关键帧应使用的曲线模式是（　　）。
    A. 出入线方向均为加速曲线
    B. 出入线方向均为减速曲线
    C. 入线方向为加速曲线，出线方向为减速曲线
    D. 出线方向为加速曲线，入线方向为减速曲线

5. 优化动画曲线上的关键帧应使用（　　）命令。
    A. 变换　　　　　　B. 位置　　　　　　C. 旋转　　　　　　D. 缩放

6. 美国与日本的电视帧速率为（　　）。
    A. 24　　　　　　　B. 25　　　　　　　C. 30　　　　　　　D. 35

7. 3ds Max 中最小的时间单位是（　　）。
    A. tick　　　　　　B. 帧　　　　　　　C. s　　　　　　　　D. 1/2400s

8. 用鼠标直接拖动从而改变时间标尺长度的方法是（　　）。
    A. Alt+ 鼠标中键　　B. Alt+ 鼠标左键　　C. 鼠标右键　　　　D. Ctrl+Alt+ 鼠标右键

三、思考题

1. 摄影机的镜头和视野之间有什么关系？

2. 解释"路径约束"控制器的主要参数。

3. 如何使用景深和聚焦效果？两者是否可以同时使用？

4. 如何制作一个对象沿着某条曲线运动的动画？

5. 3ds Max 2023 的位移和旋转的默认控制器是什么？

6. 裁剪平面的效果是否可以设置动画？

7. 3ds Max 2023 测量视野的方法有几种？

8. 一般摄影机和正交摄影机有什么区别？

9. 请模仿本书网络资源中的文件 Samples-08- 钱币 .avi 制作动画。

10. 尝试制作一个摄影机漫游的动画。

第 9 章 | 材质编辑器

材质编辑器是 3ds Max 工具栏中非常有用的工具。本章将介绍 3ds Max 材质编辑器的界面和主要功能。学习如何利用基本的材质，如何取出和应用材质，也将学习如何应用材质中的基本组件以及如何创建和使用材质库。

本章重点内容：

● 描述材质编辑器的布局。
● 根据自己的需要调整材质编辑器的设置。
● 给场景对象应用材质编辑器。
● 创建基本的材质，并将它应用于场景中的对象。
● 从场景材质中创建材质库。
● 从材质库中取出材质。
● 从场景中获取材质并调整，使用材质/贴图浏览器浏览复杂的材质。
● 使用板岩材质编辑器。
● 给场景对象应用Autodesk材质库。

9.1 材质编辑器基础

使用材质编辑器能够给场景中的对象创建五彩缤纷的颜色和纹理表面属性。在材质编辑器中有很多工具和设置可供选择使用。

可以根据自己的喜好来选择材质，可以选择简单的纯色，也可以选择相当复杂的多图像纹理。例如，对于一堵墙的材质来讲，可以是单色的，也可以是有复杂浮雕纹理的，如图 9-1 所示。材质编辑器提供了很多设置材质的选项。

图 9-1

使用 3ds Max 时，会花费很多时间使用材质编辑器。因此，舒适的材质编辑器的布局是非常重要的。

打开材质编辑器的方式有三种：

（1）单击主工具栏"材质编辑器"按钮。

（2）选择菜单栏上"渲染"|"材质编辑器"命令。

（3）按 M 键。

"材质编辑器"对话框由以下五部分组成，如图 9-2 所示。

图　9-2

从上至下依次是：

① 菜单栏。

② 材质样本窗。

③ 材质编辑器工具栏。

④ 材质类型和名称区。

⑤ 材质参数区。

9.1.1　材质样本窗

在将材质应用给对象之前，可以在材质样本窗区域看到该材质的效果。默认情况工作区中显示 24 个样本窗中的 6 个。有 3 种方法查看其他的样本窗。

（1）平推样本窗工作区。

（2）使用样本窗侧面和底部的滑动块。

（3）增加可见窗口的个数。

1. 平推和使用样本窗滚动条

观察其他材质样本窗的一种方法是使用鼠标在样本窗工作区平推。

例 9-1：样本窗滚动条。

（1）启动 3ds Max。

（2）选择菜单栏"文件"|"打开"命令，从本书的网络资源中打开文件 Samples-09-01.max。文件中包含 3 个椅子模型，如图 9-3 所示。

（3）打开"材质编辑器"，如图 9-4 所示。

（4）可在材质编辑器中看到椅子有 2 种材质。想观察到更多的材质球，在材质编辑器的样本窗区域，将鼠标放在两个窗口的分隔线上，可以看到鼠标变成了手的形状。

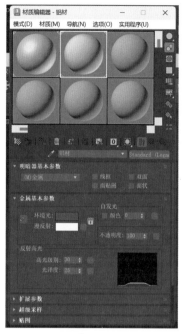

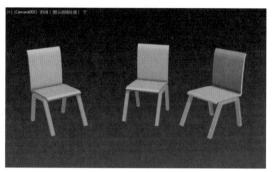

图 9-3

图 9-4

（5）在样本窗区域单击并拖动鼠标，可以看到更多的样本窗。

（6）在样本窗的右侧和底部使用滚动栏，也可以看到更多的样本窗。

2. 显示多个材质窗口

继续在打开的案例中进行操作。

如果需要看到的不仅是标准的 6 个材质窗口，可以使用两种"行 / 列"排列方式进行设置，它们是 5×3 或 6×4。通过下列两种方法进行设置：

● 右击菜单。

● 选项对话框。

两种方法操作如下。

在激活的样本窗区域右击，将显示右键菜单，如图 9-5 所示。从右键菜单中选择样本窗的个数，图 9-6 显示的是 5×3 设置的样本窗。激活的材质窗用白色边界标识，表示这是当前使用的材质。

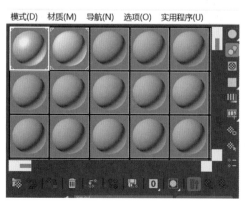

图 9-5

图 9-6

也可以通过选择工具栏侧面的图"选项"按钮或者菜单栏中"菜单"下的"选项"命令来控制样本窗的设置。单击按钮，显示材质编辑器的"材质编辑器选项"对话框，可以在"示例窗数目"区域改变设置，如图9-7所示。

3. 放大样本视窗

虽然3×2设置的样本窗提供了较大的显示区域，但仍然可以将样本窗设成更大的尺寸。3ds Max 允许将某样本窗放大到任何尺寸。可以双击激活的样本窗或使用右键菜单来放大它。

例9-2：放大样本视窗

（1）继续前面的练习，在材质编辑器里，右击选择的窗口，将出现快捷菜单（图9-4）。

（2）在快捷菜单中选择"放大"命令后，出现图9-8所示的大窗口。

可以用鼠标拖曳对话框的一角来任意调整样本窗的大小。

9.1.2 样本窗指示器

样本窗也提供材质的可视化表示法，来表明材质编辑器中每一材质的状态。场景越复杂，这些指示器

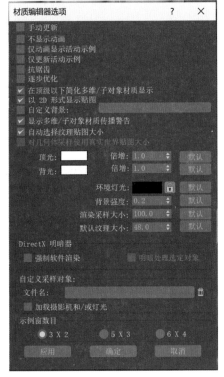

图 9-7

就越重要。给场景中的对象指定材质后，样本窗的角显示出白色或灰色的三角形。这些三角形表示该材质被当前场景使用。如果三角是白色的，表明材质被指定给场景中当前选择的对象。如果三角是灰色的，表明材质被指定给场景中未被选择的对象。

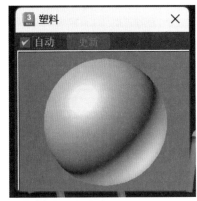

图 9-8

下面我们进一步了解指示器。

例9-3：样本窗指示器。

（1）选择菜单栏"文件"|"打开"命令，从本书的网络资源中打开文件 Samples-09-01.max，如图9-9所示。

（2）按M键打开材质编辑器，其中有些样本窗的角上有灰色的三角形，如图9-10所示。

（3）选择材质编辑器中最上边一行的第一个样本窗，如图9-11所示。该样本窗的边界变成白色，表示现在它为激活的材质。

图 9-9

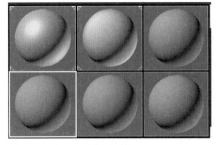

图 9-10

（4）在材质名称区，材质的名字为"塑料"。样本窗角上有灰色的三角形，表示该材质已被指定给场景中的一个对象。如果材质的角上没有灰色三角形，代表这个材质没有指定给场景中的任何对象。

（5）在摄像机视口中选择塑料对象。

塑料材质的三角形变成白色，表示此样本窗口的材质已经被应用于场景中选择的对象上，如图 9-12 所示。

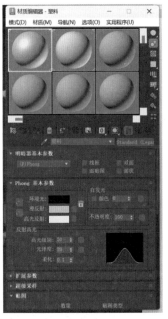

图　9-11

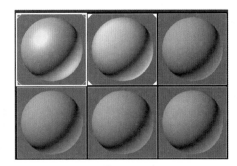

图　9-12

9.1.3　给一个对象应用材质

材质编辑器除了创建材质外，它的一个最基本的功能是将材质应用于各种各样的场景对象。3ds Max 提供了将材质应用于场景中对象的几种不同的方法。可以使用工具栏底部的"选择指定材质"按钮，也可以简单地将材质拖放至当前场景中的单个对象或多个对象上。

1. 将材质指定给选择的对象

通过先选择一个或多个对象，可以很容易地给对象指定材质。

例 9-4：指定对象的材质。

（1）启动 3ds Max，选择菜单栏"文件"|"打开"命令，从本书的网络资源中打开文件 Samples-09-02.max。打开后的场景如图 9-13 所示。

（2）按 M 键打开材质编辑器，选择名称为塑料的材质，如图 9-14 所示。

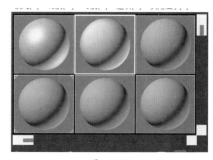

图　9-13　　　　　　　　　　　图　9-14

（3）在场景中选择所有塑料对象（塑料 001～塑料 003）。可以直接在视口左侧进行选择，如图 9-15 所示。

技巧：单击的同时按下 Ctrl 键，可将选择对象加到选择集。

（4）在材质编辑器中单击"选择指定材质"按钮。

这样就将材质指定到场景中了，如图 9-16 所示。样本窗的角变成了白色，表示材质被应用于选择的场景对象上了。

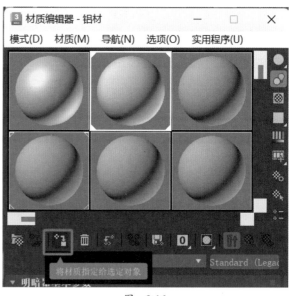

图　9-15　　　　　　　　　　　图　9-16

2. 拖放

使用拖放的方法也能对场景中选到的一个或多个对象应用材质。但是，如果对象被隐藏在后面或在其他对象的内部，就很难恰当地指定材质。

例 9-5：拖放指定对象的材质。

（1）继续前面的练习，在材质编辑器中选择名为"铝材"的材质（第 1 行第 2 列的样本视窗），如图 9-17 所示。

（2）将该材质拖曳到 Camera001 视口的铝材对象上。释放鼠标时，材质将被应用于铝材对象上，如图 9-18 所示。

图 9-17

图 9-18

9.2　定制材质编辑器

●●●●●●●●●

当创建材质时，经常需要调整默认的材质编辑器的设置。可以改变样本窗口中对象的形状，打开和关闭背光，显示样本窗口的背景以及设置重复次数等。所有定制的设置都可从样本视窗区域右边的工具栏访问。右边的工具栏包括的工具如表 9-1 所示。

表　9-1

图标	名称	内容
	采样类型	允许改变样本窗中样本材质的形式，有球形、圆柱和盒子三种选项
	背光	显示材质受背光照射的样子
	背景	允许打开样本窗的背景，对透明材质特别有用
	采样 UV 平铺	允许改变编辑器中材质的重复次数而不影响应用于对象的重复次数
	视频颜色检查	检查无效的视频颜色
	生成预览	制作动画材质的预览效果
	选项	出现材质编辑器选项，对材质进行编辑
	按材质选择	使用"选择对象"对话框选择场景中的对象
	材质 / 贴图导航器	允许查看组织好的层级中的材质的层次

1. 样本视窗的显示

默认情况下，样本视窗中的对象是一个球体。在场景创建材质时，多数情况下要使用的形状不是球。例如，如果给平坦的表面创建材质（比如墙或地板），就可能希望改变样本视窗的显示。

例 9-6：改变样本窗的显示。

（1）继续前面的练习。

（2）按 M 键打开材质编辑器，激活第一个样本窗。

（3）单击"采样类型"按钮，有三种样式可供选择。

（4）选择圆柱体或盒子，样本窗显示如图 9-19 和图 9-20 所示，能更好地观察材质。

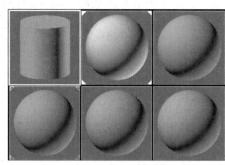

图　9-19

图　9-20

2. 材质编辑器的灯光设置

材质的外观效果与灯光关系十分密切。3ds Max 是一个数字摄影工作室。如果懂得在材质编辑器中如何调整灯光，就会更有效地创建材质。在材质编辑器中有三种可用的灯光设置，它们是：顶部光、背光和环境光。

说明：灯光设置的改变是全局变化，会影响所有的样本窗。

在许多情况下，3ds Max 提供的默认的灯光设置就可以很好地满足要求。改变了设置，可能又想改回默认设置。下面就来学习如何改回默认设置。

在材质编辑器中只有一种改变亮度的方法，就是使用倍增器，它的值从 0.0 到 1.0。设为 1 时，它是 100% 的亮度。材质编辑器灯光设置好后，可以从侧面的工具栏关闭背光。

3. 改变贴图重复次数

使用图像贴图创建材质时，有时会希望它看起来像平铺的图像。创建地板砖材质就是这样的情况。

例 9-7：改变贴图重复次数。

（1）打开本书网络资源中的文件 Samples-09-03.max。

（2）按 M 键打开材质编辑器，激活第一个样本窗。其材质的名字是 plan。

（3）在侧面的工具栏上单击并按住"采样 UV 平铺"按钮，将弹出"采样 UV 平铺"选项。根据视觉的需要，有 4 个重复值可供选择，1×1、2×2、3×3 以及 4×4。

（4）从"采样 UV 平铺"弹出的按钮中单击 3×3，如图 9-21 所示。

说明：重复次数只适于材质编辑器的预览，不影响场景材质。

4. 材质编辑器的其他选项

"材质编辑器选项"对话框提供了许多方法定制材质编辑器的设置。有一些选项会直接影响样本窗，而其他选项则是为了提高设计效率。

1）调整渲染采样大小

我们可能经常需要改变"渲染采样大小"的设定值，这个值 Sample 决定了样本对象与场景中对象的比例关系。该选项允许在渲染场景前，以场景对象的大小为基础，预览程序贴图的比例。例如，如果场景对象为 15 个单位的大小，那么最好将"渲染采样大小"设置为 15 来显示贴图。

程序贴图是使用数学公式创建的。"噪波"、"大理石"和"斑点"是三种程序贴图的例子。通过调整它们提供的值可以达到满意的效果。

例 9-8：调整渲染采样大小。

（1）继续前面的练习或者选择菜单栏"文件"|"打开"命令，从本书的网络资源中打开文件 Samples-09-04.max。

（2）按 M 键打开材质编辑器。

（3）在材质编辑器选择"floor"材质样本窗。这是一个大理石材质。

（4）在"材质编辑器"的侧面工具栏上单击  "选项"按钮。

（5）在"材质编辑器选项"对话框中，单击"渲染采样大小"右边的"默认"按钮。

说明：默认的"渲染采样大小"设置为100，这表示对象在场 Sample 景内的大小为100单位。

（6）单击"材质编辑器选项"对话框中的"应用"按钮。

此时出现的结果如图9-22所示。

图　9-21

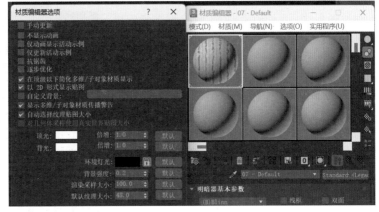

图　9-22

说明：仔细地观察球表面的外观。缩放值设为100，球看起来是光滑的。要使球表面比较好地表现出来，可将缩放值设得小一些。

（7）输入"渲染采样大小"的值为25。

（8）单击对话框的"应用"，球现在被放大，如图9-23所示。

（9）单击"确定"按钮关闭对话框。

2）提高工作效率的选项

随着场景和贴图变得越来越复杂，材质编辑器开始变慢，尤其有许多动画材质的情况更加如此。在"材质编辑器选项"对话框中，有4个选项能提高工作效率，如图9-24所示。

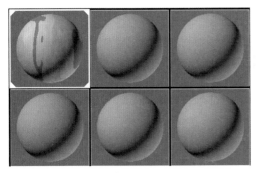

图　9-23

图　9-24

（1）"手动更新"：使自动更新材质无效，必须通过单击样本窗来手动更新材质。当勾选"手动更新"复选框后，对材质所做的改变并不会实时反映出来。只有在更新样本窗时才能看到这些变化。

（2）"不显示动画"：与3ds Max中的其他功能一样，当播放动画时，动画材质会实时更新。这不仅会使材质编辑器变慢，也会使视口的播放变慢。勾选了该复选框，材质编辑器内和视口的所有材质的动画都会停止播放。这会极大地提高计算机的工作效率。

（3）"仅动画显示活动示例"：和"不显示动画"操作类似，但是它只允许当前激活的样本窗和视口播放动画。

（4）"仅更新活动示例"：与"手动更新"类似，它只允许激活的样本窗实时更新。

9.3 使 用 材 质

在本节中，我们将进一步讨论材质编辑器的定制和材质的创建。我们的周围充满了各种各样的材质，有一些外观很简单，有一些则呈现出相当复杂的外表。不管是简单还是复杂，它们都有一个共同的特点，就是影响从表面反射的光。当构建材质时，必须考虑光和材质如何相互作用。

3ds Max 提供了多种材质类型，如图 9-25 所示。每一种材质类型都有独特的用途。

有两种方法选择材质类型：一种是按质名称栏右边的 Standard 按钮，另一种是用材质编辑器工具栏的"获取材质"图标。不论使用哪种方法，都会出现"材质/贴图浏览器"对话框，可以从该对话框中选择新的材质类型。3ds Max 2023 已按照材质、贴图等进行了分组，方便查找。

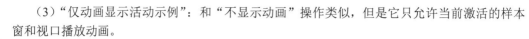

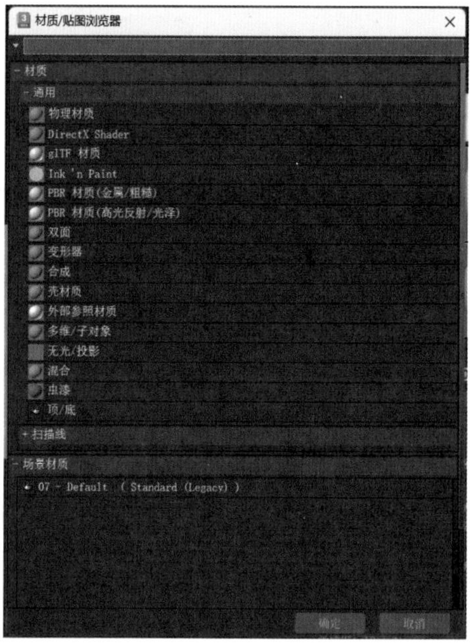

9.3.1 标准材质明暗器的基本参数

图 9-25

标准材质类型非常灵活，可以使用它创建无数材质。材质最重要的部分是所谓的明暗，光对表面的影响是由数学公式计算的。在标准材质中可以在"阴影基本参数"卷展栏选择明暗方式。每一个明暗器的参数是不完全一样的。

可以在"阴影基本参数"卷展栏中指定渲染器的类型，如图 9-26 所示。

图 9-26

在渲染器类型旁边有 4 个选项，它们分别是"线框"、"双面"、"面贴图"和"面状"。下面简单解释这几个选项。

（1）"线框"：使对象作为线框对象渲染。可以用线框渲染制作线框效果，比如栅栏的防护网。

（2）"双面"：设置该选项后，3ds Max 既渲染对象的前面也渲染对象的后面。双面材质可用于模拟透明的塑料瓶、渔网或网球拍细线。

（3）"面状"：该选项使对象产生不光滑的明暗效果。面状可用于制作加工过的钻石和其他的宝石或任何带有硬边的表面。

（4）"面贴图"：该选项将材质的贴图坐标设定在对象的每个面上。与下章将要讨论的"UVW 贴图"修改器中的"面贴图"作用类似。

3ds Max 默认的是 Blinn 明暗器，但是可以通过明暗器列表来选择其他的明暗，如漫反射

图 9-27 所示。不同的明暗器有一些共同的选项,如"环境"、"漫反射"和"自发光"、"透明度"以及"高光"等。每一个明暗器也都有自己的一套参数。

(1)"各向异性":说明暗器基本参数卷展栏如图 9-28 所示,它创建的表面有非圆形高光。

图 9-27

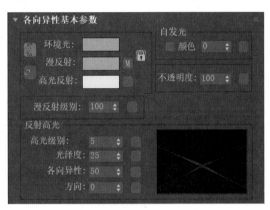

图 9-28

各向异性明暗器可用来模拟光亮的金属表面。

某些参数可以用颜色或数量描述,"自发光"通道就是这样一个例子。当值左边的复选框关闭后,就可以输入数值,如图 9-29 所示。如果打开复选框,可以使用颜色或贴图替代数值。

(2)Blinn:Blinn 是一种带有圆形高光的明暗器,其基本参数卷展栏如图 9-30 所示。Blinn 明暗器应用范围很广,是默认的明暗器。

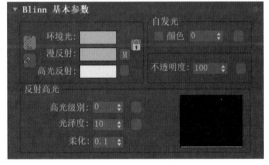

图 9-30

图 9-29

(3)"金属":"金属"明暗器常用来模仿金属表面,其基本参数卷展栏如图 9-31 所示。

(4)"多层":"多层"明暗器包含两个各向异性的高光,二者彼此独立起作用,可以分别调整,制作出有趣的效果,其基本参数卷展栏如图 9-32 所示。可以使用"多层"创建复杂的表面,如缎纹、丝绸和光芒四射的油漆等。

(5)Oren-Nayer-Blinn(ONB):该明暗器具有 Blinn 风格的高光,但它看起来更柔和。其基本参数卷展栏如图 9-33 所示。

ONB 通常用于模拟布、土坯和人的皮肤等效果。

(6)Phong:该明暗器是从 3ds Max 的最早版本保留下来的,它的功能类似于 Blinn。不足之处是高光有些松散,不像 Blinn 那么圆。其基本参数卷展栏如图 9-34 所示。Phong 是非常灵活的明暗器,可用于模拟硬的或软的表面。

(7)Strauss:该明暗器用于快速创建金属或者非金属表面(例如有光泽的油漆、光亮的金属和合金等)。它的参数很少,如图 9-35 所示。

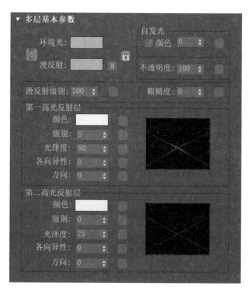

图　9-32

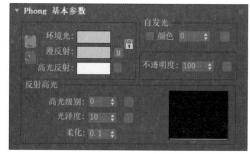

图　9-31

图　9-33

图　9-34

（8）"半透明明暗器"：该明暗器用于创建薄物体的材质（例如窗帘、投影屏幕等），来模拟光穿透的效果。其基本参数卷展栏如图 9-36 所示。

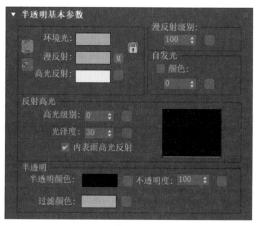

图　9-35

图　9-36

9.3.2 Ray trace 材质类型

与标准材质类型一样，"光线跟踪"材质也可以使用 Phong、Blinn 和"金属"明暗器、Oren-Nayer-Blinn（ONB）明暗器以及各向异性明暗器。"光线跟踪"材质在这些明暗器的用途上与"标准"材质不同。"光线跟踪"材质试图从物理上模仿表面的光线效果。正因为如此，"光线跟踪"材质要花费更长的渲染时间。

光线跟踪是渲染的一种形式，它计算从屏幕到场景灯光的光线。Ray trace 材质利用了这一点，允许增加一些其他特性，如发光度、额外的光、半透明和荧光。它也支持高级透明参数，如颜色密度等，如图 9-37 所示。

1. "光线跟踪基本参数"卷展栏的主要参数

（1）"明暗处理"：可以在下拉列表中选择明暗器，根据选择的明暗器，"反射高光"会更改以显示该明暗器的控件。

（2）"亮度"：担当过滤器，遮住选择的颜色。

（3）"反射"：设置反射值的级别和颜色，可以设置成没有反射，也可以设置成镜像表面反射。

2. "扩展参数"卷展栏的主要参数

（1）"附加光"：这项功能像环境光一样。它能用来模拟从一个对象放射到另一个对象上的光。

（2）"半透明"：该选项可用来制作较薄对象的表面效果。当用在较厚对象上时，它可以制作类似于蜡烛的效果。

（3）"荧光和荧光偏移"："荧光"将引起材质被照亮，就像被白光照亮，而不管场景中光的颜色。偏移决定亮度的程度，1.0 是最亮，0 是不起作用。

9.3.3 给玻璃桌添加玻璃材质

例 9-9：玻璃材质。

下面来给玻璃桌添加材质。

（1）启动 3ds Max 2023，选择菜单栏"文件"|"打开"命令，从本书网络资源中打开文件 Samples-09-05.max，如图 9-38 所示。

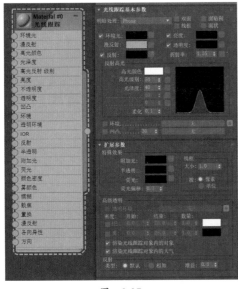

图　9-37

图　9-38

（2）按 M 键打开材质编辑器。

（3）在"材质编辑器"中选择一个可用的样本窗。

（4）在"名称"区域中，输入"boli"。

（5）在"明暗器基本参数"卷展栏中，从下拉列表中单击"Phong"命令，如图 9-39 所示。

（6）在"Phong 基本参数"卷展栏中，单击"环境光"颜色样本，在出现的"色彩选择器"对话框中，设定颜色值为 R=0、G=0 和 B=0，如图 9-40 所示。单击"确定"按钮关闭对话框。

图　9-39

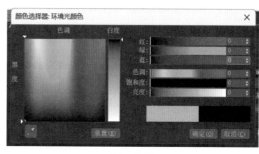

图　9-40

（7）单击"漫反射"颜色样本，在出现的"色彩选择器"对话框中设定 RGB 的值都为 22，如图 9-41 所示。

（8）在"Phong 基本参数"卷展栏中，修改"不透明度"的值为 70，如图 9-42 所示。

（9）在"Phong 基本参数"卷展栏的"反射高光"区域，设置"高光级别"为 250，"光泽度"为 70，如图 9-43 所示。

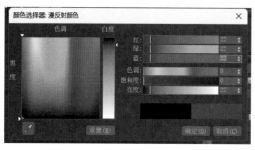

图　9-41

图　9-42

图　9-43

（10）在"贴图"卷展栏中，将"反射"的数量改为 30，单击紧靠"反射"的"无贴图"按钮。

（11）在"材质/贴图浏览器"对话框中，勾选"光线跟踪"复选框后单击"确定"按钮，如图 9-44 所示。

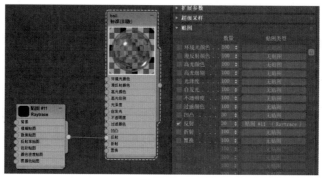

图　9-44

（12）在材质编辑器的工具栏中，单击"材质设置"按钮，回到主材质设置区域。双击样本窗查看大图，如图9-45所示。为更好地观察玻璃材质，可打开样本窗的背景。

说明：有两个按钮可帮助我们浏览简单的材质，它们是"转到父级""转到下一个"。"转到父级"是回到材质的上一层，"转到下一个"是在材质的同一层切换。

（13）在"材质编辑器"的侧工具栏中单击"背景"按钮，如图9-46所示。

说明：随着反射的加入，材质看起来更像玻璃。

图 9-45　　　　　　　　　　　　　　图 9-46

（14）将材质拖曳到场景中的zhuo mian对象上，或者选中zhuo mian对象然后单击"将材质指定给选定对象"按钮，如图9-47所示。

（15）在主工具栏中单击"快速渲染"按钮。渲染结果如图9-48所示。

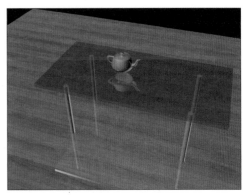

图 9-47　　　　　　　　　　　　　　图 9-48

9.3.4 从材质库中取出材质

3ds Max材质编辑器的优点之一就是能使用已创建的材质以及存储在材质库中的材质。在这一节，我们将从材质库中选择一个材质，并将它应用到场景中的对象上。

例9-10：从材质库中取出材质。

（1）启动3ds Max，选择菜单栏"文件"|"打开"命令，打开本书网络资源中的文件Samples-09-06.max，见图9-49。

（2）按M键进入材质编辑器，在材质编辑器中，向左推动样本窗，将露出更多的样本窗。

（3）选择一个空白的样本窗。

（4）单击工具栏中的"获取材质"按钮。

（5）在"材质/贴图浏览器"对话框的左上角，单击"展开"按钮，选择"打开材质库"命令，如图9-50所示。

图 9-49

图 9-50

（6）出现"打开材质库"对话框。在该对话框中单击"第9章实例源文件"文件夹中的 3ds max.mat，然后单击"打开"按钮，可看到 3ds max 材质库，如图 9-51 所示。

图 9-51

（7）从材质列表中双击 Teapot，这样将此材质复制到激活样本窗，如图 9-52 所示。

（8）关闭材质 / 贴图浏览器对话框。

（9）将这个材质拖放到 Teapot 对象上，结果如图 9-53 所示。

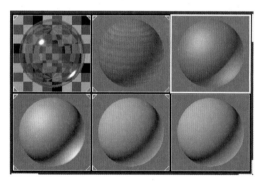

图 9-52

图 9-53

（10）在主工具栏中单击"快速渲染"按钮。

渲染后的效果如图 9-54 所示。

（11）关闭渲染窗口。

9.3.5 修改新材质

我们还可以对选择的材质进行修改，以满足要求。下面就对刚刚选择的材质进行修改。

例 9-11：修改新材质。

（1）继续前面的练习或者选择菜单栏中的"文件"|"打开"命令，从本书的网络资源中打开文件 Samples-09-07.max。

（2）按 M 键进入材质编辑器。

（3）在材质编辑器中单击 Floor 样本视窗。

（4）在"Blinn 基本参数"卷展栏中，单击"漫反射"通道的 M 选项。

（5）在"坐标"卷展栏中，将 U 和 V 的"平铺"参数分别改为 5.0 和 2.0，如图 9-55 所示。

图　9-54　　　　　　　　　　　　　　　　图　9-55

（6）在材质编辑器的工具栏上，单击"转到父级"按钮。

（7）在"贴图"卷展栏"凹凸"中的"数量"调整为 75。这样会增加凹凸的效果。

（8）确定摄像机视口处于激活状态。

（9）在主工具栏中单击"渲染产品"按钮。渲染结果如图 9-56 所示。

（10）关闭渲染窗口。

9.3.6　创建材质库

尽管可以同时编辑 24 种材质，但是场景中经常有不止 24 个对象。3ds Max 可以使场景中的材质比材质编辑器样本窗的材质多，可以将样本窗的所有材质保存到材质库，或将场景中应用于对象的所有材质保存到材质库。下面将创建一个材质库。

例 9-12：创建材质库。

（1）继续前面的练习。

（2）按 M 键打开材质编辑器。

（3）在材质编辑器工具栏中，单击"获取材质"按钮。

（4）在"材质 / 贴图浏览器"对话框里，单击"场景"分组，显示区域出现场景中使用的材质，如图 9-57 所示。

图　9-56　　　　　　　　　　　　　　　　图　9-57

（5）在"材质 / 贴图浏览器"的左上角，单击▄图标，选择"新材质库"，如图 9-58。命名为"boling"，则在"材质/贴图浏览器"面板中出现"boling"分组。然后将"场景"分组中使用的材质分别复制到"boling"分组中，如图 9-59 所示。

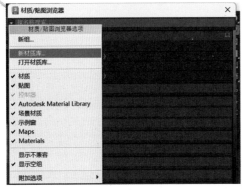

图　9-58

图　9-59

（6）在分组名称上右击选择"另存为"命令，在"导出材质库"对话框中，将库保存在"matlibs"目录下，名称为"boling"，单击"保存"按钮，如图 9-60 所示。

图　9-60

这样就将场景的材质保存到名为 boling.mat 的材质库中了。

9.4　板岩材质编辑器

板岩材质编辑器是精简材质编辑器的替代项。该编辑器能够以节点、连线、列表的方式来显示材质层级，完全颠覆了以往的材质编辑方式。用户可以一目了然地观察和编辑材质，界面更人性化，操作更简便。

板岩界面和精简界面的区别在于：精简界面在只需应用已设计好的材质时更方便，而板岩界面在设计材质时功能更强大，它用于复杂材质网络中，可帮助用户改进工作流程，提高工作效率。

进入板岩材质编辑器可通过以下三种方法：

（1）单击主工具栏上"材质编辑器"按钮。

（2）选择菜单栏上"渲染"|"材质编辑器"|"Slate 材质编辑器"命令。

（3）在"精简材质编辑器"面板的菜单栏"模式"中选择"Slate 材质编辑器"命令。

9.4.1 板岩材质编辑器的布局

"板岩材质编辑器"（Slate 材质编辑器）是具有多个元素的图形界面，共由八部分组成，如图 9-61 所示。

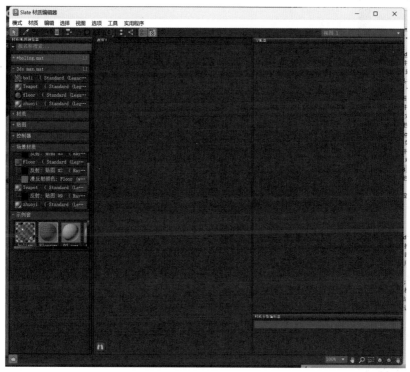

图 9-61

（1）菜单栏。

（2）工具栏。在材质编辑器工具栏中，主要工具有：

"删除选定对象"：在活动视图中，删除选定的节点或关联。

"移动子对象"：移动父节点会移动与之相随的子节点。

"隐藏未使用的节点示例窗"：对于选定的节点，在节点打开时切换未使用的示例窗的显示。

"布局全部"弹出按钮：可以在活动视图中选择自动布局的方向，分为垂直和水平。

"布局子对象"：自动布置当前所选节点的子节点，此操作不会更改父节点的位置。

（3）材质/贴图浏览器。在"材质/贴图浏览器"面板中，已经按照材质、贴图、材质库等进行分类，用户可以方便地找到需要的材质类型或贴图，也可以按照名称进行搜索还可以自定义分组，将常用的材质、贴图等放进分组中，易于管理。

要编辑材质，可将其从"材质/贴图浏览器"面板拖到视图中。要创建新的材质或贴图，可将其从"材质"组或"贴图"组中拖出。

（4）视图。在当前活动视图中，可以通过将贴图或控制器与材质组件关联来构造材质树。

（5）导航器。导航器用于浏览活动视图。导航器中的红色矩形显示了活动视图的边界。在导航器中拖动矩形可以更改视图的布局。

（6）材质参数编辑器。在材质参数编辑器中，可以调整贴图和材质的详细设置。

（7）视图导航。视图导航用于对活动视图进行比例放缩、移动等操作。

（8）状态栏。

9.4.2 活动视图中的材质和贴图节点

图　9-62

1. 节点的概念

如图 9-62 所示，节点有多个组件。

（1）标题栏显示小的预览图标，后面跟有材质或贴图的名称，然后是材质或贴图的类型。

（2）标题栏下面是窗口，它显示材质或贴图的组件。默认情况下，板岩材质编辑器仅显示用户可以应用贴图的窗口。

（3）在每个窗口的左侧，有一个用于输入的圆形"套接字"。

（4）在每个窗口的右侧，有一个用于输出的圆形"套接字"。

2. 创建和编辑节点

1）创建节点

要创建一个新的材质，可使用两种方法。

（1）从"材质/贴图浏览器"中直接将材质拖入活动视图。

（2）在活动视图中右击，从显示的"上下文"菜单中选择材质进行创建。同理，对于向活动视图中添加贴图，方法同上。

2）编辑节点

双击要编辑其设置的节点，材质或贴图的卷展栏将出现在"参数编辑器"中，在此可以更改设置。

3. 关联节点

要设置材质组件的贴图，可将贴图节点关联到该组件窗口的输入套接字上。

例 9-13：关联节点。

（1）启动 3ds Max 2023。

（2）单击主工具栏上"材质编辑器"按钮。

（3）从"材质/贴图浏览器"对话框中将材质拖入活动视图中，如图 9-63 所示。

（4）从贴图节点的输出套接字拖出将创建关联，如图 9-64 所示。

说明：在添加某些类型的贴图时，板岩材质编辑器会自动添加一个 Bezier 浮点控制器节点，用于控制贴图量。控制器提供了许多为材质或贴图设置动画的方法，可以启用自动关键点，然后在各帧中更改控制器的值。

板岩材质编辑器还为用户提供了关联材质树的替代方法：可以从父对象拖动到子对象（即从材质窗到贴图），也可以从子对象拖动到父对象。

双击未使用的输入套接字，将显示"材质/贴图浏览器"对话框，通过它可以选择材质或贴图类型，从而成为新节点。

拖动以创建关联，在视图的空白区域释放鼠标，将显示"上下文"菜单，通过创建适当类型的新节点进行关联，如图 9-65 所示。

图 9-63　　　　　　　　　　　图 9-64　　　　　　　　　　　图 9-65

如果将关联拖动到目标节点的标题栏，则将显示一个弹出菜单，可通过它选择要关联的组件窗口，如图 9-66 所示。

如果将关联拖到一个关闭节点，或具有隐藏未使用窗口的节点，3ds Max 将临时打开该节点以便可以选择要关联的套接字。关联完成后，3ds Max 会再次关闭该节点。

要将节点插入到现有关联中，可将该节点从"材质 / 贴图浏览器"对话框面板拖曳到该关联上。光标的变化可以让用户知道正在插入节点。

（5）若要移除贴图或关联，可在视图中单击贴图节点或关联已处于选择状态，单击"关闭"按钮或按 Delete 键即可。

（6）若要更换其输入套接字关联的位置，可将关联拖离其关联的输入套接字上，即可重用该贴图节点。

4. 材质和贴图节点的右击菜单

右击材质或贴图节点将显示一个菜单，其中有多种选项可用于显示和管理材质和贴图，如图 9-67 所示。

该菜单的主要功能如下。

（1）布局子对象：自动排列当前所选节点的子对象布局，快捷键是 C。

（2）隐藏子树：启用此选项时，"视图"会隐藏当前所选节点的子对象。禁用此选项时，子节点将显示出来。

（3）隐藏未使用的节点示例窗：对于选定的节点，在节点打开的情况下切换未使用的示例窗显示。键盘快捷键是 H。

5. 创建和管理视图

要管理已命名的视图，可右击其中一个"视图"选项卡，选择创建新视图、重命名视图、删除视图等命令，如图 9-68 所示。

还可以从中选择活动视图或在多个视图中切换，其中按 Ctrl+Tab 组合键可循环显示当前已命名的视图。

对活动视图的浏览，有以下几种方法：

（1）用鼠标中键拖动可以暂时平移视图。

（2）按住 Ctrl+Alt 组合键并使用鼠标中键拖动可以暂时缩放视图。

（3）使用滚轮暂时缩放视图。

（4）利用导航按钮。

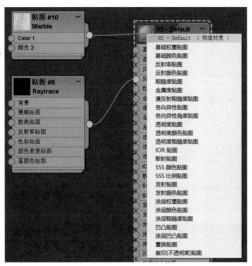

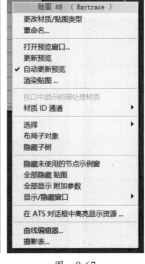

图 9-66　　　　　　　　　　　　图 9-67　　　　　　　　图 9-68

小　结

本章介绍了 3ds Max 2023 材质编辑器的基础知识和基本操作。通过本章的学习，应该能够熟练进行如下操作：

- 调整材质编辑器的设置。
- 给场景对象应用材质：创建基本的材质，建立自己的材质库，并且能够从材质库中取出材质。
- 给材质重命名。
- 修改场景中的材质。
- 使用"材质/贴图导航"对话框浏览复杂的材质。

对于初学者来讲，应该特别注意使用"材质 / 贴图导航"功能。

习　题

一、判断题

1. 可以将材质编辑器样本视图中的样本类型指定为标准几何体中的任意一种。（　　）

2. 材质编辑器中的灯光设置也影响场景中的灯光。（　　）

3. 在调整透明材质的时候最好打开材质编辑器工具按钮中的 Background 按钮。（　　）

4. 材质编辑器工具按钮中的"采样 UV 平铺"按钮对场景中贴图的重复次数没有影响。（　　）

5. 标准材质明暗器基本参数卷展栏中的"双面"选项与双面材质类型的作用是一样的。（　　）

6. 可以给 3ds Max 的材质起中文名字。（　　）

7. 在一般情况下，材质编辑器工具栏中的"将材质放入场景"按钮和"复制材质"按钮只有一个可以使用。（　　）

8. 不可以指定材质自发光的颜色。（　　）

9. 在 3ds Max 2023 中，明暗器模型的类型有 8 种。（　　）

10. 在 3ds Max 2023 中，不能直接将材质拖至场景中的对象上。（　　）

二、选择题

1. 下列选择项属于模型控制项的是（　　）。

    A. Blur   B. Checker   C. Glossiness Maps   D. Bitmap

2. 在明暗器模型中，设置金属材质的选项为（　　）。

    A. Translucent Shader B. Phone   C. Blinn   D. Metal

3. 在明暗器模型中，可以设置金属度的选项为（　　）。

    A. Strauss   B. Phone   C. Blinn   D. Metal

4. 不属于材质类型的有（　　）。

    A. Standard   B. Double Side   C. Morpher   D. Bitmap

5.（　　）材质类型与面的 ID 号有关。

    A. Standard   B. Top/Bottom   C. Blend   D. Multi/Sub-Object

6.（　　）材质类型与面的法线有关。

    A. Standard   B. Morpher   C. Blend   D. Double Side

7. 材质编辑器样本视窗中的样本类型最多可以有（　　）种。

    A. 2   B. 3   C. 4   D. 5

8. 材质编辑器的样本视窗最多可以有（　　）个。

    A. 6   B. 15   C. 24   D. 30

9. 在标准材质的 Blinn 基本参数卷展栏中，（　　）参数影响高光颜色。

    A. Specular   B. Specular Level   C. Glossiness   D. Soften

10. 材质编辑器明暗器基本参数卷展栏中的（　　）明暗器模型可以产生十字形高光区域。
材质编辑器明暗器基本参数卷展栏中的（　　）明暗器模型可以产生条形高光区域。

    A. Blinn   B. Phone   C. Metal   D. Multi-Layer

三、思考题

1. 如何从材质库中获取材质？如何从场景中获取材质？

2. 如何设置线框材质？

3. 如何将材质指定给场景中的几何体？

4. 如何使用自定义的对象作为样本视窗中样本的类型？

5. 材质编辑器的灯光对场景中几何对象有何影响？如何改变材质编辑器中的灯光设置？

6. 在材质编辑器中同时可以编辑多少种材质？

7. 如何建立自己的材质库？

8. 不同明暗器模型的用法有何不同？

9. 试着对 Samples-09-08.max 进行渲染。

第 10 章 | 创建贴图材质

第 9 章讲解了通过调整漫反射的值设定材质的
颜色来创建基本材质。一般情况下，调整基本材质
就足够了，但是当对象和场景比较复杂的时候，就
要用到贴图材质了，本章就介绍如何创建贴图材质。

本章重点内容：

- 使用各种贴图通道。
- 使用位图创建简单的材质。
- 使用程序贴图和位图创建复杂贴图。
- 在材质编辑器中修改位图。
- 使用和修改程序贴图。
- 给对象应用UVW贴图坐标。
- 解决复杂的贴图问题。
- 使用动画材质。

10.1 位图和程序贴图

3ds Max 材质编辑器包括两类贴图，即位图和程序贴图。有时这两类贴图看起来类似，但作
用原理不一样。

10.1.1 位图

位图是二维图像，单个图像由水平和垂直方向的像素组成。图像的像素越多，它就变得越
大。小的或中等大小的位图用在对象上时，不要离摄像机太近。如果摄像机要放大对象的一部
分，可能需要比较大的位图。如图 10-1 是一个毛毯位图贴图，给出了摄像机放大中等大小位图
的对象时的情况，图像的右下角出现了块状像素，这种现象称作像素化。

在图 10-1 的图像中，使用比较大的位图会减少像素化。但是，较大的位图需要更多的内
存，因此渲染时会花费更长的时间。

图　10-1

10.1.2 程序贴图

与位图不一样，程序贴图的工作原理是利用简单或复杂的数学方程进行运算形成贴图。使用程序贴图的优点是：当对它们放大时，不会降低分辨率，能看到更多的细节。

当放大一个对象（比如木质地板）时，图像的细节变得很明显，不会出现像素化，如图 10-2 所示。程序贴图的另一个优点是它们是三维的，填充整个 3D 空间。比如用一个木材纹理填充对象时，就好像它是实心的，如图 10-3 所示。

图　10-2

3ds Max 提供了多种程序贴图，例如，噪波、水、斑点、渐变等，贴图的灵活性提供了外观的多样性。

10.1.3 组合贴图

3ds Max 允许将位图和程序贴图组合在同一个贴图里，这样就提供了更大的灵活性。

图 10-4 是一个带有位图的程序贴图。

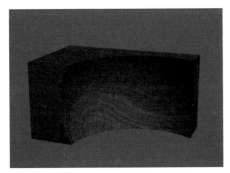

图　10-3　　　　　　　　　　　图　10-4

10.2 贴 图 通 道

当创建简单或复杂的贴图材质时，必须使用一个或多个材质编辑器的贴图通道，如漫反射颜色、凹凸、高光或其他可使用的贴图通道。这些通道能够使用位图和程序贴图。贴图可单独使用，也可以组合在一起使用。

10.2.1 进入贴图通道

3ds Max 2023 及以上的版本对材质编辑器进行了更新，要想在经典的旧版材质编辑器中设置贴图，需选择菜单栏中"自定义"|"自定义默认设置切换器"命令，将默认设置改为"Max . Legacy"，用户界面方案设置为"Default UI"，点击"设置"按钮后重启 3ds Max 软件。

要设置贴图，可单击"基本参数"卷展栏的贴图框。这些贴图框在颜色样本和微调器旁边。注意，在"基本参数"卷展栏中不能使用所有的贴图通道。

要观看明暗器的所有贴图通道，需要打开"贴图"卷展栏，这样就会看到所有的贴图通道。图 10-5 是 Blinn 明暗器贴图通道的一部分。

在"贴图"卷展栏中可以改变贴图的"数量"设置。"数量"可以控制使用贴图的数量。在图 10-6 中，左边图像的"漫反射颜色"数量设置为 100，而右边图像的"漫反射颜色"数量设置为 25，其他参数设置相同，数值越大，颜色信息越明显。

图 10-5　　　　　　　　　　　　　　　　　　　　图 10-6

10.2.2 贴图通道的参数

有些明暗器提供了另外的贴图通道选项，如多层、Oren-Nayer-Blinn 和各向异性明暗器就提供了比 Blinn 明暗器更多的贴图通道。明暗器提供贴图通道的多少取决于明暗器自身的特征，复杂的明暗器提供的贴图通道较多。图 10-7 是多层明暗器的贴图通道。

下面对图 10-7 中的各个参数进行简单的解释。

（1）环境光颜色："环境光颜色"贴图控制环境光的量和颜色。环境光的量受"环境"对话框中"环境"值的影响。"环境"对话框可通过执行主菜单栏的"渲染"|"环境"命令打开，也可直接按 8 键，如图 10-8 所示。增加环境中的"环境"值，会使"环境"贴图变亮。

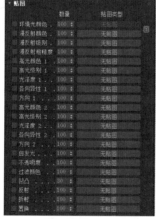

图 10-7　　　　　　　　　　　　　　　　　　　　图 10-8

在默认的情况下，该数值与"漫反射"值锁定在一起，打开解锁按钮█可将锁定打开。如图 10-9 中，图 10-9（a）是作为"环境"贴图的灰度级位图，图 10-9（b）是将图 10-9（a）应用给环境贴图后的效果。

（2）漫反射颜色："漫反射颜色"贴图通道是最有用的贴图通道之一，它决定对象可见表面的颜色。

在图 10-10 中，图 10-10（a）是作为 Diffuse 贴图的彩色位图，图 10-10（b）是将图 10-10（a）贴到"漫反射颜色"通道后的效果。

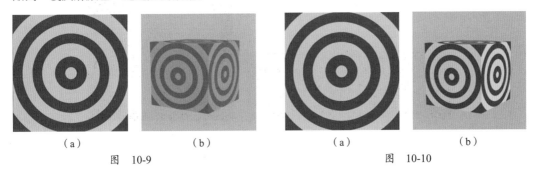

（a）　　　　　　　　（b）　　　　　　　　（a）　　　　　　　　（b）

图　10-9　　　　　　　　　　　　　　图　10-10

（3）漫反射级别：该贴图通道基于贴图灰度值。它用来设定"漫反射颜色"贴图的亮度值，对模拟灰尘效果很有用。

在图 10-11 中，图 10-11（a）是贴图的层级结构，图 10-11（b）是贴图的最后效果。

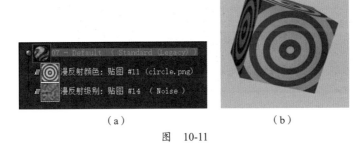

（a）　　　　　　　　　　（b）

图　10-11

说明：任意一个贴图通道都能用彩色或灰度级图像，但是，某些贴图通道只使用贴图的灰度值而放弃颜色信息。"漫反射级别"就是这样的通道。

（4）漫反射粗糙度：当给这个通道使用贴图时，较亮的材质部分会显得不光滑。这个贴图通道常用来模拟老化的表面。

在图 10-12 中，图 10-12（a）是贴图的层级结构，图 10-12（b）是贴图的最后效果。

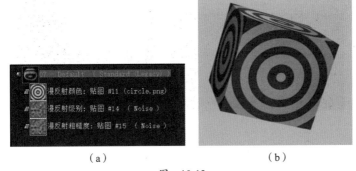

（a）　　　　　　　　　　（b）

图　10-12

一般来说，改变"漫反射粗糙度"的值会使材质外表有微妙的改变。

（5）高光颜色 1：该通道决定材质高光部分的颜色。它使用贴图改变高光的颜色，从而产生特殊的表面效果。在"多层"明暗器的贴图卷展栏中有两个高光颜色通道，可以给材质设置两个高光颜色贴图，高光贴图的大小可以在"多层基本参数"卷展栏中进行设置。

在图 10-13 中，图 10-13（a）是贴图的层级结构，图 10-13（b）是贴图的最后效果。

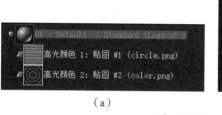

（a）　　　　　　　　　　　（b）

图　10-13

（6）高光级别 1：该通道基于贴图灰度值改变贴图的高光亮度。利用这个特性，添加 Noise 贴图可以给表面材质加污垢、熏烟及磨损痕迹。

在图 10-14 中，图 10-14（a）是贴图的层级结构，图 10-14（b）是贴图的最后效果。

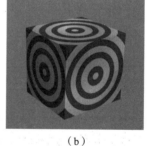

（a）　　　　　　　　　　　（b）

图　10-14

（7）光泽度 1：该贴图通道基于位图的灰度值影响高光区域的大小。数值越小，区域越大；数值越大，区域越小，但亮度会随之增加。使用这个通道，可以创建在同一材质中从无光泽到有光泽的表面类型变化。

在图 10-15 中，图 10-15（a）是贴图的层级结构，图 10-15（b）是贴图的最后效果。注意，对象表面暗圆环和亮圆环之间暗的区域没有高光。

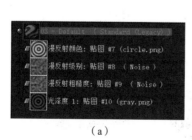

（a）　　　　　　　　　　　（b）

图　10-15

（8）各向异性 1：该贴图通道基于贴图的灰度值决定高光的宽度。它可以用于制作光滑的金属、绸缎等效果。

在图 10-16 中，图 10-16（a）是贴图的层级结构，图 10-16（b）是贴图的最后效果。

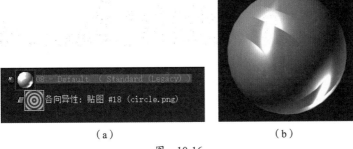

（a）　　　　　　　　　　　（b）

图　10-16

（9）方向：该贴图通道用来处理"各向异性"高光的旋转。它可以基于贴图的灰度数值设置各向异性高光的旋转，从而给材质的高光部分增加复杂性。

在图 10-17 中，图 10-17（a）是贴图的层级结构，图 10-17（b）是贴图的最后效果。

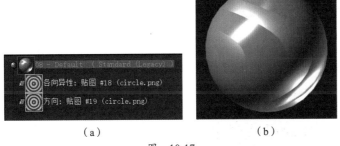

（a）　　　　　　　　　　　（b）

图　10-17

（10）自发光：该贴图通道有两个选项；可以使用贴图灰度数值确定自发光的值，也可以使用贴图作为自发光的颜色。图 10-18 是使用贴图灰度值确定自发光的情况，图 10-18（a）是贴图的层级结构，图 10-18（b）是贴图的最后效果。这时基本参数卷展栏中的"颜色"复选框没有被勾选，如图 10-19 所示。

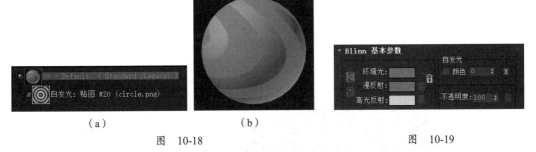

（a）　　　　　　　　（b）

图　10-18　　　　　　　　　　　　　　　　图　10-19

图 10-20 是使用贴图作为自发光颜色的情况。这时基本参数卷展栏中的"颜色"复选框被勾选。如图 10-20 中，图 10-20（a）是贴图的层级结构，图 10-20（b）是贴图的最后效果。

（11）明度：白色不透明，黑色透明。不透明也有几个其他的选项，如过滤、相加或相减。

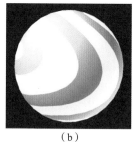

(a)　　　　　　　　　　　　　（b）

图　10-20

图 10-21 是材质的层级结构。图 10-22 是不勾选 双面 双面复选框的情况，可以看到中间的白色部分不透明，白色之间的黑色部分是透明的，且随着灰度的提高透明度越来越低。图 10-23 是勾选 ☑双面 双面复选框的情况。

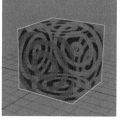

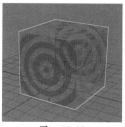

图　10-21　　　　　　图　10-22　　　　　　图　10-23

选中"相减" ⬤相减 单选按钮后，将材质的透明部分从颜色中减去，如图 10-24 所示。选中"相加" ⬤相加 单选按钮后，将材质的透明部分加入颜色中，如图 10-25 所示。

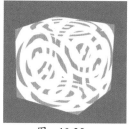

图　10-24　　　　　　　　　　图　10-25

（12）过滤色：当创建透明材质时，有时需要给材质的不同区域加颜色。该贴图通道可以产生这样的效果，如可以创建彩色玻璃的效果。

在图 10-26 中，图 10-26（a）是贴图的层级结构，图 10-26（b）是贴图的最后效果。

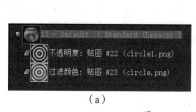

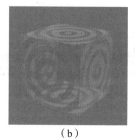

（a）　　　　　　　　　　　　（b）

图　10-26

（13）凹凸：该贴图通道可以使几何对象产生凸起的效果。该贴图通道的"数量"区域设定的数值可以是正的，也可以是负的。利用这个贴图通道可以方便地模拟岩石表面等凹凸效果。

在图 10-27 中，图 10-27（a）是贴图的层级结构，图 10-27（b）是贴图的最后效果。

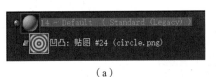

（a）　　　　　　　　　　　　（b）

图　10-27

（14）反射：使用该贴图通道可创建如镜子、铬合金、发亮的塑料等反射材质，与凹凸贴图结合在一起会呈现比较好的效果。

"反射"贴图通道有许多贴图类型选项，下面介绍几个主要的选项。

反射/折射：创建相对真实反射效果的第二种方法是使用"反射/折射"贴图。尽管这种方法产生的反射没有"光线跟踪"贴图产生的真实，但它的优点是渲染得比较快，并且可满足大部分需要。

在图 10-28 中，图 10-28（a）是贴图的层级结构，图 10-28（b）是贴图的最后效果。

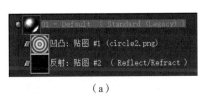

（a）　　　　　　　　　　　　（b）

图　10-28

反射位图：有时不需要自动进行反射，只希望反射某个位图。图 10-29 是反射的位图。在图 10-30 中，图 10-30（a）是贴图的层级结构，图 10-30（b）是贴图的最后效果。

图　10-29　　　　　　　　　　　　　（a）　　　　　　　　　　　　（b）

图　10-30

平面镜反射："平面镜反射"贴图特别适合于创建平面或平坦的对象，如镜子、地板或任何其他平坦的表面。它提供高质量的反射，而且渲染很快。

在图 10-31 中，图 10-31（a）是贴图的层级结构，图 10-31（b）是给地板添加平面镜反射贴图的渲染效果。

（15）折射：可使用"折射"贴图创建玻璃、水晶或其他包含折射的透明对象。在使用折射时，需要考虑"高级透明"区域的"折射率"选项，如图 10-32 所示。光线穿过对象的时候产生弯曲，光被弯曲的量取决于光通过的材质类型。例如，钻石弯曲光的量与水不同。弯曲的量由"折射率"来控制。

（a）

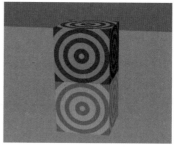

（b）

图　10-31

图　10-32

"折射"贴图通道也有很多选项，下面介绍几个主要的选项。

光线跟踪： 在"折射"贴图通道中使用"光线跟踪"会产生真实的效果。从光线跟踪的原理我们就知道，在模拟折射效果的时候，最好使用光线跟踪，尽管"光线跟踪"渲染要花费相当长的时间。

在图 10-33 中，图 10-33（a）是贴图的层级结构，图 10-33（b）是贴图的最后效果。

薄墙折射： 与反射贴图一样，可以使用"薄墙折射"作为折射贴图。但它不是准确的折射，会产生一些偏移。

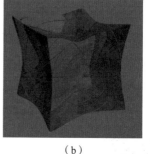

（a）

（b）

图　10-33

（16）置换：该贴图通道有一个独特的功能，即它可改变指定对象的形状，与"凹凸"贴图视觉效果类似。但是"置换"贴图将创建一个新的几何体，并且根据使用贴图的灰度值推动或拉动几何体的节点。"置换"贴图可创建如地形、信用卡上突起的塑料字母等效果。该贴图通道根据"置换近似"修改器的值产生附加的几何体。注意，不要将这些值设置得太高，否则渲染时间会明显增加。

贴图是给场景中的几何体创建高质量的材质的重要因素。可以使用 3ds Max 在所有的贴图通道中提供的许多不同类型的贴图。

10.2.3　常用贴图通道及材质类型实例

例 10-1："漫反射颜色""不透明度"与"凹凸"贴图通道。

这里举例讲解"漫反射颜色"贴图通道、"不透明度"贴图通道和"凹凸"贴图通道的应用。"漫反射颜色"贴图通道主要用来设置对象表面的颜色信息，所以在案例中使用贴图的是具有颜色信息的图片文件；"不透明度"贴图通道利用贴图的灰度值来决定材质的透明度，白色部分不透明，黑色部分透明；"凹凸"贴图通道使对象的表面在渲染时根据贴图的灰度值来呈现凹凸效果，从而使对象更加真实。

（1）选择菜单栏"文件"|"重置"命令，将 3ds Max 重置为默认模板。

（2）在创建面板单击 "几何体"按钮。

（3）在"对象类型"卷展栏中单击"平面"按钮，在场景中创建一个平面。

（4）选中平面赋予其一个材质球，并命名为"leaf"。在该材质球的贴图卷展栏中单击"漫反射"通道上的 无贴图 "无贴图"按钮，在"材质/贴图浏览器"对话框中选择"位图"选项，在弹出的"选择位图图像文件"对话框中选择素材"leaf-diffuse.jpg"，如图 10-34 和图 10-35 所示。

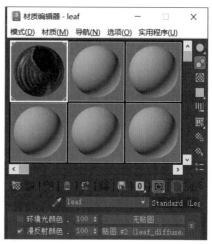

图　10-34

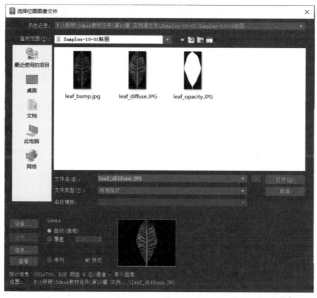

图　10-35

（5）单击 将贴图赋予平面，单击 圈使贴图在视口中显示。此时，平面上显示整幅图片，如图 10-36 所示。

图　10-36

（6）要让树叶以外的图像都变为不可见，通过"不透明度"贴图通道来实现部分遮盖效果。

单击"不透明度"贴图通道上的  "无贴图"按钮，在"材质/贴图浏览器"对话框中选择"位图"选项，在弹出的"选择位图图像文件"对话框中选择素材"leaf opacity.jpg"，如图 10-37 和图 10-38 所示。

黑色部分的图片将被遮盖变为透明，如图 10-39 所示。

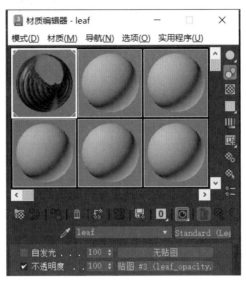

图　10-37

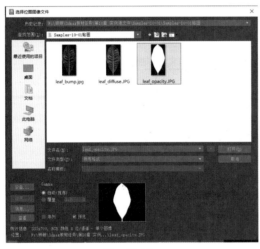

图　10-38

图　10-39

（7）要使树叶的纹理有立体效果，可通过"凹凸"贴图通道实现凹凸模拟。单击"凹凸"贴图通道上的 无贴图 "无贴图"按钮，在"材质/贴图浏览器"对话框中选择"位图"选项，在弹出的"选择位图图像文件"对话框中选择素材"leaf_bump.jpg"，如图 10-40 所示。

明显可看出树叶上的纹路呈现出立体凹凸效果，如图 10-41 所示。

（8）按 F9 键查看渲染结果，渲染效果如图 10-42 所示。完成的文件见 Samples-10-01.max。

例 10-2："噪波"贴图通道。

噪波是一种常用于两种色彩混合以及凹凸贴图通道的材质。

下面就举例来说明"噪波"材质应用。

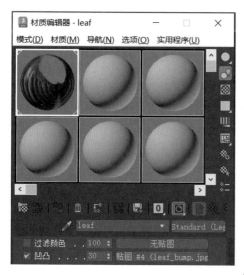
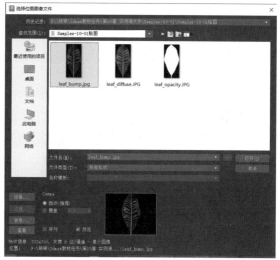

图　10-40

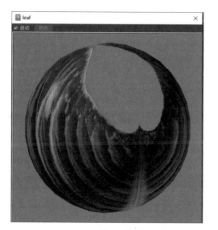

图　10-41

图　10-42

（1）选择菜单栏"文件"|"重置"命令，将 3ds Max 重置为默认模板。

（2）在"创建"面板单击 "几何体"按钮。

（3）在"对象类型"卷展栏中单击创建一个"平面"。

（4）选中球体并赋予其一个材质球，命名为"wall"。

（5）使用噪波来模拟一个长满污垢的墙面。在该材质球的贴图卷展栏中单击"漫反射颜色"通道上的 无贴图 "无贴图"按钮，在"材质/贴图浏览器"对话框中选择"噪波"选项，如图 10-43 所示。

（6）给"噪波参数"中的两个颜色添加位图贴图，如图 10-44 所示。

（7）单击"颜色 #1"后的 无贴图 "无贴图"按钮，在出现的"材质/贴图浏览器"对话框中选择"位图"选项，在弹出的"选择位图图像文件"对话框中选择素材"SHNGL03.jpg"。用同样的方法给"颜色 #2"添加位图贴图文件"DSC0626.jpg"，如图 10-45 所示。

（8）为了使墙面看起来更加真实，我们通过"凹凸"通道来模拟。在该材质球的贴图卷展栏中单击"凹凸"通道上的 无贴图 "无贴图"按钮，在"材质/贴图浏览器"对话框中选择"噪波"选项。分别给"颜色 #1"和"颜色 #2"添加灰度贴图，如图 10-46 所示。

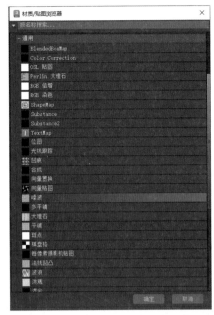

图　10-43

图　10-44

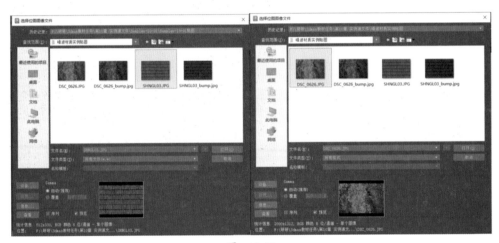

图　10-45

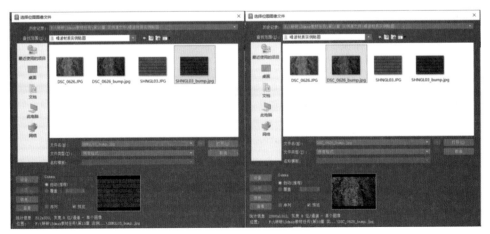

图　10-46

查看材质球可以看到明显的凹凸效果，如图 10-47 所示，图 10-47（a）是加凹凸之前的材质球，图 10-47（b）是加凹凸之后的材质球。

（9）将贴图赋予平面，使贴图在视口中显示。按 F9 键查看渲染效果，如图 10-48 所示。

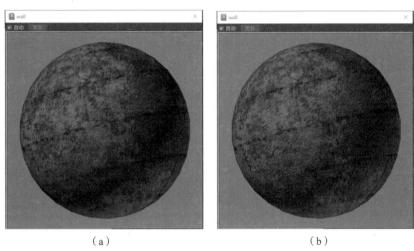

（a）   （b）

图　10-47

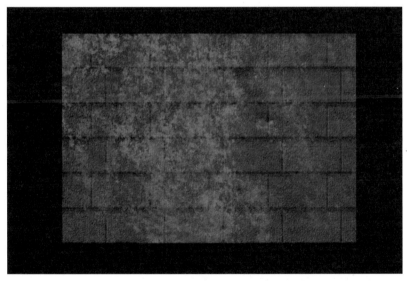

图　10-48

10.3　视　口　画　布

视口画布有视口 3D 绘图与编辑贴图的工具，提供了绘制笔刷编辑功能，可以使用笔、填色、橡皮擦、混合模式等工具，直接在模型上绘制贴图。利用贴图的图层创建功能，贴图可以保留图层信息直接输出到 Photoshop 中。它将活动视口变成二维画布，用户可以在这个画布上绘制，然后将结果应用于对象的纹理。它还有一个用来导出当前视图的选项，导出后就可以在 Photoshop 等相关的绘制软件中进行修改，然后保存文件，并更新 3ds Max 中的纹理。整个过程可使对贴图的编辑更方便、更随意。

10.3.1 视口画布界面介绍

打开 3ds Max 2023，单击"工具"菜单，选择"视口画布"命令，弹出如图 10-49 所示的窗口。

该窗口主要包括按钮区、颜色、画笔设置及各种参数卷展栏。若熟悉 Photoshop 软件，便可以发现其工具很相近。"视口画布"增加了"层"的概念，提供了直接绘制贴图的功能，就相当于用画笔直接在对象上绘制纹理等。

10.3.2 使用视口画布

1. 打开视口画布

下面通过一个实例介绍视口画布的相关功能。

例 10-3：视口画布。

（1）选择菜单栏"文件"|"重置"命令，将 3ds Max 重置为默认模板。

（2）在"创建"面板单击 ■"几何体"按钮。

（3）在"对象类型"卷展栏中单击创建一个"球体"，并赋予漫反射材质一个颜色。

（4）单击"工具"菜单，选择"视口画布"命令，如图 10-50 所示。

图　10-49

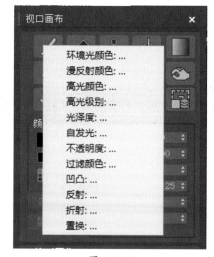

图　10-50

（5）单击"绘制" ■ 按钮，选择漫反射颜色，如图 10-51 所示。

（6）设置大小，保存纹理地址文件，存为 .tif 格式。勾选"在视口中显示贴图"复选框，以便可以看到绘制内容，单击"确定"按钮。

（7）将鼠标移动到场景对象上，鼠标变成圆形画笔样式，单击或拖动就可以在其表面绘制

3ds Max 2023 标准教程

了，如图 10-52 所示。

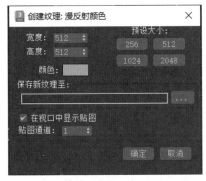
图　10-51

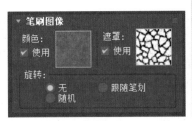

图　10-52

注意：如果在未赋予任何材质的对象上绘制，当单击时会弹出"指定材质"对话框，如图 10-53 所示。单击"指定物理材质"按钮，选择漫反射颜色。

2. "笔刷图像"和"笔刷图像设置"

设置画笔图案，单击"笔刷图像设置"卷展栏将其展开，所有显示的图像均可作为颜色或遮罩，如图 10-54 所示。注意观察使用和取消使用遮罩的不同效果。

注意：可以将其他需要的图片（此图为 .tif 文件）复制到特定文件夹下：C：\Users\Administrator\App Data\Local\Autodesk\3dsMax\2023 - 64bit\CHS\plugcfgln\Viewport Canvas\Custom Brushes。单击"视口画布笔刷图像对话框"左下角的"浏览自定义贴图目录"按钮选择要添加的 .tif 文件，单击"确定"按钮即可，如图 10-55 所示。

注意：在"笔刷图像设置"中"无""平铺""横跨屏幕"三个选项的区别，在选择时注意灵活应用。

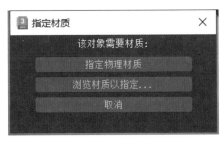
图　10-53

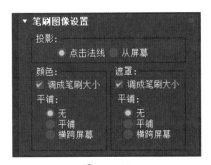
图　10-54

图　10-55

3. 2D 视图（2D View）

单击画笔按钮后，即可单击颜色下方的"2D 视图"按钮，打开对话框，如图 10-56 所示。

注意：将矩形纹理贴图应用于圆形的 3D 对象时，在"聚集"点（如球体的顶部和底部）可能会发生扭曲，因为使图像适应更小的曲面区域需要压缩。使用"视口画布"直接绘制到 3D 曲面时，软件在接近聚集点时自动展开图像可以对这种扭曲进行补偿。如果在"2D 绘制"窗口绘制这种区域，图像在窗口中显示正常，但在对象曲面上将发生扭曲，如图 10-57 所示。

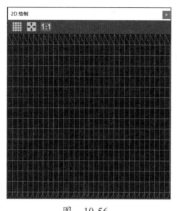

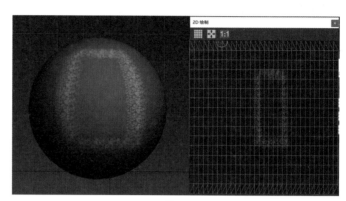

图 10-56   图 10-57

下面对"2D 绘制"对话框中的三个功能按钮进行介绍。

● 切换 UV 线框。在"2D 绘制"窗口启用和禁用纹理坐标的线框显示（显示为栅格）。

● 将纹理适配到视图。缩放视图以适应窗口中的整个纹理贴图。

● 按实际大小进行缩放。使纹理贴图中的每个像素与屏幕像素同样大小，纹理贴图以其实际大小显示。

4. 其他功能按钮介绍

● 擦除。使用当前笔刷设置绘制层的内容。"擦除"不可用于背景层。因此，建议在附加层（后面会介绍层的概念）使用其他绘制工具时，按住Shift键可以临时激活"擦除"命令。松开该键时，工具恢复其原始功能。

● 克隆。单击"克隆"按钮，可复制对象上或视口中任意位置的图像部分。若要使用"克隆"命令，请先按住Alt键，同时单击要从中克隆的屏幕上的一点，然后松开Alt键，并在所选对象上进行绘制。绘制内容是从首先单击的区域采样得到的。也可从所有层或活动视口采样。

● 填充。绘制3D曲面时，将当前颜色或笔刷图像应用于单击的整个元素。这可能会影响其他元素，具体取决于对象的UVW贴图。绘制2D视图画布时，使用当前颜色或笔刷图像填充整层。

● 渐变。颜色或笔刷图像以渐变方式应用。实际上，"渐变"是带有使用鼠标设置的边缘衰减的部分填充。

功能按钮 依次为：模糊、锐化、对比度、减淡、加深、涂抹，其功能近似于 Photoshop 中对应按钮的功能。

5. 画布的层概念

3ds Max 2023 延续了前面版本中 Photoshop 层的概念。按下任意功能按钮后"2D 视图"下的"层"按钮将可用，单击后弹出"层"对话框，如图 10-58 所示。

可以新建、删除、复制层，也可以按 进行移动、旋转、缩放。

"层"对话框的菜单栏中"文件"、"层"、"调整"、"过滤"等菜单与 Photoshop 中的类似功能相同。

注意：因为背景上的绘制将不能擦掉，所以建议在新建层中进行操作。

6. 贴图的保存

绘制结束后，右击退出时会弹出"保存纹理层"对话框，如图 10-59 所示。

图　10-58

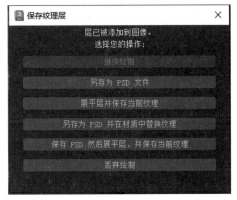

图　10-59

为获得最大的精确度，可使用 TIFF 或其他无损压缩文件格式。此外，请确保纹理的视口显示使用尽可能高的分辨率。执行"自定义"|"首选项"|"视口"|"配置驱动程序"命令，将"下载纹理大小"选项设置为 512 并勾选"尽可能接近匹配位图大小"复选框，即可完成此设置。"视口画布"要求 DirectX 9.0 作为视口显示驱动程序。

（1）继续绘制：返回活动绘制工具（绘制、擦除等），同时不保存文件。

（2）另存为 PSD 文件：提示用户提供要保存文件的名称和位置。保存文件，然后恢复原始位图纹理。多层绘制仅保存在已保存的文件中，不保存在场景中。可以使用"材质编辑器"选项将文件作为纹理贴图加载。

（3）展平层并保存当前纹理：将所有层合并为一个层，并将图像保存到当前图像文件中。

（4）另存为 PSD 并替换材质中的纹理：以 PSD 格式保存图像并使用保存的 PSD 文件替换材质中的当前贴图。此选项可保留贴图中的层。

（5）保存 PSD 然后展平层并保存当前纹理：以 PSD 格式保存图像，然后将多个层合并为一个层，并将展平的图像保存到当前贴图文件中。PSD 文件单独保存，不属于场景的一部分，需要手动将其加载。

（6）丢弃绘制：由于上次保存了纹理，并将所有层都添加到了背景层的上方，因此丢弃所有绘制。此选项可有效撤销任何层操作，并恢复到原始的单层位图。

注意：只有勾选了"选项"卷展栏中的"保存纹理"复选框，才能保存纹理。

视口画布的主要功能是将赋予贴图和图片的编辑结合起来。在材质编辑器中，贴图通道中的效果都可以用视口画布编辑和改进，从而更方便我们的操作。

10.4　UVW　贴　图

当给集合对象应用 2D 贴图时，经常需要设置对象的贴图信息。这些信息可告诉 3ds Max 如何在对象上设计 2D 贴图。

许多 3ds Max 的对象都有默认的贴图坐标。放样对象和 NURBS 对象也有它们自己的贴图坐标，但是这些坐标的作用有限。如果应用了 Boolean 操作，或材质使用 2D 贴图之前对象已经塌陷成可编辑的网格，那么就可能丢失了默认的贴图坐标。

在 3ds Max 2023 中，经常使用如下几个修改器来给几何体设置贴图信息。

① UVW 贴图。

② 贴图缩放器。

③ UVW 展开。

④ 曲面贴图等。

本节介绍最为常用的 UVW 贴图。

1.“UVW 贴图”修改器

"UVW 贴图"修改器用来控制对象的 UVW 贴图坐标，其"参数"卷展栏如图 10-60 所示。

该修改器提供了调整贴图坐标类型、贴图大小、贴图的重复次数、贴图通道设置和贴图的对齐设置等功能。

2. 贴图坐标类型

贴图坐标类型用来确定如何给对象应用 UVW 坐标，共有 7 个选项。

（1）"平面"：该贴图类型以平面投影方式向对象上贴图。它适合于平面的表面，如纸、墙等。图 10-61 是采用平面投影的结果。

图 10-60　　　　　　　　　　　　　　图 10-61

（2）"柱形"：该贴图类型使用圆柱投影方式向对象上贴图。螺丝钉、钢笔、电话筒和药瓶都适于使用圆柱贴图。图 10-62 是采用圆柱投影的结果。

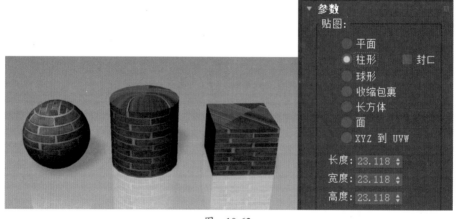

图 10-62

说明：勾选"封口"复选框，圆柱的顶面和底面放置的是平面贴图投影，如图 10-63 所示。

3ds Max 2023 标准教程

图　10-63

（3）"球形"：该类型围绕对象以球形投影方式贴图，会产生接缝。在接缝处，贴图的边汇合在一起，顶底也有两个接点，如图 10-64 所示。

图　10-64

（4）"收缩包裹"：像球形贴图一样，它使用球形方式向对象投影贴图。"收缩包裹"将贴图所有的角拉到一个点，消除了接缝，只产生一个奇异点，如图 10-65 所示。

图　10-65

（5）"长方体"：该类型以 6 个面的方式向对象投影。每个面是一个 Planar 贴图。面法线决定不规则表面上贴图的偏移，如图 10-66 所示。

（6）"面"：该类型对对象的每一个面应用一个平面贴图。其贴图效果与几何体面的多少有很大关系，如图 10-67 所示。

（7）"XYZ 到 UVW"：此类贴图设计用于 3D Maps。它使 3D 贴图"粘贴"在对象的表面上，如图 10-68 所示。

图　10-66

图　10-67

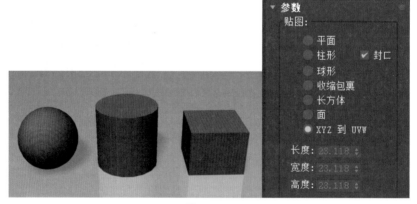

图　10-68

一旦了解和掌握了贴图的使用方法，就可以创建纹理丰富的材质了。

10.5　创建材质

· · · · · · · ·

在这一节中，我们介绍一些较为复杂的材质的制作方法，主要学习标准的混合材质、凹凸材质、金属、玻璃、多维 / 子对象等应用，以及一些渲染设置的应用。

10.5.1 设定材质

1. 混合材质的应用

混合材质是指通过遮罩将两种不同的材质混合到一起，常用来制作生锈的金属、长苔藓的墙面、花镜和印花抱枕等物体。这些物体的共有属性是它们都具备两种材质特性，例如生锈的

金属包含锈和金属，长苔藓的墙面包括苔藓和墙面，花镜包括刻花和镜子，印花抱枕包括花和抱枕的布料两种材质。下面以印花抱枕为例进行讲解。

例 10-4：印花抱枕。

（1）打开实例 Sample-10-02.max，是一个抱枕的模型。

（2）在添加材质之前首先需要给对象设置一个"UVW贴图"修改器，在"参数"中选中"长方体"单选按钮，如图 10-69 所示。

（3）在本案例中，用到了抱枕的布料贴图、花纹贴图、一张黑白灰的通道贴图，如图 10-70 所示。

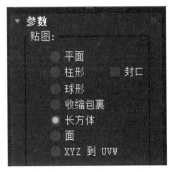

图　10-69

图　10-70

（4）按 M 键打开材质编辑器，选择一个新的材质样本。单击 Standard，在弹出的"材质 /贴图浏览器"对话框中选择"混合"材质。

（5）打开"混合基本参数"卷展栏，如图 10-71 所示。对"材质 1"和"材质 2"分别添加两种不同的材质，"遮罩"需要添加花纹的黑白贴图，黑色为不透明，白色为透明。

（6）"材质 1"为两种材质中需要放在上面的那一种，案例中给材质 1 添加花纹材质。单击"材质 1"后的按钮，给"漫反射"添加位图贴图文件 flowers.jpg，如图 10-72 所示。

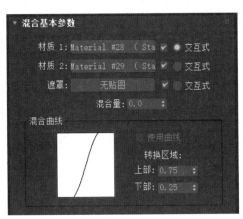

图　10-71

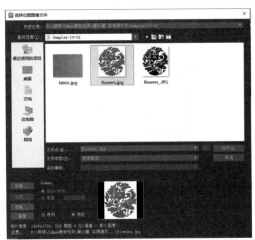

图　10-72

（7）给"材质 2"添加位图素材 fabric.jpg，如图 10-73 所示。

（8）给"遮罩"的漫反射通道添加 flowers.jpg 图片文件，如图 10-74 所示。

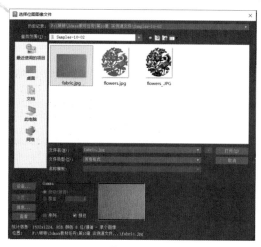

图 10-73

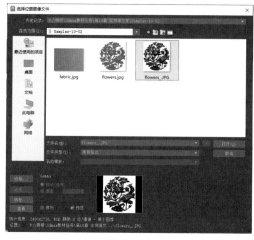

图 10-74

（9）单击 "将材质指定给选定对象"按钮，将混合材质赋予抱枕模型对象，按 F9 键进行渲染，结果如图 10-75 所示。添加完成材质的文件见 Samples-10-02f.max。

2. 多维 / 子对象应用

"多维 / 子对象"可以根据物体的 ID 编号，对一个整体对象添加多种不同的子材质效果。

例 10-5：电视机的材质。

（1）打开 Samples-10-03.max 文件，是一个电视屏幕。

（2）按 M 键打开材质编辑器，选择一个新的材质样本。单击 Standard 标准材质按钮，在弹出的"材质 / 贴图浏览器"对话框中选择"多维 / 子对象"选项，如图 10-76 所示。

图 10-75

图 10-76

（3）"多维 / 子对象"的基本参数如图 10-77 所示。

（4）在"多维 / 子对象"基本参数卷展栏中，单击"设置数量" 设置数量 按钮。本案例中有两个材质，所以将数量设置为 2，如图 10-78 所示。可以根据需求自由设置材质的数量。

图 10-77   图 10-78

（5）单击 ID 为 1 的材质按钮，在弹出后的"材质 / 贴图浏览器"中选择标准材质。

（6）给"漫反射"添加一个位图贴图，贴图文件为 Screen.jpg，如图 10-79 所示。

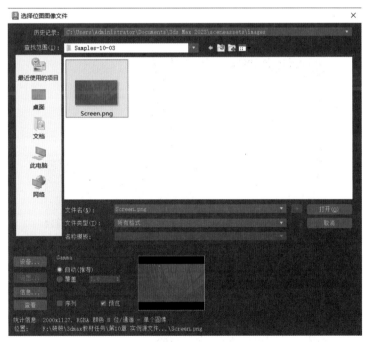

图 10-79

（7）单击转到父对象按钮 ⚮ 回到上一级。

（8）单击 ID 为 2 的材质按钮，与 ID 为 1 的材质一样，也在弹出的界面中选择标准材质。现在设置的是电视机的外壳，颜色为白色，所以在基本参数卷展栏中，将环境光、漫反射和高光均设为白色，如图 10-80 所示。

（9）给电视机的外壳添加一个反射。在"贴图"卷展栏中，给"反射"添加一个光线跟踪，如图 10-81 所示。

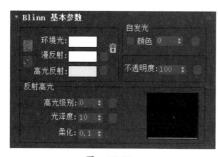

图 10-80

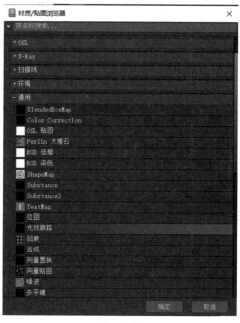

图 10-81

（10）对电视机的屏幕与外壳进行 ID 设置。单击可编辑多边形的多边形按钮，然后选择电视机屏幕。在"多边形：材质 ID"卷展栏中，设置 ID 为 1，如图 10-82 所示。

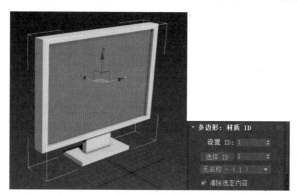

图 10-82

（11）按 Ctrl+I 组合键，将多边形反选，设置 ID 为 2，如图 10-83 所示。

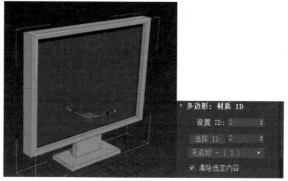

图 10-83

（12）将上面做好的材质赋予模型。选中多维/子对象材质，单击"将材质指定给选定对象"按钮、"在视口中显示明暗处理材质"按钮。 一个电视机模型就制作完毕了，如图 10-84 所示。

（13）最后按 F9 键进行渲染，如图 10-85 所示。

图 10-84　　　　　　　　　　　图 10-85

3. 利用渐变贴图制作窗帘材质。

例 10-6：给窗帘指定材质。

（1）在 3ds Max 中打开文件 Samples-10-04.max。

（2）按 M 键打开材质编辑器，选择一个新的材质样本。单击"将材质指定给选定对象"按钮，单击"在视口中显示明暗处理材质"按钮。单击漫反射通道，在弹出的提示面板中找到渐变贴图，如图 10-86 所示。

（3）修改渐变颜色。在"渐变参数"卷展栏中，对"Color#1""Color#2""Color#3"的颜色进行修改，或者各自添加一个贴图。本案例中只修改颜色，将三种颜色调成如图 10-87 所示，也可以根据自己的喜好自行调节。

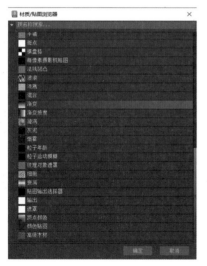
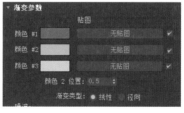

图 10-86　　　　　　　　　　　图 10-87

（4）修改好颜色后对它进行调节。在"坐标"卷展栏中，将"瓷砖"的值改为 0.5，通过图 10-88 的对比，可以看出渐变密度变小了。

（5）修改渐变的角度。将"坐标"卷展栏下的"角度"一栏中的 W 值改为 90，效果如图 10-89 所示。

（6）一个漂亮而简单的窗帘材质就这样制作好了，最后按 F9 键进行渲染，效果如图 10-90 所示。

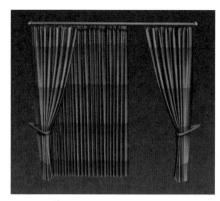

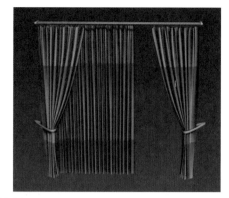

图 10-88

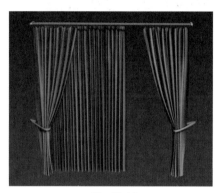

图 10-89

图 10-90

4. 地面材质

例 10-7：设定草地材质。

（1）先制作一个平面。

（2）给平面添加"UVW 贴图"修改器，贴图方式选择"平面"，并将长度和宽度调整成相同的值，如图 10-91 所示。

注意：调整长度和宽度的值可以改变贴图平铺的大小。数值越大，贴图越大；数值越小，贴图的数量越多。

（3）按 M 键打开材质编辑器，选择一个新的材质样本。单击漫反射通道，在弹出的提示面板找到 2D 位图，然后双击位图进入位图通道面板。在"位图参数"单击"无贴图"按钮进入通道，找到草地贴图 grass.jpg，选中贴图双击即可，如图 10-92 所示。

（4）为了使地面更加真实，可以给草地添加一个凹凸贴图。单击凹凸贴图的"无贴图"按钮，进入通道，找到贴图 grass_bump.jpg，

图 10-91

如图 10-93 所示。也可以直接使用复制漫反射颜色通道再在凹凸贴图中进行实例粘贴的方式。凹凸通道的贴图可以是灰度图，也可以带有颜色，但在进行计算的时候只使用图片的灰度值。

（5）单击 "将材质指定给选定对象"按钮，单击 "在视口中显示明暗处理材质"按钮。

（6）按 F9 键进行渲染，如图 10-94 所示。

5. 玻璃材质

例 10-8：设定汽车的玻璃材质。

（1）在 3ds Max 中打开 Samples-10-06，如图 10-95 所示。

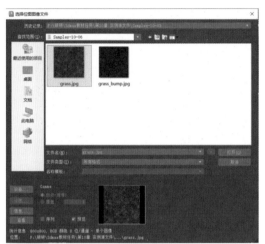

图 10-92

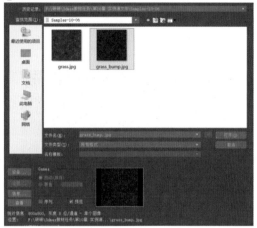

图 10-93

图 10-94

图 10-95

（2）按 M 键打开材质编辑器，选择一个新的材质样本。单击"漫反射"后的色样，由于天空的反射，设置玻璃的颜色为蓝色。将"不透明度"设置为 50，设置"高光级别"和"光泽度"分别为 90 和 44，如图 10-96 所示。

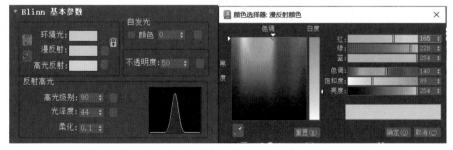

图 10-96

（3）单击"扩展参数"卷展栏，选择透明的类型为"过滤"色样，并将过滤的颜色改为蓝色，如图 10-97 所示。

（4）前面将玻璃的固有色和透明性设置完成了，接下来再设置玻璃的反射属性。打开"贴图"卷展栏，选中"反射"，并将数值改为 30，如图 10-98 所示。

（5）单击"反射"后面的无贴图按钮，打开"材质 / 贴图编辑器"，选择光线跟踪，如图 10-99 所示。

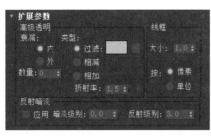

图 10-97

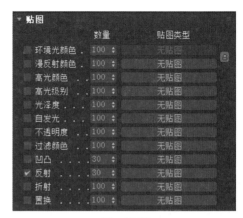

图 10-98

（6）选择汽车玻璃，单击 "将材质指定给选定对象" 按钮，单击 "在视口中显示明暗处理材质" 按钮。

（7）按 F9 键进行渲染，结果如图 10-100 所示。

图 10-99

图 10-100

10.5.2 渲染设置

例 10-9：渲染设置。

（1）进行渲染设置。按 F10 键，弹出 "渲染设置" 对话框，进行渲染器参数调节。

（2）在 "公用" 选项卡中选择 "单帧" 单选按钮，输出静态图像，并且设置输出大小为 1920×1080，如图 10-101 所示。

（3）在 "渲染器" 选项卡中，设置抗锯齿过滤器数值大小，勾选全局超级采样器复选框，设为摄像机视口进行渲染，如图 10-102 所示。

（4）单击 "渲染" 按钮，或者按 F9 键。

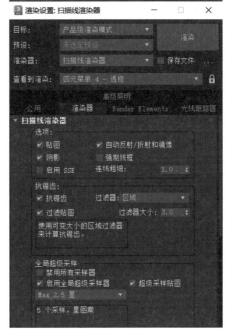

图 10-101 图 10-102

小 结

贴图是 3ds Max 材质的重要内容。通过本章的学习，应该熟练掌握以下内容：

① 位图贴图和程序贴图的区别与联系。

② 使用材质和贴图混合创建复杂的纹理。

③ 修改 UVW 贴图坐标。

④ 贴图通道的基本用法。

习 题

一、判断题

1. 位图贴图类型的"坐标"卷展栏中的"平铺"选项和"平铺"复选框用来调整贴图的重复次数。（ ）

2. 如果不选择"坐标"卷展栏中的"平铺"复选框，那么增大"平铺"的数值只能使贴图沿着中心缩小，而不能增加重复次数。（ ）

3. 平面镜贴图不能产生动画效果。（ ）

4. 可以根据面的 ID 号应用平面镜效果。（ ）

5. 可以给平面镜贴图指定变形效果。（ ）

6. 不能根据材质来选择几何体或者几何体的面。（ ）

7. 可以使用贴图来控制混合材质的混合情况。（ ）

8. 在材质编辑器的"基本参数"卷展栏中，"不透明度"的数值越大对象就越透明。（ ）

9. 可以使用贴图来控制几何体的透明度。（ ）

10. 可以使用"噪波"卷展栏中的参数设置贴图变形的动画。（   ）

二、选择题

1. Bump Maps 是（   ）。

    A. 高光贴图   B. 反光贴图   C. 不透明贴图   D. 凹凸贴图

2. 纹理坐标系用在（   ）上。

    A. 自发光贴图   B. 反射贴图   C. 折射贴图   D. 环境贴图

3. 环境坐标系统常用在（   ）上。

    A. 凹凸贴图   B. 反射贴图   C. 自发光贴图   D. 高光贴图

4. （   ）不是 UVW Map 修改器的贴图形式。

    A. 平面   B. 盒子   C. 面   D. 茶壶

5. 如果给一个几何体增加 UVW 贴图修改器，并将"U 平铺"设置为 2，同时将该几何体的材质的"坐标"卷展栏中的"U 平铺"设置为 3，那么贴图的实际重复次数是（   ）次。

    A. 2   B. 3   C. 5   D. 6

6. 单击视口标签后会弹出一个右键快捷菜单，从该菜单中选择（   ）命令可以改进交互视口中贴图的显示效果。

    A. 视口剪切   B. 纹理校正   C. 禁用视口   D. 现实安全框

7. 渐变色贴图的类型有（   ）。

    A. 线性   B. 径向   C. 线性和径向   D. 盒子

8. 在默认情况下，渐变色贴图的颜色有（   ）种。

    A. 1   B. 2   C. 3   D. 4

9. 坡度渐变贴图的颜色可以有（   ）种。

    A. 2   B. 3   C. 4   D. 无数

10. 可以使几何对象表面的纹理感和立体感增强的贴图类型是（   ）。

    A. 漫反射贴图   B. 凹凸贴图   C. 反射贴图   D. 不透明贴图

三、思考题

1. 如何为场景中的几何对象设计材质？

2. UVW 坐标的含义是什么？如何调整贴图坐标？

3. 试着给球、长方体和圆柱贴不同的图形，并渲染场景。

4. 如果在贴图中使用 AVI 文件会出现什么效果？

5. 尝试给图 10-103 的文字设计材质（网络资源中的文件名是 Samples-10-02.bmp）。

6. 球形贴图和收缩包裹贴图的投影方式有什么区别？

7. 在 3ds Max 2023 中如何使用贴图控制材质的透明效果？

8. 尝试设计水的材质。建议使用与本章不同的方法。

9. 尝试给图 10-104 的茶壶设计材质（网络资源中的文件名是 Samples-10-03.bmp）。

10. 尝试给图 10-105 的茶壶设计材质（网络资源中的文件名是 Samples-10-04.bmp）。

图 10-103

图 10-104

图 10-105

第11章 | 灯光

本章介绍 3ds Max 2023 中的照明知识。通过本章的学习，读者能够掌握基本的照明原理及操作。

本章重点内容：

- 理解不同类型灯光的特性。
- 学习各种灯光参数。
- 创建和使用灯光。
- 高级灯光的应用。

11.1 灯光的特性

3ds Max 2023 的灯光有 3 种类型：光度学灯光、标准灯光和 Arnold 灯光。所有类型在视口中都显示为灯光对象。它们共享相同的参数，包括阴影生成器。3ds Max 2023 灯光的特性与自然界中灯光的特性不完全相同。

11.1.1 标准灯光

标准灯光是基于计算机模拟的灯光对象，例如，家用或办公室用灯、舞台和电影拍摄时使用的灯光设备和太阳光本身。不同种类的灯光对象可用不同的方法投射灯光，模拟不同种类的光源。

3ds Max 提供了 6 种标准灯光类型的灯光，它们是目标聚光灯、自由聚光灯、目标平行光、自由平行光、泛光灯和天光。

1. 聚光灯

聚光灯是最为常用的灯光类型，它的光线来自一点，沿着锥形延伸。光锥有两个设置参数：聚光区和衰减区，如图 11-1 所示。

聚光区决定光锥中心区域最亮的地方，衰减区决定从亮衰减到黑的区域。聚光灯光锥的角度决定场景中的照明区域。较大的锥角产生较大的照明区域，通常用来照亮整个场景，如图 11-2 所示。较小的锥角照亮较小的区域，可以产生戏剧性的效果，如图 11-3 所示。

图 11-1

图 11-2

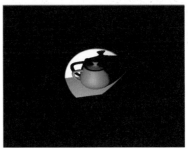

图 11-3

3ds Max 允许不均匀缩放圆形光锥，可以形成椭圆形光锥，如图 11-4 所示。

聚光灯光锥的形状不一定是圆形的，可以将它改变成矩形。如果使用矩形聚光灯，就不需要使用缩放功能来改变它的形状，可以使用"纵横比"参数改变聚光灯的形状，如图 11-5（a）所示，其效果如图 11-5（b）所示。

2. 平行光

平行光源在许多方面不同于聚光灯和泛光灯，其投射的光线是平行的，因此阴影没有变形，如图 11-6 所示。平行光源没有光锥，因此常用来模拟太阳光。

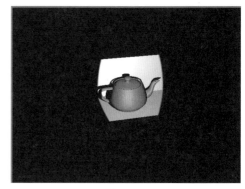

图　11-4

（a）

（b）

图　11-5

3. 泛光灯

泛光灯是一个点光源，它向全方位发射光线。通过在场景中单击就可以创建泛光灯。泛光灯常用来模拟室内灯光效果，例如吊灯，如图 11-7 所示。

图　11-6

图　11-7

4. 天光

天光用来模拟日光效果。可以通过设置天空的颜色或为其指定贴图，来建立天空的模型。其参数卷展栏如图 11-8 所示。

11.1.2　自由灯光和目标灯光

在 3ds Max 中创建的灯光有两种形式，即自由灯光和目标灯光。聚光灯和有向光源都有这两种形式。

1. 自由灯光

与泛光灯类似，通过简单的单击就可以将自由灯光放置在场景中，不需要指定灯光的目标点。当创建自由灯光时，它面向所在的视口。一旦创建后就可以将它移动到任何地方。这种灯光常用来模拟吊灯（图 11-9）和汽车车灯的效果，也适合作为动画灯光。例如，模拟运动汽车的车灯。

图　11-8

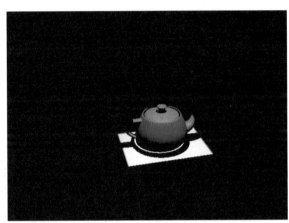

图　11-9

2. 目标灯光

目标灯光的创建方式与自由灯光不同，必须先指定灯光的初始位置，再指定灯光的目标点，如图 11-10 所示。目标灯光非常适于模拟舞台灯光，可以方便地指明照射位置。创建一个目标灯光就创建了两个对象：光源和目标点。两个对象可以分别运动，但是光源总是照向目标点。

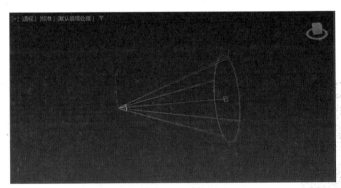

图　11-10

11.1.3　光度学灯光及其分布

光度学灯光对光线通过环境的传播是基于真实世界的模拟。在 3ds Max 中通过使用光度学（光能）值可以更精确地定义灯光的各种参数，就像在真实世界一样。光度学灯光可以设置其分布、强度、色温和其他真实世界灯光的特性，也可以导入照明制造商的特定光度学文件以便设计基于商用灯光的照明。这样做不仅实现了非常逼真的渲染效果，还准确测量了场景中的光线分布。

在使用光度学灯光的时候，常常将光度学灯光与光能传递解决方案结合起来，可以生成物理精确的渲染或进行照明分析。

3ds Max 中提供了 3 种光度学灯光对象，分别是：目标灯光、自由灯光和太阳定位器。

3 种类型的光度学灯光支持的灯光分布不相同，通常每一种光度学灯光仅支持部分灯光分布选项。其中，目标和自由灯光支持的分布类型相同，如图 11-11 所示。

1. 光度学 web

Web 分布基于模拟光源强度分布类型的几何网格。此平行光分布信息以 IES 格式（使用 IES LM-63-1991 标准文件格式）存储在光度学数据文件中，而对于光度学数据则采用 LTLI 或 CIBSE 格式。可以加载各个制造商所提供的光度学数据文件，将其作为 Web 参数。在视口中，灯光对象会更改为所选光度学 Web 的图形。

2. 聚光灯

聚光灯分布类似于剧院中使用的聚光效果，如图 11-12 所示。聚光灯分布投射集中的光束，随着灯光光束距离的增大而衰减，直至衰减到零。

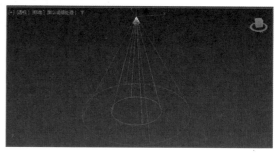

图 11-11　　　　　　　　　图 11-12

3. 统一漫反射

统一漫反射分布遵循 Lambert 余弦定理：从各个角度观看灯光时，它都具有相同明显的强度，如图 11-13 所示。

4. 统一球形分布

统一球形分布在各个方向上均匀投射灯光，如图 11-14 所示。

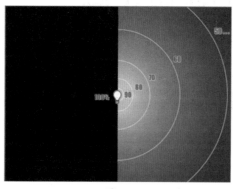

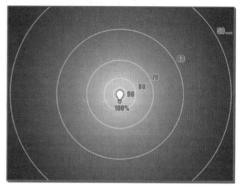

图 11-13　　　　　　　　　图 11-14

Web 分布使用光域网定义分布灯光。光域网是光源的灯光强度分布的 3D 表示。Web 定义存储在文件中。许多照明制造商可以提供为其产品建模的 Web 文件，这些文件通常在 Internet

上可用。在 3ds Max 用户界面上，Web 文件将显示为缩略图，如图 11-15 所示。

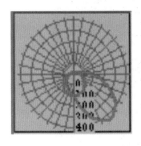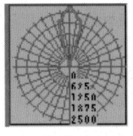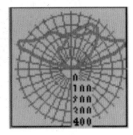

图　11-15

线性和区域光源（目标和自由）支持漫反射分布。漫反射分布从曲面发射灯光，以正确角度保持在曲面上的灯光的强度最大。随着倾斜角度的增加，发射灯光的强度逐渐减弱。

如果所选分布影响灯光在场景中的扩散方式，灯光图形就会影响对象投影阴影的方式，此设置需单独进行选择。通常，较大区域的投影阴影较柔和。灯光图形所提供的 6 个选项如下。

（1）点：对象投影阴影时，如同几何点（如裸灯泡）在发射灯光一样。

（2）线形：对象投影阴影时，如同线形（如荧光灯）在发射灯光一样。

（3）矩形：对象投影阴影时，如同矩形区域（如天光）在发射灯光一样。

（4）圆形：对象投影阴影时，如同圆形（如圆形窗）在发射灯光一样。

（5）球体：对象投影阴影时，如同球体（如球形照明器材）在发射灯光样。

（6）圆柱体：对象投影阴影时，如同柱体（如管形照明器材）在发射灯光一样。

可以在"图形 / 区域阴影"卷展栏上选择灯光图形，如图 11-16 所示。

图　11-16

11.2　布光的基础知识

随着演播室照明技术的快速发展，诞生了一个全新的艺术形式，我们将这种形式称为灯光设计。无论为什么样的环境设计灯光，其基本概念是一致的。布置方法首先是根据不同的目的和布置使用不同的灯光，其次是使用颜色增加场景。

11.2.1　布光的基本原则

一般情况下可以从布置三个灯光开始，这三个灯光是主光、辅光和背光。为了方便设置，最好都采用聚光灯，如图 11-17 所示。尽管三点布光是很好的照明方法，但是有时还需要使用其他方法来照明对象。一种方法是给背景增加一个 Wall Wash 光，给场景中的对象增加一个 Eye 光。

1. 主光

这个灯是三个灯中最亮的，是场景中的主要照明光源，也是产生阴影的主要光源。

2. 辅光

这个灯光用来补充主光产生的阴影区域的照明，显示出阴影区域的细节，而又不影响主光的照明效果。辅光通常被放置在较低的位置，亮度也是主光的 1/2 ～ 2/3。这个灯光产生的阴影很弱。

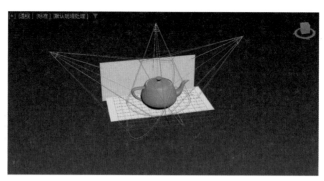

图　11-17

3. 背光

这个光的目的是照亮对象的背面，从而将对象从背景中区分开来。这个灯光通常放在对象的后上方，亮度是主光的 1/3 ～ 1/2。这个灯光产生的阴影最不清晰。

4. WallWash 光

这个灯光并不增加整个场景的照明，但是它却可以平衡场景的照明，并从背景中区分出更多的细节。这个灯光可以用来模拟从窗户中进来的灯光，也可以用来强调某个区域。

5. Eye 光

在许多电影中都使用了 Eye 光，这个光只照射对象的一个小区域。这个照明效果可以用来给对象增加神奇的效果，也可以使观察者更注意某个区域。

11.2.2 室外照明

前面介绍了如何进行室内照明，下面来介绍如何照明室外场景。室外照明的灯光布置与室内完全不同，需要考虑时间、天气情况和所处的位置等诸多因素。如果要模拟太阳的光线就必须使用有向光源，这是因为地球离太阳非常远，只占据太阳照明区域的一小部分，太阳光在地球上产生的所有阴影都是平行的。

要使用标准灯光照明室外场景，一般都使用有向光源，并根据一天的时间来设置光源的颜色。此外，尽管可以使用 Shadow Mapped 类型的阴影得到较好的结果，但是要得到真实的太阳阴影，则需要使用 Raytraced Shadows。这将会增加渲染时间，但是值得的。

最好将有向光的 Overshoot 选项打开（下一节详细介绍相关参数），以便灯光能够照亮整个场景，并且只在 Falloff 区域中产生阴影。

除了有向光源之外，还可以增加一个泛光灯来模拟散射光，这个泛光灯将不产生阴影和影响表面的高光区域。

11.3　灯光的参数

前面两节分别讲述了灯光的特性和布光的基本知识，下面详细讲述灯光的参数。

11.3.1 共有参数

标准灯光和光度学灯光共有某些参数，主要集中在 4 个参数卷展栏中，它们是"名称和颜色""常规参数""阴影参数""高级效果"。

1."名称和颜色"卷展栏

在该参数卷展栏中可以更改灯光的名称和灯光几何体的颜色，如图 11-18 所示。要注意的是：更改灯光几何体颜色不会对灯光本身的颜色产生影响。

2."常规参数"卷展栏

"常规参数"卷展栏如图 11-19 所示。

图　11-18　　　　　　　　　　　　　图　11-19

启用：勾选该复选框后，灯光将成为目标。灯光与其目标之间的距离显示在复选框的右侧。对于自由灯光，可以设置该值。对于目标灯光，可以通过不勾选该复选框或移动灯光或灯光的目标对象对其进行更改。

"阴影"选项组说明如下。

启用：决定当前灯光是否投射阴影。默认设置为勾选了启用。

阴影方法下拉列表：决定渲染器是否使用阴影贴图、光线跟踪阴影、高级光线跟踪阴影或区域阴影生成该灯光的阴影。对应每种阴影方式都有对应的参数卷展栏来进行高级设置。

使用全局设置：勾选该复选框可以使用该灯光投射阴影的全局设置。

排除：将选定对象排除于灯光效果之外。

3."阴影参数"卷展栏

"阴影参数"卷展栏如图 11-20 所示。

（1）"对象阴影"选项组说明如下。

颜色：设置阴影的颜色，默认设置为黑色。

密度：设置阴影的密度。

贴图：将贴图指定给阴影。

灯光影响阴影颜色：将灯光颜色与阴影颜色混合起来。

（2）"大气阴影"选项组说明如下。

启用：勾选此复选框大气效果将投射阴影。

不透明度：设置阴影的不透明度的百分比。默认设置为100.0。

颜色量：调整大气颜色与阴影颜色混合的百分比。

4."高级效果"卷展栏

"高级效果"卷展栏如图 11-21 所示。

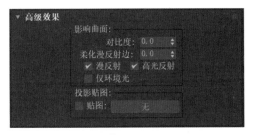

图　11-20　　　　　　　　　　　　　图　11-21

（1）"影响曲面"选项组说明如下。

对比度：设置曲面的漫反射区域和环境光区域之间的对比度。

柔化漫反射边：通过设置该值可以柔化曲面漫反射部分与环境光部分之间的边缘。

漫反射：勾选该复选框后，灯光将影响对象曲面的漫反射属性。

高光反射：勾选该复选框后，灯光将影响对象曲面的高光属性。

仅环境光：勾选该复选框后，灯光仅影响照明的环境光组件。

（2）"投影贴图"选项组说明如下。

贴图复选框：勾选该复选框可以通过贴图按钮投射选定的贴图。

贴图按钮：单击该按钮可以从材质库中指定用作投影的贴图，也可以从任何其他贴图按钮上拖动复制贴图。

11.3.2 标准灯光的特有参数

所有标准灯光类型共用大多数标准灯光参数，除了上面介绍的与光度学灯光共有的一些参数外，标准灯光内部还有一些共有的常用参数卷展栏。

1. "强度 / 颜色 / 衰减"卷展栏

最常用的参数卷展栏是"强度 / 颜色 / 衰减"卷展栏，如图 11-22 所示。

倍增：将灯光的功率放大一个正或负的量。默认设置为 1.0。

色样：图中可以看到的颜色块用来设置灯光的颜色。

（1）"衰退"选项组说明如下。

类型：选择要使用的衰退类型，有三种类型可选择。

无：默认设置，不应用衰退。从光源到无穷远灯光始终保持全部强度。

反向：应用反向衰退。在不使用衰减的情况下，公式为 RO/R，其中 RO 为灯光的径向源，或为灯光的近距结束值。R 为与 RO 照明曲面的径向距离。

平方反比：应用平方反比衰退。该公式为（RO/R）2。实际上这是灯光的"真实"衰退，但在计算机图形中可能很难查找。

图　11-22

（2）"近距衰减"选项组说明如下。

开始：设置灯光开始淡入的距离。

结束：设置灯光达到其全值的距离。

使用：启用灯光的近距衰减。

显示：在视口中显示近距衰减范围设置。默认情况下，近距开始显示为深蓝色，近距结束显示为浅蓝色。

（3）"远距衰减"选项组说明如下。

开始：设置灯光开始淡出的距离。

结束：设置灯光减为 0 的距离。

使用：启用灯光的远距衰减。

显示：在视口中显示远距衰减范围设置。默认情况下，远距开始显示为浅棕色，远距结束显示为深棕色。

2. "聚光灯参数"和"平行光参数"

聚光灯和平行光拥有类似的参数卷展栏，如图 11-23 和图 11-24 所示。

（1）显示光锥：启用或禁用光锥的显示。

注：当选中一个灯光时，该圆锥体始终可见，因此当取消选择该灯光后清除该复选框才有明显效果。

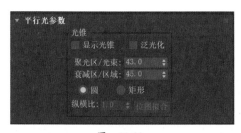

图 11-23

图 11-24

（2）泛光化：启用泛光化后，灯光在所有方向上投影灯光。但是，投影和阴影只发生在其衰减圆锥体内。

（3）聚光区／光束：调整灯光圆锥体的角度。聚光区值以度为单位进行测量。默认值为43.0。

（4）衰减区／区域：调整灯光衰减区的角度。衰减区值以度为单位进行测量。默认值为45.0。

（5）圆／矩形：确定聚光区和衰减区的形状。如果想要一个标准圆形的灯光，应设置为"圆形"。如果想要一个矩形的光束（如灯光通过窗户或门口投影），应设置为"矩形"。

（6）纵横比：设置矩形光束的纵横比。使用"位图适配"按钮可以使纵横比匹配特定的位图。默认值为1.0。

（7）位图拟合：如果灯光的投影纵横比为矩形，应设置纵横比以匹配特定的位图。

3."天光参数"

天光具有自己特殊的卷展栏"天光参数"，如图11-25所示。

（1）"启用"复选框。

启用和禁用灯光。当"启用"选项处于启用状态时，使用灯光着色和渲染以照亮场景。当该选项处于禁用状态时，进行着色或渲染时不使用该灯光。默认设置为启用。

（2）"倍增"选项。

将灯光的功率放大一个正或负的量。例如，如果将倍增设置为2，则此灯光亮度将增加一倍。"倍增"的默认值为1.0。使用该参数增加强度可以使颜色看起来有"烧坏"的效果。它也可以生成颜色，该颜色不可用于视频中。通常，将"倍增"设置为其默认值1.0，特殊效果和特殊情况除外。

（3）"天空颜色"组说明如下。

使用场景环境：使用"环境"面板上设置的环境给光上色。

天空颜色：单击色样可显示"颜色选择器"，并选择为天光染色。

贴图控件：可以使用贴图影响天光颜色。该按钮指定贴图，切换设置贴图是否处于激活状态，并且微调器设置要使用的贴图的百分比（当值小于100%时，贴图颜色与天空颜色混合）。

（4）"渲染"组说明如下。

投射阴影：使天光投射阴影。默认设置为禁用。

每采样光线数：用于计算落在场景中指定点上天光的光线数。对于动画，应将该选项设置为较高的值可消除闪烁。值为30左右可以消除闪烁。

（5）光线偏移说明如下。

对象可以在场景中指定点上投射阴影的最短距离。将该值设置为0可以使该点在自身上投射阴影，并且将该值设置为大的值可以防止点附近的对象在该点上投射阴影。

4."光线跟踪阴影参数"

除天光外，其他标准光均有该卷展栏，如图11-26所示。

（1）光线偏移：设置光线投射对象阴影的偏移程度。

<table>
<tr><td>图 11-25</td><td>图 11-26</td></tr>
</table>

图 11-25　　　　　　　　　　　　　　　　　图 11-26

（2）最大四元树深度：使用光线跟踪器调整四元的深度。增大四元树深度值可以缩短光线跟踪时间，但却占用内存。默认设置为 7。

11.3.3　光度学灯光的特有参数

1.“强度 / 颜色 / 衰减”卷展栏

所有光度学灯光类型共用大多数光度学灯光参数，最常用的参数卷展栏是“强度 / 颜色 / 衰减”卷展栏，如图 11-27 所示。

（1）“颜色”选项组说明如下。

灯光颜色下拉列表：选择公用的关于灯光设置的规则，以近似灯光的光谱特征。

开尔文：通过调整色温微调器来设置灯光的颜色，色温以开尔文度数显示相应的颜色在温度微调器旁边的色样中可见。

过滤颜色：使用颜色过滤器模拟置于光源上的过滤色的效果。默认设置为白色。（RGB-255，255，255；HSV=0，0，255）。

图　11-27

（2）“强度”选项组说明如下。

这些参数在物理数量的基础上指定光度学灯光的强度或亮度。

设置光源强度的单位有以下几种。

lm（流明）：测量整个灯光（光通量）的输出功率。100W 的通用灯泡约有 1750lm 的光通量。

cd（坎迪拉）：测量灯光的最大发光强度，通常是沿着目标方向进行测量。100W 的通用灯泡约有 139cd 的光通量。

lx（lux）：测量由灯光引起的照度。该灯光以一定距离照射在曲面上，并面向光源的方向。lx 是国际场景单位，等于 1 流明 / 平方米。照度的美国标准单位是尺烛光，等于 1 流明 / 平方英尺。要将尺烛光转化为 lx，需乘以 10.76。例如，指定照度为 35fc，则设置照度为 376.6lx。

（3）“暗淡”组说明如下。

结果强度：用于显示暗淡所产生的强度，并使用与“强度”组相同的单位。

暗淡百分比：启用该切换后，该值会指定用于降低灯光强度的“倍增”。如果值为 100%，则灯光具有最大强度。百分比较低时，灯光较暗。

（4）“远距衰减”组说明如下。

可以设置光度学灯光的衰减范围，设置衰减范围可有助于在很大程度上缩短渲染时间。

2.“图形 / 区域阴影”

“图形 / 区域阴影”如图 11-28 所示。可以设置从图形发射光线的形状，并通过参数来改变其大小，可以选择的图形共有六种，如图 11-29 所示。

3."优化"

其中目标灯光和自由灯光还具有"优化"卷展栏，如图 11-30 所示。

图 11-28　　　　　图 11-29　　　　　图 11-30

4."太阳定位器"

太阳定位器具有很多自己特殊的卷展栏。

（1）"显示"卷展栏如图 11-31 所示。

"指南针"组说明如下。

显示：在视口中切换显示指南针。

半径：指南针在视口中显示时的半径。

北向偏移：旋转指南针，根据日期和时间更改用于定位太阳的基本方向。

"太阳"组说明如下。

距离：太阳与指南针的距离。

（2）"太阳位置"卷展栏如图 11-32 所示。

图 11-31　　　　　　　　　图 11-32

安装太阳和天空环境：使用物理太阳和天空环境替换当前环境贴图。

"日期和时间"模式组说明如下。

日期、时间、位置：根据日期、时间和位置信息定位太阳。

气候数据文件：使用气候数据定位太阳并定义天空照度。

设置：打开"配置气候数据"对话框。

手动：通过平移/旋转或根据方位/高度手动定位太阳。

"日期和时间"组说明如下。

时间：一天中的时间（以小时和分钟为单位）。

夏令时：切换使用夏令时。

使用日期范围：设置要使用的一系列连续天数（由指定的开始日期和结束日期定义）。

"在地球上的位置"组说明如下。

位置：从用户可配置的数据库中设置位置。默认位置为 San Francisco, California, U.S.A。

纬度：位置的纬度坐标。

经度：位置的经度坐标。

时区：时区（用与 GMT 的偏移量表示）。

"水平坐标"组说明如下。

方位：太阳在天空中的方位（相对于正北方向）。

高度：太阳在天空中的海拔高度（相对于地平线）。

11.4 灯光的应用

本节学习灯光的具体使用。

1. 灯光的基本使用

例 11-1：创建自由聚光灯。

在这个练习中，将给古建筑场景增加一个自由聚光灯来模拟灯光的效果。

（1）启动 3ds Max，选择菜单栏中"文件"|"打开"命令，从本书的网络资源中打开文件 Samples-11-01.max。

（2）在"创建"面板中单击 ![按钮]，选择子面板下拉列表框中的"标准"选项。

（3）在"顶"视口房间的中间单击，创建自由聚光灯，如图 11-33 所示。

（4）单击主工具栏的"选择并移动"按钮。

（5）将灯光进行移动，这时的摄像机视口如图 11-34 所示。

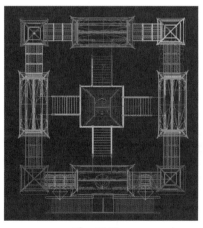

图 11-33

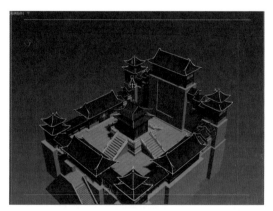

图 11-34

现在我们创建了一个自由聚光灯，调整聚光灯的参数，使其更加真实，最终实例文件为 Samples-11-01f.max。

2. 灯光的环境

例 11-2：灯光的动画以及雾的效果。

（1）启动 3ds Max，打开网络资源中的文件 Samples-11-02.max。打开文件后的场景如图 11-35 所示。为了帮助实现效果，文件中已包含数盏灯光。

（2）在场景中创建两盏聚光灯（前面已讲解如何创建）。

（3）创建灯光位置如图 11-36 和图 11-37 所示。

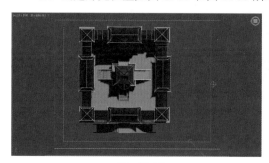

图　11-35

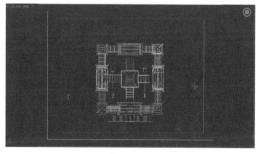

图　11-36

（4）将命令面板中的"聚光灯参数"卷展栏下的"聚光灯 / 光束"参数改为 9，将"衰减区 / 区域"参数改为 16，如图 11-38 所示。

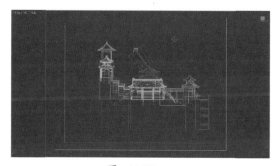

图　11-37

图　11-38

在"强度 / 颜色 / 衰减"中将"倍增"改为 0.1。

摄影机视口的渲染结果如图 11-39 所示。

（5）按 N 键，打开"自动关键点"按钮，将时间滑块移动到第 50 帧。单击主工具栏中的"选择并移动"按钮，在"前"视图选择聚光灯的目标点，将它向左移动到图 11-40 所示的位置。将第 0 帧关键点复制到第 100 帧，然后将时间滑块移动到第 0 帧。

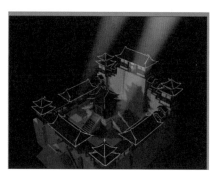

图　11-39

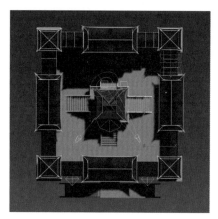

图　11-40

（6）到命令面板，展开"大气和效果"卷展栏，单击"添加"按钮，从弹出的添加"大气或效果"对话框中选择"体积光"选项，然后单击"确定"按钮，如图11-41所示。

（7）在"常规参数"卷展栏中的"阴影"标签下勾选"启用"复选框，阴影类型就使用默认的"阴影贴图"，如图11-42所示。

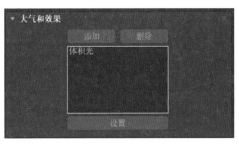

图　11-41　　　　　　　　　　　　　　　图　11-42

下面给体积光中增加一些噪波效果。

（8）在"大气和效果"卷展栏，选择"体积光"选项，然后单击"设置"按钮，出现"环境和效果"对话框，如图11-43。

（9）在"环境"菜单栏的"噪波"区域，勾选"启用噪波"复选框，将"数量"的数值设置为0.6，单击"分形"单选按钮，如图11-44所示。

图　11-43　　　　　　　　　　　　　　图　11-44

还可以在"环境"对话框中改变体积光的颜色等效果。文件中包含的其他灯光读者都可以尝试更改效果或者变换位置，观察灯光对于场景效果的影响。

例11-3：火球的实现。

（1）启动3ds Max，打开网络资源中的文件Samples-11-03.max。场景中只有两个泛光灯，如图11-45所示。渲染"透视"视口。渲染结果是预先设置的背景星空，如图11-46所示。

下面通过设置体积光来产生燃烧星球的效果。

（2）按H键，打开"选择对象"对话框。在对话框中选择Omni01，然后单击"选择"按钮。

（3）到"修改"命令面板，查看Omni01的参数。与默认的灯光相比，主要改变的参数有：

① 灯光的颜色改为黄色。

② 使用了泛光灯的远距衰减，衰减参数设置如图11-47所示。该参数的大小不是不可改变的，究竟多大合适，完全与场景有关。

图 11-45

图 11-46

下面给泛光灯设置体积光效果。

（4）展开"大气和效果"卷展栏，单击"添加"按钮，从弹出的"添加大气或效果"对话框（图11-48）中选择"体积光"选项，然后单击"确定"按钮。

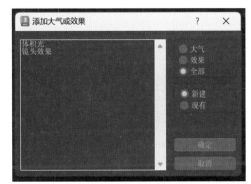

图 11-47

图 11-48

该泛光灯已经被设置了体积光效果，这时"透视"视口的渲染结果如图11-49所示。

该体积光的效果类似于一个球体。下面设置体积光的参数，使其看起来像燃烧的效果。

（5）在"大气和效果"卷展栏，单击"体积光"，然后单击"设置"按钮，出现"环境"对话框。

（6）在"环境"对话框的"体积光"区域，将"密度"的数值设置为30。在"噪波"区域，勾选"启用噪波"复选框，将"数量"的数值设置为0.5，单击"分形"单选按钮。

透视视口的渲染结果如图11-50所示。该体积光的效果类似于一个燃烧球体的效果。下面再给外圈增加一些效果。

图 11-49

图 11-50

（7）按 H 键，打开"选择对象"对话框。在对话框中选择 Omni02，然后单击"选择"按钮。

（8）到"修改"命令面板，查看 Omni02 的参数。与默认的灯光相比，主要改变的参数有：

① 灯光的颜色改为黄色。

② 使用了反光灯的衰减，衰减参数设置如图 11-51 所示。该参数的大小不是不可改变的，究竟多大合适，完全与场景有关。

（9）展开"大气和效果"卷展栏，单击"添加"按钮，从弹出的"添加大气或效果"对话中选择"体积光"选项，然后单击确定按钮。

（10）选择体积光选项，然后单击"设置"按钮，出现"环境"对话框。

（11）在"环境"对话框的"体积"区域，将"密度"的数值设置为 30。在"噪波"区域，勾选"启用噪波"复选框，将"数量"的数值设置为 0.9。"渲染透视"视口就会得到如图 11-52 所示的效果。

图 11-51　　　　　　　　　　　图 11-52

3. 场景布光

例 11-4：给场景创建灯光。

（1）打开文件 Samples-11-04.max。在"前"视口中创建一个目标平行灯作为场景的主灯，创建一组目标聚光灯作为全局光。场景布光如图 11-53 所示。

（2）主灯光参数设置如图 11-54 所示。

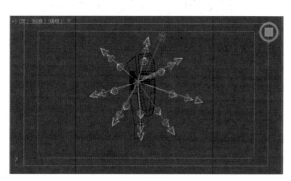

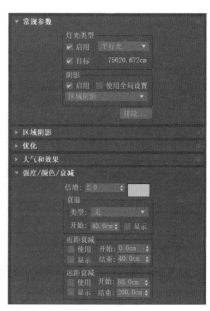

图 11-53　　　　　　　　　　　图 11-54

（3）全局光参数设置如图 11-55 所示。

（4）设置天空，给环境添加一个渐变贴图，如图 11-56 所示。制作好的实例见 Samples-11-04f.max。

图 11-55

图 11-56

4. 高级灯光的应用

例 11-5：多种灯光的综合应用。

（1）打开本书网络资源中的 Samples-11-05.max 文件，如图 11-57 所示。

（2）在"创建"面板中单击 💡 按钮并选择子面板下拉列表框中的"标准"选项，如图 11-58 所示。

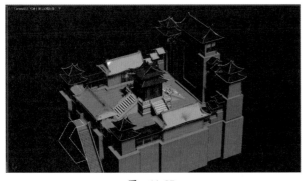
图 11-57

图 11-58

（3）首先创建主光源。在"顶"视口中创建一盏"泛光灯"（Omni），单击主工具栏的"选择并移动"按钮，移动位置如图 11-59 所示。

（4）继续添加辅助光源和背光源，同样添加"泛光灯"（Omni）。添加位置如图 11-60 所示。

（5）调整三盏泛光灯的参数使其实现夜晚的效果。在"顶视图"窗口中选择之前创建作为主光源的泛光灯。在"常规参数"卷展栏中勾选阴影复选框，转至"强度/颜色/衰减"卷展栏将"倍增"参数修改为 0.6，并改变其颜色，如图 11-61 所示。

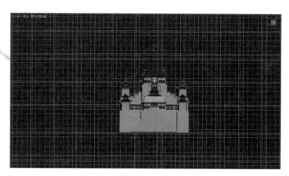

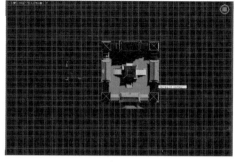

图 11-59   图 11-60

（6）在"顶视图"窗口中单击选择右侧背光源泛光灯，在"常规参数"卷展栏中取消勾选阴影复选框，转至"强度 / 颜色 / 衰减"卷展栏，将"倍增"值减小为 0.3。改变其颜色如图 11-62 所示。

图 11-61   图 11-62

（7）调整左侧辅助光源。在"顶视图"窗口中单击，选择辅助光源泛光灯。在"常规参数"卷展栏中勾选阴影复选框，转至"强度 / 颜色 / 衰减"卷展栏，将"倍增"值减调整为 0.5。改变其颜色如图 11-63 所示。

说明：添加的两个泛光灯用于提供附加灯光，使得阴影不那么明显。

（8）在"透视"图中单击"快速渲染"（也可按 F9 键或按 Shift+Q 组合键来实现渲染），如图 11-64 所示。

说明：这时场景看起来已有夜晚的效果，下面进一步模拟房间灯光。

（9）在"创建"面板中 🔵 按钮，选择子面板中的"标准"选项。单击主工具栏的"自由聚光灯"按钮创建一盏聚光灯，单击"选择并移动"按钮。移动到如图 11-65 所示的位置。

（10）在"常规参数"卷展栏中勾选阴影复选框并转至"强度 / 颜色 / 衰减"卷展栏，将"倍增"值调整为 0.8。改变其颜色如图 11-66 所示。

（11）在"常规参数"卷展栏中勾选阴影复选框并转至"强度 / 颜色 / 衰减"卷展栏，勾选"远距衰减"的"使用"复选框，调整"开始"数值为 200，"结束"数值为 450，如图 11-67 所示。

（12）在"聚光灯参数"卷展栏中调整"聚光区 / 光束"为 26，"衰减区 / 区域"为 45，如图 11-68 所示。

图 11-63

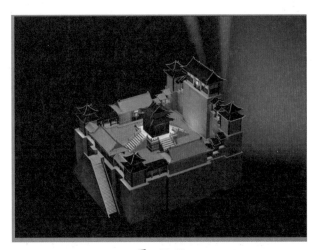

图 11-64

图 11-65

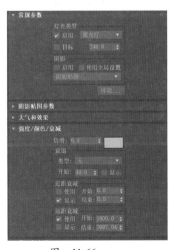

图 11-66

图 11-67

图 11-68

（13）按 H 键选择 Spot001 和 Spot001.Target，在"顶视图"中按住 Shift 键沿 X 轴拖动复制聚光灯到如图 11-69 所示位置。在弹出的"克隆选项"对话框中选择对象中的"实例"单选按钮，副本数为 2，如图 11-70 所示。

（14）在透视图中单击"快速渲染"按钮（也可按 F9 键或 Shift+Q 组合键来实现），如图 11-71 所示。

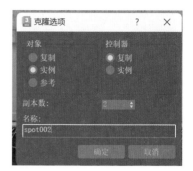

图 11-69　　　　　　　　　　　　　　图 11-70

（15）因为贴图坐标丢失在渲染时会提示贴图坐标，这里直接选择不再提示继续就可以了，如图 11-72 所示。

图 11-71　　　　　　　　　　　　　　图 11-72

（16）使用同样方法为其他走廊、门窗加上灯光，如图 11-73 所示。

（17）继续为场景添加灯光位置。在如图 11-74 所示的位置添加三盏自由聚光灯，将场景前门加亮实现效果，设置参数如图 11-75 所示。

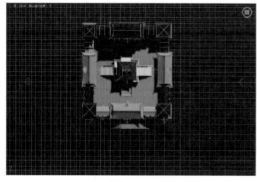
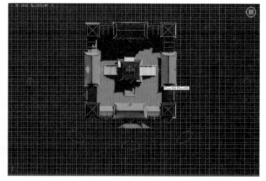

图 11-73　　　　　　　　　　　　　　图 11-74

基本灯光应用可以归类于此。此种灯光方法的优点在于可灵活控制最终形成的光照效果，并且渲染速度较快，但是要求有一定的艺术感觉。最终渲染效果如图 11-76 所示。

读者需要根据自己对色彩和环境的理解对灯光进行控制，可以将最终完成效果的实例文件 Samples-11-05fmax 作为参考，不断练习。

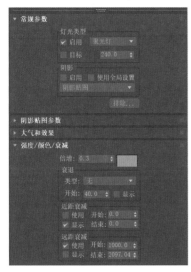

图 11-75

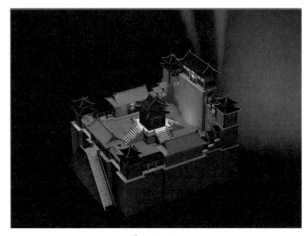

图 11-76

小 结

·········

本章讲解了一些基本的光照理论、不同的灯光类型以及如何创建和修改灯光等。在本章的基本概念中，详细介绍了灯光的参数以及灯光阴影的相关知识。如何针对不同的场景正确布光也是本章的重要内容。要很好地掌握这些内容，创建出好的灯光效果，还需要反复尝试和长时间的积累。

3ds Max 除了具有增强标准灯光的功能外，还有光度控制、改进光线跟踪效果、增加光能传递等新功能。这些功能极大地改进了 3ds Max 的光照效果，但对计算机资源的要求要高一些。

习 题

·········

一、判断题

1. 在 3ds Max 中，只要给灯光设置了产生阴影的参数，就一定能够产生阴影。（　　）

2. 使用灯光阴影设置中的"阴影贴图"，肯定不能产生透明的阴影效果。（　　）

3. 使用灯光中阴影设置的"光线跟踪阴影"，能够产生透明 Traced 的阴影效果。（　　）

4. 灯光也可以投影动画文件。（　　）

5. 灯光类型之间不能相互转换。（　　）

6. 一个对象要产生阴影就一定要被灯光照亮。（　　）

7. 灯光的位置变化不能设置动画。（　　）

8. 要使光不穿透对象，就要将阴影类型设置为"光线跟踪阴影"。（　　）

9. 灯光的"排除"选项可以排除对象的照明和阴影。（　　）

10. 灯光的参数变化不能设置动画。（　　）

二、选择题

1. Omni 是（　　）灯光。

　　A. 聚光灯　　　　　　B. 目标聚光灯　　　　C. 泛光灯　　　　　　D. 目标平行灯

2. 3ds Max 的标准灯光有（　　）种。

    A. 2　　　　　　　　　B. 4　　　　　　　　　C. 6　　　　　　　　　D. 8

3. 使用（　　）命令可同时改变一组灯光的参数。

    A. "工具" | "灯光列表"

    B. "视图" | "添加默认灯光到场景"

    C. "创建" | "灯光" | "泛光灯"

    D. "创建" | "灯光" | "天光"

4. 3ds Max 中标准灯光的阴影有（　　）种类型。

    A. 2　　　　　　　　　B. 3　　　　　　　　　C. 4　　　　　　　　　D. 5

5. 灯光的衰减（Decay）类型有（　　）种。

    A. 2　　　　　　　　　B. 3　　　　　　　　　C. 4　　　　　　　　　D. 5

三、思考题

1. 3ds Max 中有哪几种类型的灯光？

2. 如何设置阴影的偏移效果？

3. 聚光灯的 Hotspot 和 Falloff 是什么含义？怎样调整它们的范围？

4. 布光的基本原则是什么？

5. 在 3ds Max 中产生的阴影有 4 种类型，这些阴影类型有什么区别和联系？

6. 如何产生透明的彩色阴影？

7. Shadow Map 卷展栏的主要参数的含义是什么？

8. 灯光的哪些参数可以设置动画？

9. 如何设置灯光的衰减效果？

10. 灯光是否可以投影动画文件（如 avi、mov、flc 和 ifl 等文件）？

第 12 章 | 渲染

在三维世界中，摄影机就像人的眼睛一样，用来观察场景中的对象。本章重点介绍 3ds Max 2023 的渲染。

本章重点内容：

- 使用景深。
- 使用交互视口渲染。
- 理解和编辑渲染参数。
- 渲染静态图像和动画。
- 使用扫描线渲染器渲染场景。
- 了解Quicksilver硬件渲染器、ART渲染器、VUE文件渲染器。

12.1 渲染的基本操作

渲染是生成图像的过程。3ds Max 使用扫描线、光线追踪和光能传递相结合的渲染器。扫描线渲染方法的反射和折射效果不是十分理想，而光线追踪和光能传递可以提供真实的反射和折射效果。由于 3ds Max 具有混合的渲染器，因此可以对指定的对象应用光线追踪方法，而对其他对象应用扫描线方法，这样可以在保证渲染效果的情况下，得到较快的渲染速度。

12.1.1 渲染动画

设置动画后，就需要渲染动画。可以采用不同的方法渲染动画：一种方法是直接渲染某种格式的动画文件，如 AVI、MOV 或者 FLC。当渲染完成后就可以播放渲染的动画，播放的速度与文件大小和播放速率有关。另一种方法是渲染如 TGA、BMP 或 TIF 一类的独立静态位图文件，然后再使用非线性编辑软件编辑独立的位图文件，最后输出 DVD 和计算机能播放的格式等。某些输出选项需要特别的硬件。渲染动画后，就可以真实、质感地播放动画了。为了更好地渲染整个动画，需要考虑如下几个问题。

1. 图像文件格式

高级动态范围图像（HDRI）文件（*.hdr、*.pic）可以在 3ds Max 2023 渲染器中调用或保存，对于实现高度真实效果的制作方法很有帮助。

在默认情况下，3ds Max 的渲染器可以生成如下格式的文件：AVI、FLC、MOV、CIN、JPG、PNG、RLA、RPF、EPS、RGB、TIF、TGA 等。

2. 渲染的时间

渲染动画可能需要花费很长的时间。例如，如果有一个 45s 的动画需要渲染，播放速率是 15 帧 /s，每帧渲染需要花费 2min，那么总的渲染时间是：

$$45s×15 帧 /s×2min/ 帧 =1350min（或者 22.5h）$$

既然渲染时间很长，就要避免重复渲染。有几种方法可以避免重复渲染。

3. 测试渲染

从动画中选择几帧，然后将其渲染成静帧，以检查材质、灯光等效果和摄影机的位置。

4. 预览动画

在"渲染"菜单下有一个"全景导出器"命令。该命令可以在较低的图像质量情况下渲染出 AVI 文件，以检查摄影机和对象的运动。

例 12-1: 渲染动画。

（1）启动 3ds Max，选择菜单栏中"文件"|"打开"命令，从本书的网络资源中打开 Samples-12-01.max 文件。

这是一个弹跳球的动画场景，如图 12-1 所示。

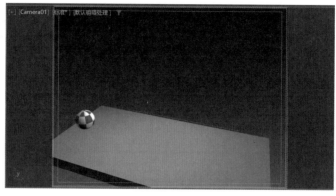

图　12-1

（2）选择菜单栏上"渲染"|"渲染设置"命令，出现"渲染设置"对话框。

（3）在"渲染设置"对话框"公用"选项卡中的"公用参数"卷展栏中，选中"范围"单选按钮。

（4）在"范围"区域的第一个数值区输入 0，第 2 个数值区输入 50，如图 12-2 所示。

（5）在"公用参数"卷展栏的"输出大小"区域选择"320×240"按钮，如图 12-3 所示。

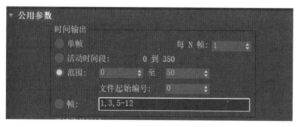

图　12-2　　　　　　　　　　　　　　　　图　12-3

"图像纵横比"指的是图像的宽高比，320/240=1.33。

（6）在"渲染输出"区域单击"文件"按钮。

（7）在出现的"渲染输出文件"对话框的文件名区域指定一个文件名，例如 Samples-12-01。

（8）在保存类型的下拉列表中选择 *.avi，如图 12-4 所示。

（9）在"渲染输出文件"对话框中，单击"保存"按钮。

（10）在"AVI 文件压缩设置"对话框单击"确定"按钮如图 12-5 所示。

说明: 压缩质量的数值越大，图像质量就越高，文件也越大。

（11）单击"渲染"按钮，出现"渲染"进程对话框。

（12）完成了动画渲染后，关闭"渲染场景"对话框。

（13）在保存的目录下打开保存的 AVI 文件，观察效果，图 12-6 是其中的一帧，如下所示。

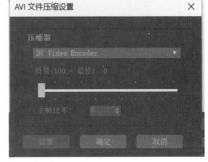

图　12-4　　　　　　　　　　　　　　　　　　图　12-5

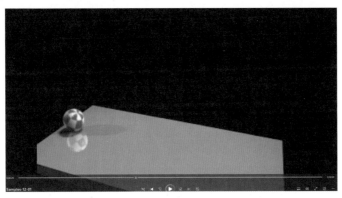

图　12-6

12.1.2　Active Shade 渲染器（交互渲染器）

除了提供最后的渲染结果外，3ds Max 还提供了一个"交互渲染器"，来产生快速低质量的渲染效果，并且这些效果是随着场景的更新而不断更新的。这样就可以在一个完全的渲染视口中预览用户的场景。交互渲染器可以是一个浮动的对话框，也可以被放置在一个视口中。

交互渲染器得到的渲染质量比直接在视口中生成的渲染质量高。当"交互渲染器"状态激活后，诸如灯光等调整的效果就可以交互地显示在视口中。"交互渲染器"有它自己的右键菜单，用来渲染指定的对象和指定的区域。渲染时还可以将材质编辑器的材质直接拖曳在交互渲染器中的对象上。

激活"交互渲染器"有两种方法。一种方法是在"视口"左上角的视图上单击，在"扩展视口"中选择"交互渲染器"选项，则视口变为动态着色视口，如图 12-7 所示。另一种方法是单击主工具栏中的"交互渲染器"按钮，也可以在渲染设置面板下的"目标"中选择"交互渲染模式"选项，如图 12-8 所示。

例 12-2："交互渲染器"。

这个练习将打开一个"动态着色浮动框"对话框，然后使用拖曳材质的方法取代场景中的材质。

（1）启动 3ds Max，选择菜单栏中"文件"|"打开"命令，从本书的网络资源中打开 Samples-12-02.max 文件。

（2）单击主工具栏的"渲染产品"按钮，然后在弹出的按钮中单击"交互渲染器"按钮，打开 Active Shade Floater 对话框，如图 12-9 所示。打开时可能需要一定的初始化时间。

（3）单击主工具栏的"材质编辑器"按钮，打开"材质编辑器"，如图 12-10 所示。

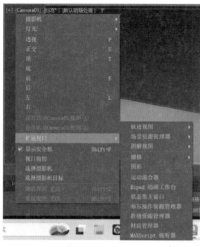

图 12-7

图 12-8

图 12-9

图 12-10

（4）在"材质编辑器"中选择 metal 材质球，然后将材质拖曳到 Active Shade 对话框中左前方的茶壶上。

这样就使用新的铁皮材质取代了之前的灰色材质，实现了动态着色的功能，效果如图 12-11 所示。

12.1.3 Render Scene 对话框

一旦完成了动画或者想渲染测试帧，就需要使用"渲染设置"对话框。这个对话框包含五个用来设置渲染效果的卷展栏，它们是"公用"面板、Render Elements 面板、"光线跟踪器"面板、"高级照明"面板

图 12-11

和"渲染器"。下面分别介绍。

1. 公用面板

"公用"面板有四个卷展栏，如图12-12所示。

1）公用参数卷展栏。

该面板有5个不同区域。

（1）Time Output（输出时间）：该区域的参数主要用来设置染的时间。

- 单帧：渲染当前帧。
- 活动时间段：渲染轨迹栏中指定的范围。
- 范围：指定渲染的起始和结束。
- 帧：指定渲染一些不连续的，与之间用逗号隔开。
- 每N帧：使渲染器按设定的间隔染。如果Nth frame被设置为3，那么每3帧渲染1帧。

图　12-12

（2）输出大小：该区域可以使用户控制最后渲染图像的大小和比例。可以在下拉式列表中直接选择预先设置的工业标准，如图12-13所示，也可以直接指定图像的宽度和高度。

宽度和高度：这两个参数定制渲染图像的高度和宽度，单位是像素。如果锁定了"图像纵横比"，那么其中一个数值的改变将影响另外一个数值。

预设的分辨率按钮：单击其中的任何一个按钮将把渲染图像的尺寸改变成按钮指定的大小。在按钮上右击，可以在出现的"配置预设"对话框（如图12-14所示）中设置。

图像的纵横比：这个设置决定渲染图像的长宽比，如图12-14所示。

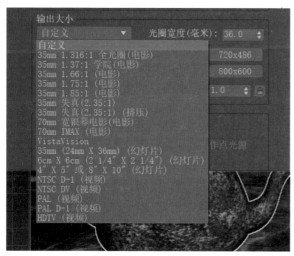

图　12-13　　　　　　　　　　　图　12-14

像素纵横比：该项设置决定图像像素本身的长比。如果染的图像将在非正方形像素的设备上显示，那么就需要设置这个选项。例如，标准NTSC电视机的像素长宽比是0.9，而不是1.0。如果锁定了像素纵横比选项，那么将不能改变该数值。图12-15是采用不同像素长宽比设置渲染的图像。当该参数等于0.5的时候，图像在垂直方向被压缩；当该参数等于2的时候，图像在水平方向被压缩，如图12-16所示。

（3）选项：这个区域包含多个复选框用来激活不同的渲染选项。

- 视频颜色检查：这个选项扫描渲染图像，寻找视频颜色之外的颜色。
- 强制双面：这个选项将强制3ds Max渲染场景中所有面的背面，这对法线有问题的模型非常有用。

图　12-15　　　　　　　　　　　　　图　12-16

- 大气：如果不勾选这个复选框，那么 3ds Max 将不渲染雾等大气效果，这样可以加速渲染过程。
- 特效：如果不勾选这个复选框，那么 3ds Max 将不渲染辉光等特效，这样可以加速渲染过程。
- 超级黑：如果要合成渲染的图像，那么该选项非常有用。如果复选这个选项，那么将使背景图像变成纯黑色，即 RGB 数值都为 0。
- 置换：当不勾选该复选框时，3ds Max 将不渲染置换贴图，这样可以加速测试渲染的过程。
- 渲染隐藏的几何体：勾选这个复选框后将渲染场景中隐藏的对象。如果场景比较复杂，在建模时经常需要隐藏对象，而渲染的时候又需要这些对象。该选项非常有用。
- 渲染到场：这将使 3ds Max 渲染到视频场，而不是视频帧。在为视频渲染图像的时候，经常需要这个选项。一帧图像中的奇数行和偶数行分别构成两场图像，也就是一帧图像是由两场构成的。
- 区域光源 / 阴影视作点光源：将所有区域光或影都当作发光点来渲染，这样可以加速渲染过程。

（4）高级光照：该区域有两个复选框来设定是否渲染高级光照效果，以及什么时候计算高级光照效果。

位图代理：显示 3ds Max 是使用高分辨率贴图还是位图代理进行渲染。要更改此设置，请单击"设置"按钮。

（5）渲染输出：设置渲染输出文件的位置，有如下选项：

- 保存文件和文件按钮。若勾选"保存文件"复选框，渲染的图像就被保存在硬盘上。"文件"按钮用来指定保存文件的位置。
- 使用设备：除非选择了支持的视频设备，否则该复选框不能使用。使用该选项可以直接渲染到视频设备上，而不生成静态图像。
- 渲染帧窗口：在渲染帧窗口中显示渲染的图像。
- 网络渲染：使用网络渲染后，出现"网络渲染配置"对话框，可以同时在多台机器上渲染动画。

● 跳过现有图像：不渲染保存文件的文件夹中已经存在的帧。

2）"电子邮件通知"卷展栏

"电子邮件通知"卷展栏提供了一些参数来设置渲染过程中出现问题（如异常中断、渲染结束等）时，给用户发 E-mail 提示。这对需要长时间渲染的动画非常重要。

3）"脚本"卷展栏

"脚本"卷展栏用于指定渲染之前或者渲染之后要执行的脚本。要执行的脚本有四种，分别为 MAX Script 文件（MS）、宏脚本（MCR）、批处理文件（BAT）、执行文件（EXE）。渲染之前，执行预渲染脚本。渲染完成之后，执行后期渲染。也可以使用"立即执行"按钮来"手动"运行脚本。

4）"指定渲染器"卷展栏

"指定渲染器"卷展栏显示了产品级和 Active Shade 级渲染引擎以及材质编辑器样本球当前使用的渲染器，可以单击按钮改变当前的渲染器设置。默认情况下有几种渲染器可以使用：默认扫描线渲染器、Quicksilver 硬件渲染器、ART 渲染器和 VUE 文件渲染器，如图 12-17 所示。

图　12-17

🔒：默认情况下，材质编辑器使用与产品级渲染引擎相同的渲染器。不勾选这个复选框可以为材质编辑器的样本球指定一个不同的渲染器。

保存为默认设置：单击此按钮，将把当前指定的渲染器设置为下次启动 3ds Max 时的默认渲染器。

2. Render Elements 面板

合成动画层的时候，Render Elements 卷展栏（图 12-18）的内容非常有用。可以将每个元素想象成一个层，然后将高光、漫射、阴影和反射元素结合成图像。使用 Render Elements 可以灵活控制合成的各个方面。例如，可以单独渲染阴影，然后再将它们合成在一起。

下面介绍该卷展栏的主要内容。

1）卷展栏上部的按钮和复选框

① 添加按钮：增加渲染元素，单击该按钮后出现图 12-19 所示的 Render Elements 对话框。用户可以在这个对话框增加渲染元素。

② 合并按钮：从其他 Max 文件中合并文件。

③ 删除按钮：删除选择的元素。

④ 激活元素：不勾选这个复选框，将不渲染相应的渲染元素。

⑤ 显示元素：勾选该复选框后，在屏幕上显示每个渲染的元素。

2）选定区域参数区域

这个区域用来设置单个的渲染元素，有如下选项。

① 启用复选框：这个复选框用来激活选择的元素。未激活的元素将不被渲染。

② 启用过滤复选框：这个复选框用来打开渲染元素的当前反走样过滤器。

③ 名称区域：用来改变选择元素的名字。

④ 文件按钮：在默认的情况下，元素被保存在与渲染图像相同的文件夹中，但是可以使用这个按钮改变保存元素的文件夹和文件名。

图 12-18

图 12-19

3）输出到 Combustion

打开这个区域可以提供 3ds Max 与 Discreet 的 Combustion 之间的连接。

例 12-3：渲染大气元素。

（1）启动 3ds Max 或者选择菜单栏"文件"|"重置"命令，将 3ds Max 重置为默认模板。

（2）选择菜单栏中"文件"|"打开"命令，从本书网络资源中打开文件。图 12-20 是打开文件 Samples-12-03.max 后的场景。

（3）单击主工具栏的"渲染设置"按钮。

（4）在"渲染设置"对话框的"Render Elements"（渲染元素）卷展栏中单击"添加"按钮。

（5）在出现的"渲染元素"对话框（图 12-21）中，选择"大气"选项，然后单击"确定"按钮。

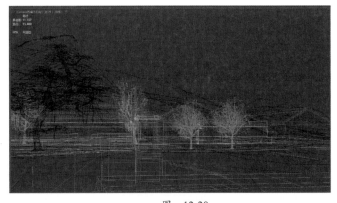

图 12-20

图 12-21

（6）确认"公用参数"卷展栏中的"时间输出"被设置为"单帧"。

（7）在"公用参数"卷展栏中单击"渲染输出"区域中的"文件"按钮。

（8）在"渲染输出文件"对话框的保存类型下拉式列表中选择 TIF。

（9）在"渲染输出文件"对话框中，指定保存的文件夹。

（10）指定渲染的文件名，然后单击"保存"按钮。

（11）在"TIF 图像控制"对话框中单击确定按钮。

（12）在"渲染设置"的"查看"区域中确认激活的是 Camera01。

（13）单击"渲染"按钮开始渲染。渲染结果如图 12-22 所示。图 12-22（a）是最后的渲染图像，图 12-22（b）是大气的效果。

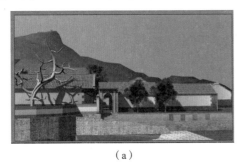
（a）

（b）

图 12-22

3. 渲染器面板

渲染器面板只包含一个卷展栏：默认扫描线染器卷展栏，在这里可对默认扫描线染器的参数进行设置，如图 12-23 所示。

1）选项选项组

"选项"区域包括"贴图""阴影""自动反射/折射和镜像""强制线框"等复选框。"连线粗细"的数值用来控制线框对象的渲染厚度。在测试渲染的时候常用这些来节省染时间。

- 贴图：如果不勾选这个复选框，那么渲染的时候将不渲染场景中的贴图。
- 阴影：如果不勾选这个复选框，那么渲染的时候将不渲染场中的阴影。
- 自动反射/折射和镜像：如果不勾选这个复选框，那么渲染的时候将不渲染场景中的"自动反射/折射和镜像"贴图。
- 强制线框：如果勾选这个复选框，那么场景中的所有对象将按线框方式渲染。
- 启用SSE：勾选这个复选框将开启SSE方式。若系统的CPU支持此项技术，渲染时间将会缩短。
- 连线粗细：控制线框对象的渲染厚度。图12-24所示的线框粗细为4。

图 12-23

图 12-24

2）抗锯齿选项组

该区域选项用于控制反走样设置和反走样贴图过滤器。

- 抗锯齿：该复选框控制最后的渲染图像是否使用反走样，反走样可以使渲染对象的边界变得光滑一些。

- 过滤贴图：该复选框用来打开或者关闭材质贴图中的过滤器选项。
- 过滤器：3ds Max 提供了各种反走样过滤器。使用的过滤器不同，最后的反走样效果也不同。许多反走样过滤器都有可以调整的参数，通过调整这些参数，可以得到独特的反走样效果。
- 过滤器大小：调节为一幅图像应用的模糊程度。

3）全局超级采样区域

激活这个选项后将不渲染场景中的超级样本设置，从而加速测试渲染的速度。

- 启用全局超级采样：当勾选该复选框时，对所有材质应用同样的超级采样。若不勾选它，那些设置了全局参数的材质将受渲染对话框中设置的控制。
- 超级采样贴图：勾选该复选框可以打开或关闭对应用了贴图的材质的超级采样。
- "采样"下拉列表框：选择采样方式。

4）对象运动模糊区域

"对象运动模糊"区域的选项可全局控制对象的运动模糊。在默认的状态下，对象没有运动模糊。要加运动模糊，必须在"对象属性"对话框中设置"运动模糊"。

- 应用复选框：勾选该复选框可以打开或者关闭对象的运动模糊。
- 持续时间：设置摄影机快门打开的时间。
- 采样：设置持续时间细分之内渲染对象的显示次数。
- 持续时间细分：设置持续时间内对象被渲染的次数，如图 12-25 所示。

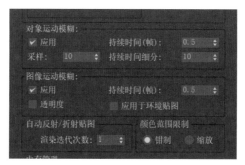

图 12-25

5）图像运动模糊区域

与对象运动模糊类似，图像运动模糊也根据持续时间来模糊对象，但是图像运动模糊作用于最后的渲染图像，而不是作用于对象层次。这种类型的运动模糊的优点之一是考虑摄影机的运动，必须在"对象属性"对话框中设置"运动模糊"。

- 应用复选框：勾选该复选框可以打开或者关闭图像的运动模糊。
- 持续时间（帧）：设置摄像机快门打开的时间。
- 样本：设置 Duration Sub divisions 之内渲染对象的显示次数。
- 透明度：如果勾选这个复选框，即使对象在透明对象之后，也要渲染其运动模糊效果。
- 应用于环境贴图：勾选这个复选框后将模糊环境贴图。

6）自动反射/折射贴图区域

这个区域的唯一设置是"渲染迭代次数"数值，这个数值用来设置在"自动反射/折射贴图"中使用"自动关键点"模式后，在表面上能够看到的表面数量。数值越大，反射效果越好，但是渲染时间也越长。

7）颜色范围限制

这个区域的选项提供了两种方法来处理超出最大和最小亮度范围的颜色。

- "钳制"单选按钮：该选项将颜色数值大于 1 的部分改为 1，将颜色数值小于 0 的部分改为 0。
- "缩放"单选按钮：该单选按钮缩放颜色数值，以便所有颜色数值在 0 到 1 之间。

8）内存管理区域

这个区域的"节省内存"复选框如图 12-26 所示，可以使扫描线渲染器执行一些不被放入内存的计算。这个功能不但节约内存，而且不明显降低渲染速度。

图 12-26

"渲染设置"对话框的顶部有几个选项（图 12-27），分别用来改变渲染视口，进行渲染等工作。

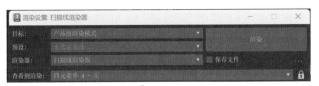

图 12-27

第一个是"目标"，3ds Max 2023 提供五种渲染模式：产品级渲染模式、迭代渲染模式、Active Shade 模式、A360 云渲染模式和提交到网络渲染。

"预设"列表框用于选择以前保存的渲染参数设置，或将当前的渲染参数设置保存下来。

"渲染器"列表用来选择不同种类的渲染器，提供五种渲染器，如图 12-28 所示。"查看到渲染"列表用来改变渲染的视口，锁定按钮用来锁定渲染的视口，以避免意外改变。

图 12-28

单击"渲染"按钮就开始渲染；单击"关闭"按钮关闭"渲染设置"对话框，同时保留渲染参数的设置；单击"取消"按钮关闭"渲染设置"对话框，不保留渲染参数的设置。

4. 光线追踪器面板

"光线追踪器"面板中只包含一个"光线跟踪全局参数"卷展栏，如图 12-29 所示，可用来对光线跟踪进行全局参数设置，这将影响场景中所有光线追踪类型的材质。

5. 高级照明面板

该面板中只包含"选择高级照明"卷展栏，如图 12-30 所示。不同的选项对应不同的参数面板，主要用于高级光照的设置。

例 12-4：通过渲染序列的方法渲染场景

（1）启动 3ds Max 或者选择菜单栏"文件"|"重置"命令，将 3ds Max 重置为默认模板。

（2）选择菜单栏中"文件"|"打开"命令从本书的网络资源中打开 Samples-12-04.max 文件。打开文件后的场景如图 12-31 所示。

（3）单击主工具栏中的"渲染设置"按钮，出现"渲染设置"对话框。

（4）在"公用参数"卷展栏的"时间输出"区域中选择活动时间段：0～510 帧或者默认的时间段 0～510 帧。

图 12-29

图 12-30

（5）在"输出大小"区域中使像素比为 1.067，并锁定；把图片的大小设置为 720×404（宽 ×高），最后锁定图像纵横比，如图 12-32 所示。

图 12-31

图 12-32

（6）在"渲染输出"区域中单击文件按钮。

（7）在"渲染输出文件"对话框中选择保存文件的位置，并将文件类型设置为 tga。

（8）在文件名区域输入"镜头 c02.tga"，单击"保存"按钮。在新弹出的"Targa 图像控制"对话框内选中 32 位带透明通道的单选按钮，单击"确定"按钮，如图 12-33 所示。

（9）注意勾选"对象运动模糊"和"图像运动模糊"中的"应用"复选框，如图 12-34 所示。

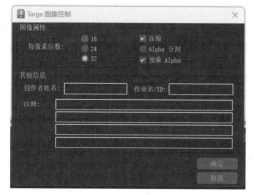

图 12-33

图 12-34

（10）在"渲染设置"对话框中单击"渲染"按钮开始渲染，图12-35是渲染结果中的一帧。

图　12-35

12.2　Quicksilver 硬件渲染器

Quicksilver 硬件渲染方式能够根据实际需要设置渲染的复杂程度，渲染效果越粗糙，渲染耗费的时间就越短；渲染效果越精致，渲染耗费的时间就越长。当用户渲染复杂场景时，能够在短时间内得到渲染效果，在测试渲染阶段节省大量时间。Quicksilver 硬件渲染器有三个选项卡，如图 12-36 所示。

| 公用 | 渲染器 | Render Elements |

图　12-36

在 Quicksilver 硬件渲染器中选择"渲染器"选项卡，在这里可对 Quicksilver 硬件渲染器的参数进行设置。

1. 活动视口设置同步

该区域可以调节基于硬件的采样倍率以及基于软件的采样倍率，结果采样值为两者相乘。较高级别会产生更平滑的结果，代价是多花费一些渲染时间。

2. 渐进式渲染

在这个卷展栏下可以修改每帧渲染持续时间和迭代次数以调整渲染质量。其中时间是以分钟和秒为单位设置渲染持续时间，默认值为 10 秒。迭代的默认设置为 256。

注意：特定时间间隔内的迭代次数取决于电脑本身 CPU/GPU 速度和可用内存。

3. 视觉样式和外观

（1）视觉样式：可以修改渲染的级别。

（2）照明和阴影组。

照亮方法：可以选择场景灯光或默认灯光。

①"阴影"组。

阴影：如果不勾选这个复选框，那么渲染的时候将不渲染场景中的阴影。

阴影质量：调节模拟阴影过渡的渐变效果，在阴影周边制造虚化的效果。

②环境光阻挡组。

半径：以 3ds Max 单位定义半径，Quicksilver 渲染器在该半径中查找阻挡对象。值越大，覆盖的区域越大。

强度 / 衰减：AO 效果的强度，值越大，阴影越暗。Ambient Occlusion（AO）指调节物体和物体相交或靠近的时候遮挡周围漫反射光线的效果。AO通过将对象的接近度计算在内，提高阴影质量。当AO启用时，它的控件变为可用。默认设置为禁用状态。

③ 间接照明组。

间接照明：通过将反射光线计算在内，提高照明的质量。

倍增：控制间接照明的强度。

启用间接照明阴影：当勾选该复选框时，渲染器间接照明可以生成阴影，间接照明通过将反射光线计算在内，提高照明的质量。当间接照明启用时，它的控件变为可用。默认设置为禁用状态。

4. 反射区域

反射：当勾选该复选框时，渲染显示反射。启用反射只会启用静态反射。要查看对象的动态反射，必须使用子控件明确包括它。

单击"包含"按钮后，可显示"包含／排除"对话框。包含对象会使其生成反射，排除对象会从反射中将其排除，从而节省渲染时间，如图12-37所示。

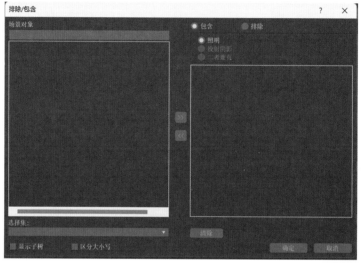

图　12-37

材质ID：当勾选该复选框时，可选择一个材质的ID值，该值用于标识将显示反射的材质。

对象ID：当勾选该复选框时，可选择一个对象的ID值，该值用于标识将显示反射的材质。

5. 景深区域

勾选景深卷展栏的启用复选框时，可选择"来自摄影机"或"覆盖摄影机"，如图12-38所示。当选择"来自摄影机"时Quicksilver渲染器使用"摄影机环境范围"设置来生成景深。当选择"覆盖摄影机"时可以选择用于生成与"摄影机"设置不同的景深的值。

图　12-38

焦平面：将焦平面的位置设置为与摄影机对象的距离（使用3ds Max单位）。默认设置为100.0。

f制光圈：f制光圈可以调节景深范围。增大f制光圈值将使景深扩大（增大焦点范围），减小f制光圈值将使景深缩窄（减小焦点范围）。默认设置为1.0。

6. 硬件缓存

如图 12-39 所示，显示了硬件缓存的保存路径，可以根据需要自行修改。

图 12-39

12.3 扫描线渲染器

12.3.1 扫描线渲染器简介

扫描线渲染器是一种多功能渲染器，可以将场景渲染为从上到下生成的一系列扫描线。它是随 3ds Max 一同提供的产品级渲染器，而不是在视口中使用的交互式渲染器。产品级渲染器生成的图像显示在渲染帧窗口，该窗口是一个拥有其自己的控件的独立窗口。扫描线渲染器是原始 3ds Max 渲染器，第一次使用"渲染设置"对话框或视频后期处理时，默认产品级渲染器选项。

扫描线渲染器的特点如下。

（1）稳定性好：由于其作为 3ds Max 的默认渲染器，经过了多年的优化和改进，具有很好的稳定性和兼容性。

（2）渲染速度快：由于其采用扫描线算法，对于一些相对简单的场景，渲染速度较快。

（3）操作简便：其渲染设置相对简单，对于初学者来说容易上手。

（4）适合动画渲染：由于其渲染速度快，适用于大规模动画渲染，可以快速生成动画效果。

与 Quicksilver 硬件渲染器相比，扫描线渲染器共有 5 个选项卡，如图 12-40 所示。其中特殊选项卡有"光线跟踪器"和"高级照明"。

图 12-40

"光线跟踪器全局参数"：如图 12-41 所示，其可以为明亮场景（比如室外场景）提供柔和边缘的阴影。

图 12-41

"高级照明"："高级照明"实际上包含了"光线跟踪"和"光能传递"，在没有选择其中之一时，其显示的是"<无照明插件>"，如图 12-42 所示。"光能传递"则可以提供场景中灯光的物理性质精确建模，其卷展栏如图 12-43 所示。

图 12-42　　　　　　　　　　　　　　　　　　　图 12-43

12.3.2 扫描线渲染器渲染场景

例 12-5：运动模糊效果。

（1）启动 3ds Max 或者选择菜单栏"文件"|"重置"命令，将 3ds Max 重置为默认模板。

（2）选择菜单栏中"文件"|"打开"命令，打开本书网络资源中的 Samples-12-05.max 文件。场景中包括一个车轮、几盏灯光和一个摄影机，如图 12-44 所示。

（3）单击"播放动画"按钮，可以看到车轮已经设置了动画。前一部分车轮在原地打转，24 帧时车轮开始滚动。

（4）在主工具栏中单击"资源管理器"按钮，在弹出的对话框中，选择 Lugs、Rim 和 Tire 对象，如图 12-45 所示，单击确认按钮。

图 12-44　　　　　　　　　　　　　　　　　图 12-45

（5）在 Camera01 视口中右击，在弹出的四元菜单中选择"变换"|"对象属性"命令，如图 12-46 所示，弹出"对象属性"对话框。在"常规"面板的"对象信息"选项组中，名称文本框中显示的是"选定多个对象"。

（6）在"运动模糊"选项组中，将"运动模糊"类型改为"按对象"，如图 12-47 所示。

（7）使用扫描线渲染产生运动模糊。单击主工具栏上的 "渲染设置"按钮，打开"渲染设置"对话框。

（8）在"公用"面板中的"指定渲染器"卷展栏中，单击"产品级"右边的灰色按钮

产品级：　　　　　　　Arnold　　　　　　　　　　　　　　　　　　　　　，在如图 12-48 所示的"选择渲染器"对话框中，选择扫描线渲染器选项。

（9）再次进入对象属性面板，关注"运动模糊"选项组，如图 12-49 所示。渲染后效果如图 12-50 所示。

（10）将"倍增"参数值调至 2，如图 12-51 所示。

图 12-46

图 12-47

图 12-48

图 12-49

图 12-50

图 12-51

（11）将"倍增"参数值调至 0.5，如图 12-52 所示。

（12）将"倍增"参数值调至 3，如图 12-53 所示。

图 12-52

图 12-53

319

例 12-6：水面波纹效果

（1）启动 3ds Max 或者选择菜单栏"文件" | "重置"命令，将 3ds Max 重置为默认模板。

（2）选择菜单栏中"文件" | "打开"命令，从本书的网络资源中打开 Samples-12-06.max 文件。场景中包括一个游泳池、墙壁、一个梯子和一个投射于游泳池表面的聚光灯，如图 12-54 所示。

（3）单击"渲染产品"按钮。可以看出，因为水的材质没有调整，所以看起来不够真实。

（4）选择材质球，打开"材质编辑器"，选中 Ground Water 材质（第一行第一个样本球），如图 12-55 所示。

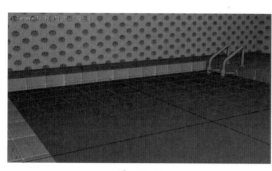

图 12-54

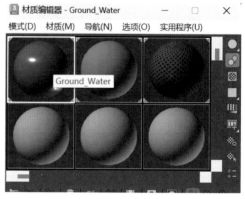

图 12-55

（5）在凹凸贴图中选择 Noise，如图 12-56 所示，并调整参数如图 12-57 所示。此时渲染后结果如图 12-58 所示。

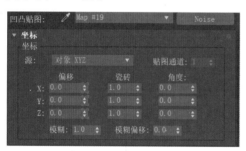

图 12-56

图 12-57

（6）若想添加更多环境的光线效果，则选择菜单上的"渲染" | "视频后期处理"命令，如图 12-59 所示。

（7）可以在选择卡中选择如图 12-60 所示的图标，来添加图像过滤器事件。

单击底片卷展栏可以看到有各种镜头效果，如图 12-61 所示，选择效果后还可以根据下方的设置按钮调整效果的设置。读者可以自行尝试。

其中，镜头效果光斑，是指创建光学效果，但此光学效果只有当亮光反射过摄影机镜头时才会出现。镜头效果焦点是根据对象到摄影机的距离，在对象上创建模糊效果。使用"Z 缓冲区"跟踪对象到摄影机的距离。焦点使用场景中的"Z 缓冲区"信息来创建其模糊效果。镜头效果光晕是指在任一指定对象周围创建光晕灯光，如激光束或宇宙飞船上的推进器。镜头效果高光是在指定对象上创建明亮十字星效果。

图 12-58

图 12-59

图 12-60

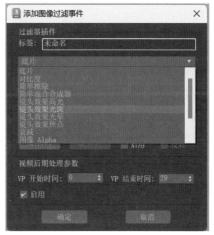

图 12-61

12.4　ART 渲染器

••••••••••

　　Autodesk Ray tracer（ART）渲染器是一种仅使用 CPU 并且基于物理方式的快速渲染器，适用于建筑、产品和工业设计渲染与动画等行业。ART 渲染器上手简单，操作容器，学习难度较低，它可以方便用户从 Revit、Inventor、Fusion360 和其他使用 Autodesk Ray tracer 的 Autodesk 应用程序进行文件处理。它同时也可以渲染较为复杂、大型的场景，ART 渲染器含有图像噪波过滤器，可以将图像处理成不同平滑的程度。并且，噪波过滤可以极大缩短渲染时间并提高图片质量。

　　ART 渲染器有自己独特的选项卡，下面将对其进行简单介绍。

　　① 渲染参数卷展栏：如图 12-62 所示。其中用来衡量渲染质量的数值是噪波比（SNR），其单位为分贝（dB）。渲染方法包括高级路径跟踪和快速路径跟踪，前者的保真度较高，渲染复

杂的灯光交互，渲染时间较长。后者的优化的间接照明可减少噪波，通常用于产品级渲染。

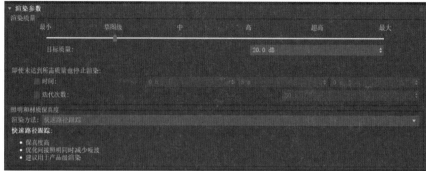

图　12-62

② 过滤卷展栏：如图 12-63 所示，其中的设置可用于控制 ART 渲染器的噪波和抗锯齿。在"过滤器强度"选项卡中 100% 是指无噪波，0% 是指包括所有噪波。通常情况下，100% 无噪波用于创建草稿。50% 适用于最终帧，因为它可以显著减少噪波，同时保留大多数细节。

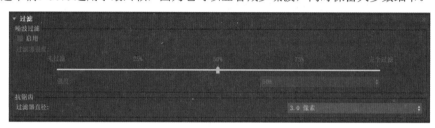

图　12-63

③ 高级卷展栏：如图 12-64 所示，其中包含 ART 渲染器的特殊控件。其中动画噪波图案是适用于高质量动画渲染的噪波图案，它可以使画面看起来更自然，类似于胶片颗粒。但对于低质量（草图级）渲染，静态噪波图案可能就足够了。

图　12-64

12.5　VUE 文件渲染器

• • • • • • • • •

"VUE 文件渲染器"是一种可以创建 VUE（.vue）文件的渲染器。VUE 文件使用可编辑 ASCII 格式，如图 12-65 所示。

图　12-65

提示：在 3ds Max 2018 后，Autodesk 不再将 NVIDIA 的 Mental Ray 渲染器作为软件的一部分提供，若有需要，用户可以自行购买安装。

小　结

本章详细讨论了如何渲染场景，以及如何设置渲染参数。合理掌握渲染的参数在动画制作中是非常关键的，读者尤其应该注意如何快速测试渲染。最后介绍了 Quicksilver 硬件渲染器、扫描线渲染器、ART 渲染器和 VUE 文件渲染器。3ds Max 中还有许多功能强大的渲染器，也可以自己添加新的渲染器，读者可根据自身需求进行尝试，以达到不同的效果。

习　题

一、判断题

1. 摄影机的"运动模糊"和"景深参数"可以同时使用。（　　）

2. 在 3ds Max 中，背景图像不能设置动画。（　　）

3. 在默认的状态下，打开"高级照明"对话框的快捷键是 F9。（　　）

4. 一般情况下，对于同一段动画来讲，渲染结果保存为 FLC 文件的信息量比保存为 AVI 文件的信息量要小。（　　）

5. 3ds Max 2023 自带的渲染器只有默认扫描线渲染器和 Quicksilver 硬件渲染器两种。（　　）

二、选择题

1. 3ds Max 能够支持的渲染输出格式是（　　）

　　A. PAL-D　　　　　　B. HDTV　　　　　　C. 70mmIMAX　　　　D. 以上都是

2. 使用扫描线渲染器渲染时，想要关闭对材质贴图的渲染，最好采用（　　）的方法来实现。

　　A. 在扫描线渲染器参数中将贴图复选框关闭

　　B. 将相关材质删除

　　C. 将相关材质中的贴图全部关闭

　　D. 使用扫描线来渲染

3. 想要将图像运动模糊赋予场景中的环境背景，应该（　　）。

　　A. 选中图像运动模糊参数组中的"赋予环境贴图"复选框

　　B. 使用扫描线渲染器来渲染

　　C. 关闭场景中所有物体的运动模糊

　　D. 直接渲染即可

4. （　　）图像格式具有 Alpha 通道。

　　A. HDR　　　　　　B. JPG　　　　　　C. TGA　　　　　　D. BMP

三、思考题

1. 裁剪平面的效果是否可以设置动画？

2. 如何使用景深和聚焦效果？两者是否可以同时使用？

3. PAL 制、NTSC 制和高清晰度电视画面的水平像素和垂直像素各是多少？

4. 图像的长宽比和像素的长宽比对渲染图像有什么影响？

5. 如何使用元素渲染？请尝试渲染各种元素。

6. 如何更换当前渲染器？

7. 对象运动模糊和图像运动模糊有何异同？

8. 如何使用交互视口渲染？

9. 在 3ds Max 中，渲染器可以生成哪种格式的静态图像文件和哪种格式的动态图像文件？

10. 试着为文件 Samples-12-07.max 添加合适的渲染效果，最终效果见 Samples-12-07f.max。

第 13 章 | 综合实例

创建场景需要使用 3ds Max 2023 的许多功能，包括建模、材质、灯光和渲染等。本章将通过两个综合实例的实现来说明 3ds Max 2023 创作的基本流程。

本章重点内容：

- 创建简单集合体来模拟场景物品。
- 创建并应用材质，使场景变得更美丽。
- 创建有效的灯光，使场景具有生命力。

13.1　山间院落场景漫游动画

本案例为综合练习。根据制作建筑漫游动画的常规流程，实现一个山间院落场景的漫游动画，最终效果如图 13-1 所示。

图　13-1

13.1.1　设置项目文件夹

（1）首先执行以下操作，创建本案例的项目文件夹。选择菜单栏的"文件"|"项目"命令，如图 13-2 所示。

（2）该菜单中，"创建空项目"选项是指在文件夹里只创建一个 3ds Max 工程文件，不符合我们的需要。我们选择"创建默认项目"命令，在弹出的对话框中选择自己电脑中的一个盘符。单击"新建文件夹"按钮创建一个新的文件夹并将其命名为 Samples-13-01，单击"确定"按钮。这时相应的 Samples-13-01 文件夹下就自动生成了本案例的一系列工程文件夹，如图 13-3 所示。

图　13-2

图　13-3

（3）在网络资源中，将"第 13 章综合实例源文件"文件夹下的所有 .max 文件复制至自己"Samples-13-01"项目文件夹下的 scenes 子文件夹中，将网络资源 Samples-13-01maps 文件夹下的所有图片文件复制至自己 Samples-13-01 项目文件夹下的 scene assets/images 子文件夹中。这样就便于我们有效地管理本实例的一系列工程文件了。

13.1.2　创建场景模型

1. 整理建筑主题场景

下面举例说明如何整理建筑主题场景。

（1）打开 scenes 文件夹中的 Samples-13-01.max 文件。如果弹出"缺少外部文件"对话框，如图 13-4 所示，则需进行如下操作。

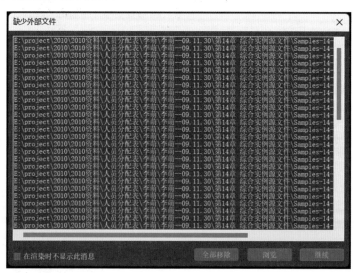

图　13-4

（2）单击"缺少外部文件"对话框中的"浏览"按钮，弹出"配置外部文件路径"对话框，如图 13-5 所示。

（3）单击"添加"按钮，弹出"选择新的外部文件路径"对话框，找到之前存放图片的"image"文件夹，如图 13-6 所示。

图 13-5

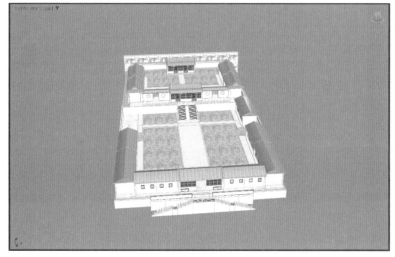

图 13-6

（4）单击"使用路径"按钮。此时新的路径将立即生效，丢失的贴图文件也重新找了回来。这时，Samples-13-01.max 场景效果如图 13-7 所示。

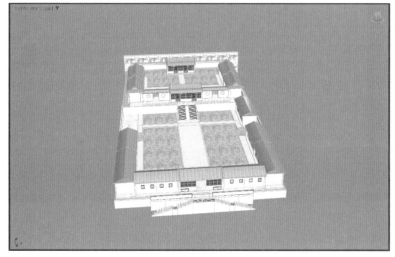

图 13-7

2. 创建地形环境

下面举例说明如何创建地形环境。

（1）在"顶"视口主体建筑位置创建一个"平面"，将其名称和参数面板上各项参数进行修改，如图 13-8 所示。将其重新命名便于以后对其进行管理。

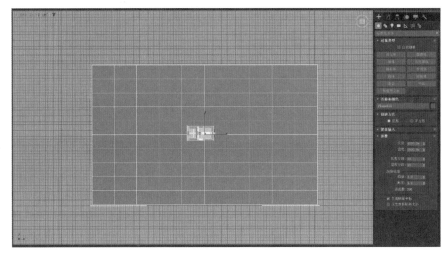

图　13-8

说明：分段数值可以设置得更大，但是会导致面数增多，影响渲染速度。

（2）进入"修改"命令面板，在"修改器列表"里选择"编辑多边形"命令，然后进入"顶点"层级，在"软选择"命令面板进行修改，参数如图 13-9 所示。

（3）在透视图选择主体建筑周围的部分顶点沿 Z 轴向上拖曳，此时形成凸起的山体，如图 13-10 所示，在此基础上再对相应的顶点进行编辑修改，其间也可根据具体情况修改软选择的"衰减"参数，直至将山体修改到自己满意的形态，效果如图 13-11 所示。

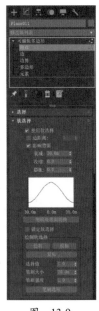

图　13-9

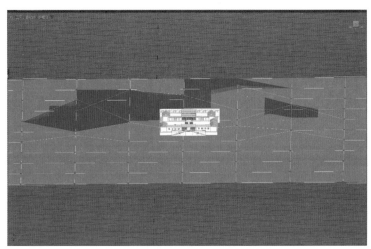

图　13-10

（4）为了使山体更加真实，应该使其平滑一些。在"修改器列表"里选择"网格平滑"命令，将"迭代次数"值修改为 2，同时，取消局部控制面板中的"等值线显示"选项的对钩，使其处于非选择状态，如图 13-12 所示。此时山体便平滑了很多，效果如图 13-13 所示。

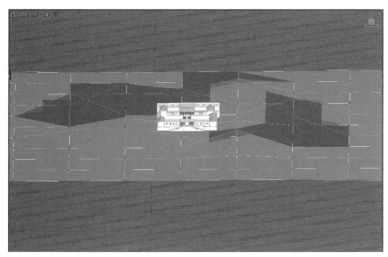

图　13-11　　　　　　　　　　　　　　　图　13-12

（5）给山体增加材质，使其变成一座郁郁葱葱的苍山。按 M 键进入材质编辑器对话框，在菜单栏的模式中选择"精简材质编辑器"命令。选择第一个材质球，为其命名为"shanti"。单击材质名称右侧的"标准"按钮，在弹出的"材质 / 通用"对话框中选择"顶 / 底"材质，如图 13-14 所示。单击"确定"按钮后出现对话框，如图 13-15 所示。

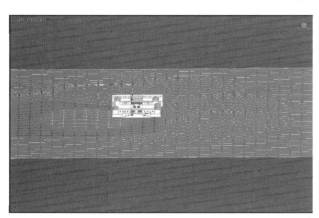

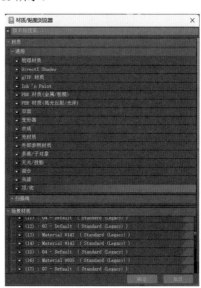

图　13-13　　　　　　　　　　　　　　　图　13-14

（6）单击"顶材质"后面的材质编辑框，进入顶材质编辑面板，顶材质默认为标准材质类型。在"贴图"卷展栏为山体材质添加"漫反射颜色"和"凹凸"贴图，在通用下的"位图"选项点确认，分别选择项目文件夹 scene assets/image 文件夹中的图片 grass.jpg 和 grass-bump.jpg，并将"凹凸"数值设置为80，如图13-16所示。

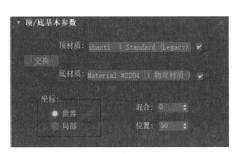

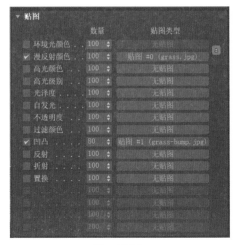

图　13-15　　　　　　　　　　　　　　　图　13-16

注意：本案例所有的贴图文件都在项目文件夹的 scene assets/image 文件夹中寻找，下面不再赘述。

（7）返回顶/底材质编辑器面板，现在设置底材质，为其添加石头材质的效果。在"贴图"卷展栏为山体材质添加"漫反射颜色"贴图，选择 stone.jpg。然后向上回到父层级，并设置"顶/底"材质的"混合"和"位置"参数，分别为80和90，如图13-17（a）所示，同时观看材质球的变化，如图13-17（b）所示。

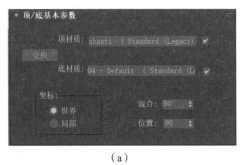
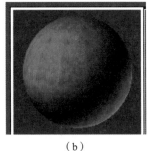

（a）　　　　　　　　　　　　　（b）
图　13-17

（8）将刚刚设置完成的"顶/底"材质赋予山体模型。确定选择了当前调整好材质的材质球和场景中的山体对象，然后依次单击 "将材质指定给选定对象"按钮、 "显示最终结果"按钮和 "在视口中显示明暗处理材质"按钮，此时，在视口中就可以实时地观察到郁郁葱葱的苍山了，效果如图13-18所示。

整个山体地形基本上就制作好了，接下来，我们给整个场景增加天空环境。

3. 创建天空环境

下面举例说明如何创建天空环境。

（1）在"顶"视口主体建筑和山体位置创建一个"圆柱体"，将其名称更改为"tian kong"，各项参数设置如图13-19所示。

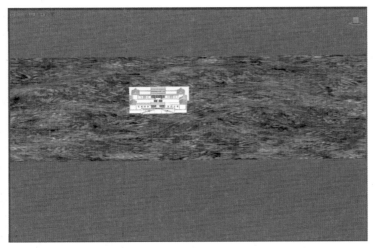

图 13-18

（2）为了后面更好地设置灯光环境，现在需要将圆柱体的顶面和底面删掉。右击刚刚创建好的"tian kong"对象，选择四元菜单中的"可编辑网格"将圆柱体转变为可编辑网格，然后进入其"多边形"子层级，如图 13-20 所示，在透视口中选择顶面和底面将其删掉。

图　13-19

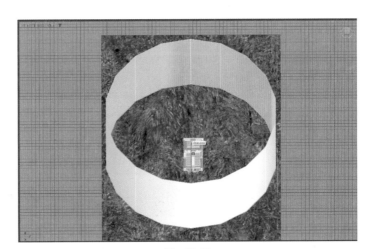

图　13-20

（3）给"tian kong"对象增加贴图。单击主工具栏上的 "材质编辑器"按钮，进入材质编辑器。选择一个材质球为其命名为"tian kong"，在"贴图"卷展栏为天空材质添加"漫反射颜色"贴图。选择"风景.jpg"，为"不透明度"选择"风景 T.jpg"，如图 13-21 所示。然后向上回到父层级。选中"明暗器基本参数"面板下的"双面"选项将贴图的材质球赋予场景中的 tian kong 对象。

（4）这时，可以看到场景中的贴图被拉伸了，可给其增加 UVW 贴图来解决这个问题。在修改器列表里选择"UVW 贴图"命令，选中"参数"命令面板下"柱形"贴图类型，同时，将"U 向平铺"选项的数值改为 3.0，如图 13-22 所示。

（5）此时天空的贴图便真实了很多，选择一个角度渲染一下，观看其效果，如图 13-23 所示。

图　13-21　　　　　　　　　　图　13-22

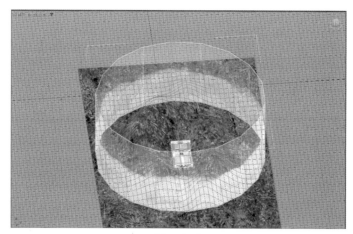

图　13-23

4. 绿化环境

下面来为此场景添加绿色植物，以完善、绿化整个场景。

场景中可以增加的植物模型分为两种类型：复杂的实体植物模型和简单的面片交叉模拟的植物模型，分别用在不同的景别之中。距离我们的视点近的地方可使用复杂的植物模型，以增加场景的真实度；距离我们视点远的地方可使用简单的面片交叉模拟的植物模型，从而减少场景中的片面数量，避免影响计算机的运算速度。

（1）调入复杂的树木模型（一般场景中使用可从网络上下载或者购买，不必自己制作）。选择菜单栏的"文件"|"导入"|"合并"命令，选中"Samples-13-01/scenes"项目文件夹中名为"Samples-14-01-树木.max"的文件，在弹出的"合并"对话框中选择"全部"，然后单击"确定"按钮，如图 13-24 所示。这时几种不同类型的树木模型就全部调入场景之中了。

（2）观察调入场景中的树木，其大小比例与场景正合适，贴图完全匹配，因此不需要进行编辑修改，但是数量相对整个场景而言显得过于稀少，因此需要复制更多的植物来丰富场景。选择场景中的不同类型的树木复制，并且进行适当的缩放、旋转、移动等操作。一般情况下低矮的植物数量应多一些，以便与高大的树木形成对比。经过此番编辑之后，场景显然丰富了很多，与原来的场景形成鲜明的对比，效果如图 13-25 所示。

图　13-24

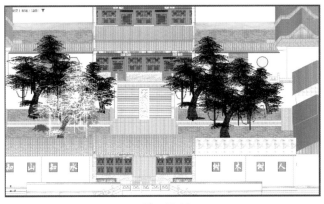

图　13-25

（3）为场景创建一些简单植物模型。在前视图创建一个"平面"，然后复制并将其沿 X 轴旋转 90°，使之形成一个十字交叉的形状，如图 13-26 所示。

（4）现在从图上看起来这个模型跟植物似乎没有任何相似之处，下面的操作就会出现不同了。选择刚刚创建好的十字交叉面片以后，为其增加材质，这里还是使用漫反射类型贴图、不透明类型贴图和凹凸类型贴图，分别将名称为 tree01_C.jpg、tree01_B.jpg 和 tree01_A.jpg 的图片依次赋予以上三种类型的贴图，并将"凹凸"值设置为 80，如图 13-27 所示。

图　13-26

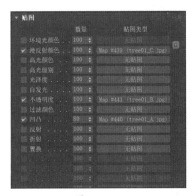

图　13-27

（5）下面将调整好的材质赋予十字交叉面片，并将最终效果在视口中显示出来，此时从远处看，就像一棵真正的松树了，效果如图 13-28 所示。

不断调整摄像机位置和场景中元素，直至满意，最终制作好的实例见文件 Samples-13-01f.max。

到此为止，场景的搭建就先告一段落。现在看起来还不漂亮，后面要根据摄影机的运动路径来布置场景，摄影机镜头之内的景色需要好好整理一下，镜头之外的景色应该尽量精简，以免过多耗费时间、精力和场景中的面数，从而降低工作效率。

图 13-28

13.1.3 创建摄影机路径动画

（1）在顶视图创建一个"目标摄影机"，位置如图 13-29 所示。创建时将"摄影机目标点"定位在场景中主体建筑的中心。

（2）到前视图将摄影机和目标点提高至 1.8m 的高度，这个高度大体上相当于人的视线高度。将摄影机的目标点进一步向上提高一点，因为人在看远处时通常是仰视的，然后选择透视图按 C 键进入"摄影机视图"，此时看到的效果如图 13-30 所示。

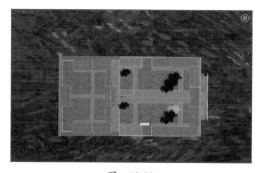

图 13-29

图 13-30

（3）现在静止的摄影机视口内画面不错，接下来就让摄影机动起来，以便体会到犹如在如此漂亮的场景中游览的感觉。单击"时间配置" 按钮将动画时间长度增加到 510，然后单击"自动关键点"按钮，将时间滑块拖动到第 200 帧，在顶视图移动摄影机的位置，如图 13-31 所示。这一段距离比较远，此时第 0～200 帧的自动关键点就自动生成了，因此该关键帧的间隔比较大。

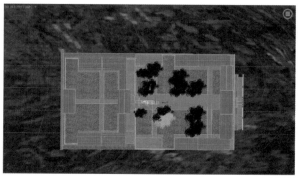

图 13-31

（4）将时间滑块拖动到第300帧，然后相应地在顶视图以及透视图移动并旋转摄影机和目标点的位置，直至满意，此时第300帧的自动关键点也生成了，顶视图以及摄影机视图看到的效果，如图13-32所示。

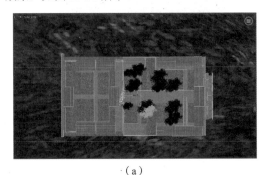

（a）   （b）

图　13-32

（5）第四个自动关键点设置在场景正房左侧的小门附近，将时间滑块拖动到第400帧，遵循上面的步骤，调整摄影机和目标点的位置如图13-33所示，然后相应地观察摄影机视图的效果，如图13-34所示。

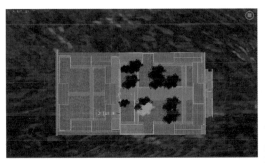

图　13-33   图　13-34

（6）最后将时间滑块拖动到第500帧，然后调整摄影机和目标点的位置，如图13-35所示，再观察相应的摄影机视图效果，如图13-36所示。

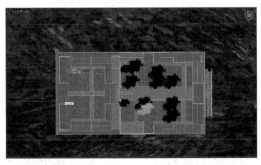

图　13-35   图　13-36

（7）为了提高渲染时画面的真实性，再进一步设置摄影机的属性。单击选择摄影机，进入修改面板，在参数栏的备用镜头区域单击■■■选择24mm镜头，如图13-37所示。

（8）拖动参数面板，进入"多过程效果"选项区域，勾选"启用"复选框，在下面的多过程效果下拉菜单中选择"景深"选项，其他参数如图13-38所示，这一步骤可以提高画面真实度，不过会大大增加渲染时间。

至此为止，整个摄影机动画就调整完毕，可以单击"播放动画"按钮来观察动画效果了。

如果有不满意的地方，可以随时调整。下面就可以根据摄影机的运动路径来调整并最终确定场景中的所有模型了。

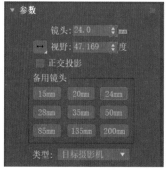

图　13-37

图　13-38

13.1.4 调整场景模型

调整场景中的模型首先从大的对象入手。根据摄影机的运动路线观察一下，整个镜头从始至终出现的山体模型都是其高高隆起的山峰部分，因此，选择山峰以外的部分将其删掉，并随时观察镜头（摄影机视口）中的山体模型以免删除太多造成某些镜头中山体模型不完整的情况。为了更明显地看出效果先观察一下删除前的山体模型，如图 13-39 所示。

（1）选择场景中的山体模型对象，进入"编辑多边形"修改命令面板中的"顶点"子层级，在摄影机视口选择高高隆起的山峰部分的顶点，如图 13-40 所示，然后按 Ctrl+I 组合键（反选），此时便选择了镜头以外的顶点。按 Delete 键将其删掉，此时再观察各个视图内的山体模型可见其面片减少很多，但是对于镜头中的效果没有任何影响，如图 13-41 所示。

图　13-39

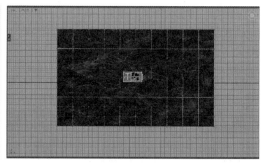

图　13-40

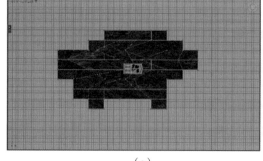

（a）

（b）

图　13-41

（2）调整完山体模型之后，再根据镜头适当调整天空的模型和贴图，通过一系列移动、旋转、缩放和调整 UVW 贴图等变化方式，直至天空在镜头内完全合适为止，具体操作方法不再进行详细描述。

（3）调整场景内的植物模型。现在路边低矮的蕨类植物过于密集和单一，对其进行适当调整。为了平衡画面中红绿颜色的比例，再适当点缀几棵桃树，这样画面内容就丰富多了，效果如图 13-42 所示。

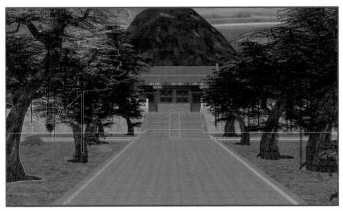

图　13-42

要做室外的漫游动画，就要模拟室外的光线环境。在 3ds Max 场景中，默认的灯光系统能够把整个场景照亮，但是不自然，现实中的光是有光源的，对于外景来讲太阳是最大的光源，因此应尽量模仿太阳光照。下面就给整个场景添加灯光环境。

13.1.5　设置灯光环境

（1）单击"目标聚光灯"按钮，在场景中设置一盏主光，主要模拟日间阳光的照射，颜色设定为暖色，如图 13-43 所示。

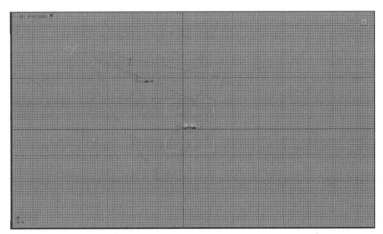

图　13-43

（2）选择刚刚创建的"目标聚光灯"，在场景中建立并关联复制若干盏辅光，模拟环境光照，颜色设定为浅蓝，分布于场景周围。每盏灯光与被照射场景距离尽量有些变化，从而能产生有变化和有层次的环境灯光效果，具体参数设定如图 13-44 所示。

（3）单击"目标聚光灯"，在场景中继续建立和关联复制几盏辅光，主要照亮场景的阴影部分，因为真实场景中的物体阴影面有些来自地面、周边环境物体的反射光照，详细布光方式如图 13-45 所示。

图 13-44　　　　　　　　　　　　　　　　　　图 13-45

（4）根据渲染效果，耐心调整各组灯光参数，达到理想的效果。

注意：此种打光方法的优点在于可灵活控制最终形成的光照效果，并且渲染速度较快，但要求有一定的艺术感觉。实现日光的方法有很多，读者也可以直接采用建立天光来达到理想的日光效果。

这时，漫游效果就基本做完了，以上参数主要作为参考，读者可根据场景的效果自行设定，最后需要做的就是把做好的动画渲染输出。

13.1.6　渲染输出动画

（1）为了避免之前做好的动画出现差错，在输出最后的视频之前，最好预先渲染一下关键帧。如果各个关键帧都没有问题，整个片子基本上也就不会有大的差错。

（2）单击 "渲染设置" 按钮，在弹出的 "渲染设置" 对话框中将公用参数面板下的 "时间输出""输出大小" 选项进行修改，具体参数如图 13-46 所示。

（3）最后在 "渲染输出" 命令参数面板选中 "保存文件" 选项，并单击其后的三个点。在弹出的 "渲染输出文件" 对话框中选择要保存该动画的路径和文件名，并将 "保存类型" 选择为 "AVI文件（*.avi)"，然后单击 "保存" 按钮，如图 13-47 所示，此时计算机便自动渲染输出动画了。

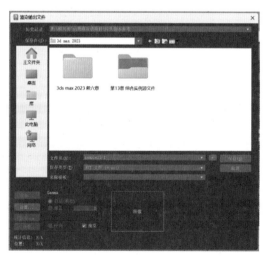

图 13-46　　　　　　　　　　　　　　　　　　图 13-47

此案例最终文件保存在网络资源的文件 Samples-13-01f.max 中。

13.2 居室漫游

（1）打开网络资源的文件 Samples-13-02.max。单击 "时间配置" 按钮，在弹出的时间配置面板中将帧数改为 750 帧。单击 "自动关键点" 按钮，启用动画记录。这时，当前关键帧位于动画栏起始位置，摄影机视口如图 13-48 所示。

（2）将关键帧拖动到第 100 帧位置，在视口导航区单击 "推拉摄影机" 按钮，在弹出的可选择按钮中单击 "推拉摄影机＋目标" 按钮，推进镜头到如图 13-49 所示的位置。

图 13-48

图 13-49

（3）按照上面的方法每隔 100 帧推动一次摄影机，同时还可选择 "环游摄影机" 按钮功能来调整摄影机的位置。读者可根据喜好自己建立动画路径，以下摄影机移动位置仅供参考。

（4）移动至第 200 帧处并再次推拉摄影机和目标，此时正好位于门口，如图 13-50 所示。

（5）将时间滑块移动至第 300 帧处并定位摄影机，如图 13-51 所示。

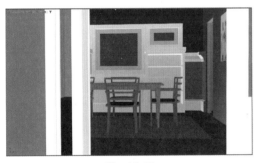

图 13-50

图 13-51

（6）移动至第 400 帧并定位摄影机，使其显示从走廊可看到的钢琴，如图 13-52 所示。

（7）移动至第 500 帧并定位摄影机和目标，以便看到大型落地窗，如图 13-53 所示。

图 13-52

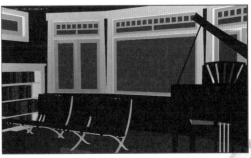

图 13-53

（8）移动至第 600 帧并定位摄影机和目标，以便看到壁炉和书架，如图 13-54 所示。

（9）移动至第 700 帧并定位摄影机和目标，回到一开始的原点，如图 13-55 所示。

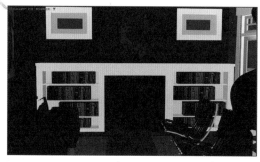

图　13-54

图　13-55

（10）全部关键帧就设定完毕了，单击"自动关键点"按钮关闭该模式。

最终效果见网络资源的文件 Samples-13-02f.max。

小　结

本章为综合练习，通过室外、室内两个建筑漫游的实例，使用一些较为实用的手法，包括地形场景创建、地形材质的设置、天空贴图创建、室外大型灯光系统的搭建、模型的合并、室外摄影机漫游、动画渲染设置等。我们希望通过这两个例子给读者的个人创作带来一种启示，就是在学习或创作的过程中要勇于实践自己的想法，并且要勇于尝试各种方法，将想法变成步骤一步一步实现。

习　题

一、判断题

1. 如果希望为物体增加可见性轨迹，则应在轨迹编辑器的物体层级上添加。（　　　）

2. 路径约束控制器可以制作一个物体随多条路径运动的动画。（　　　）

3. 在摄影表模式中观察关键帧的颜色旋转关键帧是蓝色的。（　　　）

4. *.avi 文件类型可以用于音频控制器。（　　　）

5. 如果要制作手拿取水杯的动画，水杯的控制器应当是链接约束控制器。（　　　）

二、选择题

1. 在建筑动画中许多树木可用贴图代替，如果移动摄影机的时候希望树木一直朝向摄影机，应使用（　　　）。

　　A. 附加控制器　　　　B. 注视约束　　　　C. 链接约束控制器　　　D. 运动捕捉

2. 如果两个物体互相接触时可以随其中一个物体运动，则应选择另一个物体上的相应网格点的（　　　）修改器。

　　A. 面片选择　　　　B. 网格选择　　　　C. 体积选择　　　　　D. 多边形选择

3. 制作表情动画时应该使用（　　　）修改器。

　　A. 变形　　　　　　B. 面片变形　　　　C. 蒙皮　　　　　　　D. 蒙皮变形

4. 要让物体随着样条曲线发生变形，应该使用（　　　）修改器。

　　A. 倒角　　　　　　B. 弯曲　　　　　　C. 路径变形　　　　　D. 扭曲

5. 块控制器属于曲线编辑器层次树的（　　）层级。

  A. 对象 　　　　　　B. 全局轨迹 　　　　C. 材质编辑器的材质 　　D. 环境

三、思考题

1. 试着改变文件 Samples-13-01.max 中的地形材质，调节出不同的效果。

2. 采用面片建模，重新制作文件 Samples-13-01.max 中的建筑。

3. 在文件 Samples-13-02.max 的别墅室内动画中，试着将关键点动画和路径动画合并成一个动画。

4. 制作文件 Samples-13-02.max 的别墅二层楼的漫游动画。

5. 运用所学的全部知识，搭建一个自己想象的 3D 场景空间。

第 13 章　综合实例